全国高等职业教育"十二五"规划教材
中国电子教育学会推荐教材
全国高等职业院校规划教材·精品与示范系列

# PLC 编程技术与应用

张静之　刘建华　主　编
陈　梅　翟　慧　副主编

电子工业出版社·
**Publishing House of Electronics Industry**
北京·BEIJING

## 内 容 简 介

本书根据作者多年的课程教学改革成果及经验进行编写，以三菱 FX2N 系列 PLC 为典型机型，重点培养 PLC 的编程技术与应用技能。全书内容分为三个部分：第一部分包括第 1～3 章，介绍了 PLC 的产生、发展、特点、组成及工作原理，三菱 PLC 的硬件结构及软元件、PLC 的基本指令、步进顺控指令和功能指令的简单应用等内容；第二部分包括第 4～7 章，通过工程实践中常见被控机构的控制实例，讲述各种控制要求的处理方法和编程思路，包括典型继电器控制电路、时间控制电路、顺序控制电路的 PLC 编程方法，以及传感器应用与定位问题的处理等；第三部分包括第 8～9 章，第 8 章分析了简化程序的技巧与方法，第 9章以典型的自动生产线为依托，分析 PLC 在工业生产中的综合应用，并将系统的单机控制运行拓展到网络控制。

本书为高等职业本专科院校 PLC 课程的教材，也可作为开放大学、成人教育、自学考试、中职学校和技能培训班的教材，以及工程技术人员的参考工具书。

本书配有免费的电子教学课件、练习题参考答案，详见前言。

**图书在版编目（CIP）数据**

PLC 编程技术与应用 / 张静之，刘建华主编. —北京：电子工业出版社，2015.9

全国高等职业院校规划教材·精品与示范系列

ISBN 978-7-121-26989-9

Ⅰ. ①P…　Ⅱ. ①张…　②刘…　Ⅲ. ①plc 技术－程序设计－高等职业教育－教材　Ⅳ. ①TM571.6

中国版本图书馆 CIP 数据核字（2015）第 195629 号

策划编辑：陈健德（E-mail：chenjd@phei.com.cn）
责任编辑：靳　平
印　　刷：三河市鑫金马印装有限公司
装　　订：三河市鑫金马印装有限公司
出版发行：电子工业出版社
　　　　　北京市海淀区万寿路 173 信箱　邮编　100036
开　　本：787×1 092　1/16　印张：16.5　字数：422.4 千字
版　　次：2015 年 9 月第 1 版
印　　次：2015 年 9 月第 1 次印刷
定　　价：38.00 元

前　言

可编程序控制器技术是高等职业院校多个专业开设的一门重要课程。可编程序控制器是一个常见的工业控制器，以其为主体的工厂自动化技术广泛应用于汽车、化工和机械等行业。为了使高职教育与行业技能需求相结合，同时与国家相关工种职业标准与技能鉴定考核相衔接，让学生更好地理解和掌握可编程序控制器的使用方法，建立正确的编程思路，提高实际编程能力，作者在总结多年课程教学改革成果与经验基础上，以三菱 FX2N 系列 PLC 为典型机型，以培养 PLC 的编程技术与应用技能为核心进行编写。

全书内容分为三部分：第一部分包括第 1～3 章，介绍了 PLC 的产生、发展、特点、组成及工作原理，三菱 PLC 的硬件结构及软元件、PLC 的基本指令、步进顺控指令和功能指令的简单应用等内容；第二部分包括第 4～7 章，通过工程实践中常见被控机构的控制实例，讲述各种控制要求的处理方法和编程思路，包括典型继电器控制电路、时间控制电路、顺序控制电路的 PLC 编程，以及传感器应用与定位问题的处理等；第三部分包括第 8～9 章，第 8 章分析了简化程序的技巧与方法，第 9 章以典型的自动生产线为依托，分析 PLC 在工业生产中的综合应用，并将系统的单机控制运行拓展到网络控制。三部分的侧重点各有不同，自然分层，读者可以由浅入深、由简入繁地进行学习。

本书的编写有以下几个特点。

（1）在内容选择和结构层次方面充分考虑读者的不同需求，读者可根据自己的实际需求选择学习内容。本书的第 1～3 章为基础理论知识；第 4～7 章为编程应用；第 8～9 章的内容为综合应用能力提升。通过第 1～7 章的学习，读者已经基本具备解决 PLC 应用需求的能力，可以达到维修电工技师的考核要求。

（2）拓展读者的编程思路、提升编程应用水平是本书的一个重要特色。在第 4～7 章的内容设定上采用独立课题的编写模式，每个课题的程序设计都有若干种不同的思路和解决方法，读者可以从学习的过程中体会编程的乐趣。

（3）以一个典型、完整的自动生产线控制系统为切入点，对 PLC 在生产实际中的应用进行分析，为读者搭建学习上升通道，有助于读者提升综合应用能力和解决问题的实际应用能力。

（4）增加"知识梳理与总结"、"教学导航"等内容，希望有助于读者自学总结和教学参考。其中的"参考课时"给出本课程的课时要求，各院校可根据实际教学要求进行适当调整。在课时量安排紧张的情况下，也可将第 8～9 章的内容安排为选学或综合实践内容。

全书由上海工程技术大学张静之、刘建华担任主编，由上海电动机学院陈梅和上海电子信息职业技术学院翟慧担任副主编。其中，第 1～2 章由翟慧编写；第 3.1～3.4 节由上海信息职业技术学校孙鹏涛编写；第 3.5～3.6 节由上海工程技术大学解大琴编写；第 4 章由陈梅编写；第 5～8 章由张静之编写；第 9 章、附录由上海工程技术大学刘建华编写；全书由张静之负责统稿。

为了方便教师教学，本书还配有免费的电子教学课件、练习题参考答案，请有需要的教师登录华信教育资源网（http://www.hxedu.com.cn）免费注册后再进行下载，如有问题，请在网站留言或与电子工业出版社联系（E-mail: hxedu@phei.com.cn）。

由于编者水平有限及时间仓促，错误在所难免，恳请读者提出宝贵意见。

编　者

# 目　录

# 第 1 章

# 可编程序控制器的特点与工作原理

本章从可编程序控制器的产生、发展与特点入手，对 PLC 的组成及工作原理进行分析，并在此基础上重点描述了三菱 PLC 的编程软元件的工作原理。各部分学习章节、参考课时及教学建议如下所示。

| 章　节 | 参考课时 | 教学建议 |
|---|---|---|
| 1.1　PLC 的产生、发展及特点 | 2 | 以 PLC 的定义及特点作为主要内容讲解，其余内容需要了解以增加知识面；可以用视频、PPT 等辅助教学 |
| 1.2　PLC 的组成及工作原理 | 2 | PLC 的基本构成和基本工作原理是重点，应配合实物分析；也可结合计算机中常用的相关结构进行描述 |
| 1.3　三菱 FX2N 系列 PLC 的编程软元件 | 2 | 软元件的功能和应用较为抽象，如果能够配合实际操作演示会起到更好的效果 |
| 实训课题 1　认识三菱 FX2N 系列 PLC 的硬件结构 | 2 | 实训前要求学生认真预习，并进行相关的安全教育；实训过程按照实训内容和步骤进行操作；要求学生在指导教师未进行安全检查的情况下不允许通电；根据实训的具体情况独立完成实训报告 |

可编程序控制器（Programmable Logic Controller，PLC）是一种数字运算操作的电子系统，专为在工业环境下应用而设计。它采用可编程序的存储器，以取代继电器执行逻辑运算、顺序控制、定时、计数和算术运算等控制功能，并通过数字式、模拟式的输入和输出，控制各种类型的机械或生产过程。PLC 具有能力强、可靠性高、配置灵活、编程简单等优点，在工业自动化各领域取得了广泛的应用，是当代工业生产自动化的主要手段和重要的自动化控制设备。

# 1.1 PLC 的产生、发展和特点

## 1.1.1 PLC 的产生和发展

作为常用电气自动控制系统的一种，人们习惯上把以继电器、接触器、按钮、开关等为主要器件所组成的逻辑控制系统，称为继电器控制系统，它的基本特点是结构简单、成本低、抗干扰能力强、故障检修方便、运用范围广。继电器控制系统不仅可以实现生产设备、生产过程的自动控制，而且还可以满足大容量、远距离、集中控制的要求，至今仍是工业自动控制领域最基本的控制系统之一。

在 PLC 问世以前，工厂自动化控制主要是以继电器控制系统占主导地位。随着工业现代化的发展，企业的生产规模越来越大，劳动生产率及产品质量的要求不断提高，原有继电器控制系统的缺点日趋明显：体积大、耗电多、故障率高、寿命短、运行速度不高，特别是一旦生产任务和工艺发生变化，就必须重新设计，并改变硬件结构，这造成了时间和资金的严重浪费，企业急需开发一种新的控制装置来取代继电器。

20 世纪 50 年代末，人们曾设想利用计算机解决继电器控制系统存在的通用性、灵活性差，通信、网络方面功能局限等问题。但由于当时的计算机原理复杂、生产成本高、程序编制难度大、可靠性差等突出问题，使得它在一般工业控制领域难以普及与应用。

20 世纪 60 年代是美国汽车工业发展的黄金时期，当时汽车生产流水线的自动控制系统基本是由继电器控制系统组成，每一次汽车改型都直接导致继电器控制系统重新设计和安装。随着生产的发展，汽车型号更新的周期也越来越短，继电器控制系统就要经常重新设计和安装，这大大限制了生产效率和产品质量的提高。为了改变这一现状，人们提出了这样的设想：能否把计算机通用、灵活、功能完善的特点与继电器控制系统的简单易懂、使用方便、生产成本低的特点结合起来，生产出一种通用性好、采用基本相同的硬件，满足生产顺序控制要求，利用简单语言编程，能让完全不熟悉计算机的人也能方便使用的控制器呢？

这一设想最早由美国最大的汽车制造商——通用汽车公司（GM 公司）于 1968 年提出。当时，该公司为了适应汽车市场多品种、小批量的生产要求，提出使用新一代控制器的设想，并对新控制器提出以下 10 点要求（即有名的 GM10 条），面向社会进行招标。

（1）编程简单方便，可在现场修改程序。

（2）硬件维护方便，采用插件式结构。

（3）可靠性高于继电器接触器控制装置。

（4）体积小于继电器接触器控制装置。

（5）可将数据直接送入计算机。

（6）成本上可与继电器接触器控制装置竞争。

（7）输入可以是交流 115 V（美国市电为 115 V）。

（8）输出为 115 V/2 A 以上交流，能直接驱动电磁阀、交流接触器等。

（9）扩展时，只要对原系统进行很小的改动。

（10）用户程序存储器容量至少可以扩展到 4 KB。

根据以上要求，美国数字设备公司（DEC 公司）在 1969 年首先研制出世界上第一台可编程序控制器，型号为 PDP-14，并在通用汽车公司的自动生产线上试用成功。从此这项技术在美国其他工业控制领域迅速发展起来，受到了世界各国工业控制企业的高度重视。其后，日本、德国等国家也相继开发出可编程序控制器。

早期的可编程序控制器是为了取代继电器控制系统，仅有逻辑运算、顺序控制、计时、计数等功能，因而称为可编程逻辑控制器，简称 PLC。自 1971 年美国 INTER 公司首先推出了微处理机系统，给 PLC 带来了深刻的影响。不但使程序变更方便，还增加了数学运算、数据处理、图像显示、模拟量控制（PID）、数据通信等功能。从而使 PLC 真正成为了一种电子计算机工业控制装置，并扩展到各个行业中，成为工业自动化控制家族的重要成员之一。

由于 PLC 在不断发展，因此，对它进行确切的定义是比较困难的。1987 年，国际电工委员会（International Electrical Committee，IEC）对 PLC 做了如下的定义："PLC 是一种数字运算的电子系统，专为工业环境下应用而设计。它采用可编制程序的存储器，用来在其内部存储执行逻辑运算、顺序运算、定时、计数和算术运算等操作的指令，并能通过数字式或模拟式的输入和输出，控制各种类型的机械或生产过程。可编程序控制器及其有关的外围设备，都应按易于与工业控制系统联成一个整体、易于扩充的原则设计。"

### 1.1.2　PLC 的特点

PLC 是专为工业环境应用而设计制造的微型计算机，它并不针对于某一具体工业应用，而是有着广泛的通用性，PLC 之所以被广泛使用，是和它的突出特点及优越的性能分不开的。归纳起来，PLC 主要具有以下特点。

#### 1．可靠性高、抗干扰能力强

为了更好地适应工业生产环境中高粉尘、高噪声、强电磁干扰和温度变化剧烈等特殊情况，PLC 在设计制造过程中对硬件和软件采取了一系列的抗干扰措施。PLC 采用了微电子技术，大量的开关动作由无触点的半导体电路来完成。PLC 选用的电子器件一般是工业级的，有的甚至是军用级的，平均无故障时间可以达到 30 万小时（约 34 年）。在硬件方面，PLC 采用了光电隔离和滤波等抗干扰措施，以及密封、防尘、抗振的外壳封装结构以提高工作可靠性。在软件方面 PLC 采用设备故障检测与自诊断程序、状态信息保护功能、软件滤波等抗干扰措施，尤其是近来开发出的多机冗余系统和表决系统更进一步提高了 PLC 的可靠性。

#### 2．编程简单，使用方便

PLC 提供标准通信接口，可以方便地构成 PLC—PLC 网络或计算机—PLC 网络。PLC

应用程序的编制和调试非常方便，其编程语言面向现场，面向用户，尤其是采用梯形图编程语言，编程简单，易学易懂，即使没有计算机基础的人也很容易掌握。利用编程器或监视器可以对 PLC 的运行状态和内部数据进行监视或修改，利用 PLC 的诊断功能和监控功能，可以迅速查找到故障点，对大多数故障都可以及时予以排除。PLC 控制的输入模块、输出模块和特殊功能模块都具有即插即用功能，连接十分容易。对于逻辑信号，输入和输出采用开关方式，不用进行电平转换和驱动放大；对于模拟信号，输入和输出采用传感器、仪表和驱动设备的标准信号。各个输入和输出模块与外部设备的连接十分简单。

### 3．通用性强、灵活性好、功能齐全

PLC 产品已经系列化，结构形式多种多样，在机型上有很大的选择余地，同一机型的 PLC 的硬件构成具有很大的灵活性，用户可以根据不同任务的要求，选择不同类型的输入和输出模块或特殊功能模块组成不同硬件结构的控制装置。PLC 不仅具有逻辑运算、顺序控制、计时、计数等功能，而且还具有完善的数值运算、数据处理及数/模（模/数）转换功能。现代 PLC 设有各种专用智能化单元模块：开关量、模拟量的输入/输出模块，位控模块，伺服、步进驱动模块等供选用和组合。配合 PLC 通信能力的增强及人机界面技术的发展，使 PLC 组成各种控制系统变得更加容易。

### 4．安装简单，调试维护方便

PLC 采用软件编程代替继电器控制的设备接线，大大减轻了繁重的安装和接线工作，另外，PLC 也不需要专门的机房，可以在各种工业环境下直接运行，使用时只要将设备与 PLC 相应的 I/O 端相连接，即可投入运行，缩短了设计、施工、调试周期。PLC 还有完善的自诊断功能，在线监控软件的功能完善可以使维修变得很容易。

### 5．体积小、能耗低、性价比高

PLC 结构紧凑、体积小、重量轻、能耗低、抗振防潮和耐热能力强，使之易于安装在机器设备内部，制造出机电一体化产品。目前以 PLC 作为控制器的 CNC 设备和机器人装置已成为典型。随着集成电路芯片功能的提高，价格的降低，PLC 硬件的价格一直在不断地下降。虽然 PLC 的软件价格在系统中所占的比重在不断提高，但是，由于缩短了整个工程项目的进度，提高了工程质量，使用 PLC 具有较高的性价比。

## 1.1.3　PLC 的发展

经过了 40 多年的更新发展，PLC 的上述特点越来越为工业控制领域的企业和专家所认识和接受，在美、德、日等工业发达国家已经成为重要的产业之一。生产厂家不断涌现，品种不断翻新，产量产值大幅上升，而价格则不断下降，使得 PLC 的应用范围持续扩大，从单机自动化到工厂自动化，从机器人、柔性制造系统到工业局部网络，PLC 正以迅猛的发展势头渗透到工业控制的各个领域。从 1969 年第一台 PLC 问世至今，它的发展大致可以分为以下几个阶段。

1970—1980 年：PLC 的结构定型阶段。在这一阶段，由于 PLC 刚诞生，各种类型的顺序控制器不断出现（如逻辑电路型、1 位机型、通用计算机型、单板机型等），但迅速被淘汰。最终以微处理器为核心的现有 PLC 结构形成，取得了市场的认可，得以迅速发展推

广。PLC 的原理、结构、软件、硬件趋向统一与成熟，PLC 的应用领域由最初的小范围、有选择使用，逐步向机床、生产线扩展。

1980—1990 年：PLC 的普及阶段。在这一阶段，PLC 的生产规模日益扩大，价格不断下降，PLC 被迅速普及。各 PLC 生产厂家产品的价格、品种开始系列化，并且形成了 I/O 点型、基本单元加扩展块型、模块化结构型这三种延续至今的基本结构模型。PLC 的应用范围开始向顺序控制的全部领域扩展。例如，三菱公司本阶段的主要产品有 F、F1、F2 小型 PLC 系列产品，K/A 系列中、大型 PLC 产品等。

1990—2000 年：PLC 的高性能与小型化阶段。在这一阶段，随着微电子技术的进步，PLC 的功能日益增强，PLC 的 CPU 运算速度大幅度上升、位数不断增加，使得适用于各种特殊控制的功能模块不断被开发，PLC 的应用范围由单一的顺序控制向现场控制拓展。此外，PLC 的体积大幅度缩小，出现了各类微型化 PLC。三菱公司本阶段的主要产品有 FX 小型 PLC 系列产品，AIS/A2US/Q2A 系列中、大型 PLC 系列产品等。

2000 年至今：PLC 的高性能与网络化阶段。在本阶段，为了适应信息技术的发展与工厂自动化的需要，PLC 的各种功能不断进步。一方面，PLC 在继续提高 CPU 运算速度、位数的同时，开发了适用于过程控制、运动控制的特殊功能与模块，使 PLC 的应用范围开始涉及工业自动化的全部领域。与此同时，PLC 的网络与通信功能得到迅速发展，PLC 不仅可以连接传统的编程与通入/输出设备，还可以通过各种总线构成网络，为工厂自动化奠定了基础。

## 1.2　PLC 的组成及工作原理

### 1.2.1　PLC 的组成

尽管 PLC 有许多品种和类型，但其实质是一种专用于工业控制的计算机，其硬件结构基本上与微型计算机相同，如图 1-1 所示。

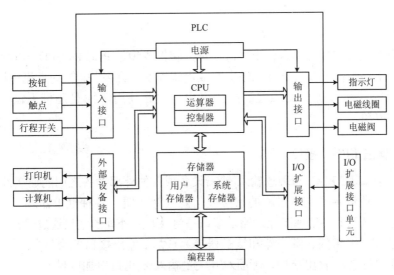

图 1-1　PLC 的组成

### 1. 中央处理器（CPU）

CPU 是 PLC 的核心部件，作用在 PLC 中类似与人体的神经中枢，整个 PLC 的工作过程都是在 CPU 的统一指挥和协调下进行的。CPU 用扫描的方式读取输入装置的状态或数据，在生产厂家预先编制的系统程序控制下，完成用户程序所设计的逻辑或算术运算任务，并根据处理结果控制输出设备实现输出控制。

不同型号、规格的 PLC 使用的 CPU 类型也不同，通常有三种：通用微处理器（如8086、80286、80386 等）、单片机芯片（如 8031、8096 等）、位片式微处理器（如 AMD-2900 等）。PLC 大多采用 8 位或 16 位微处理器，PLC 的档次越高，CPU 的位数也越多，运算速度也越快，功能指令也越强。中、小型 PLC 常采用 8 位至 16 位微处理器或单片机，大型 PLC 多采用高速位片式微处理器、双 CPU 或多 CPU 系统。

### 2. 存储器

PLC 内的存储器按用途可以分为系统程序存储器和用户程序存储器两种。系统程序存储器用来存放由 PLC 生产厂家编写好的系统程序，它关系到 PLC 的性能。因此被固化在只读存储器 ROM（PROM）内，用户不能访问和修改。系统程序使 PLC 具有基本的智能，能够完成设计者规定的各项工作。用户程序存储器主要用来存储用户根据生产工艺的控制要求编制的程序，输入/输出状态、计数、计时等内容。为了便于读出、检查和修改，用户程序一般存储于 CMOS 的静态 RAM 中，用锂电池作为后备电源，以保证掉电时存储内容不丢失，锂电池使用周期一般是 3 年，日常使用中必须留心。

为了防止干扰对 RAM 中程序的破坏，当用户程序经过运行，正常且不需要改变后，则将其固化在光可擦写只读存储器 EPROM 中，在紫外线连续照射 20 min 后，就可将 EPROM 中的内容消除，加高电平（12.5 V 或 24 V）可把程序写入 EPROM 中。近年来，使用广泛的是一种电可擦写只读存储器 E²PROM，它不需要专用的写入器，只用编程器就能对用户程序内容进行"在线修改"，使用可靠方便。

### 3. 电源

PLC 的电源是指将外部输入供电电源处理后转换成满足 PLC 的 CPU、存储器、输入/输出接口等内部电路工作需要的直流电源电路或电源模块。许多 PLC 的直流电源采用直流开关稳压电源，不仅可提供多路独立的电压供内部电路使用，而且还可为输入设备（传感器）提供标准电源。

### 4. 输入/输出（I/O）接口

输入/输出接口是 PLC 与现场输入/输出设备或其他外部设备之间的连接部件。PLC 通过输入接口把工业设备或生产过程的状态或信息（如按钮、各种继电器触点、行程开关和各种传感器等）读入中央处理单元。输出接口是将 CPU 处理的结果通过输出电路驱动输出设备（如指示灯、电磁阀、继电器和接触器等）。输入/输出接口的类型主要有开关量输入/输出接口和模拟量输入/输出接口，下面对开关量输入/输出接口加以说明。

（1）开关量输入接口。开关量输入接口按所使用的外信号电源不同分为直流输入电

路、交流输入电路、交直流输入电路等类型，如图 1-2、图 1-3 和图 1-4 所示。

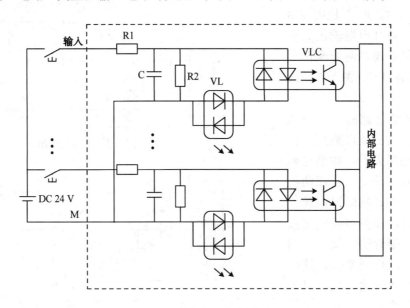

图 1-2 直流输入电路原理图

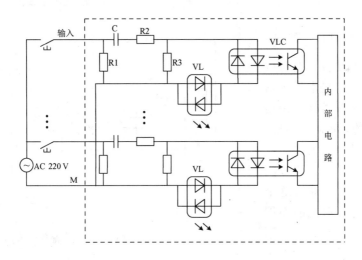

图 1-3 交流输入电路原理图

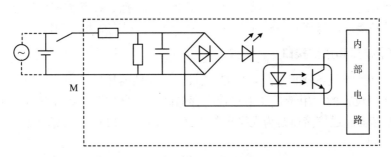

图 1-4 交直流输入电路原理图

（2）开关量输出接口。开关量输出接口按 PLC 机内使用的元件可分为继电器输出、晶体管输出和双向晶闸管输出三种类型，如图 1-5、图 1-6 和图 1-7 所示。

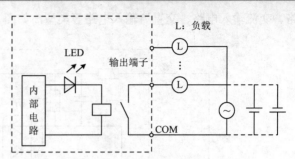

图 1-5  继电器输出

这里需要注意的是，应该根据开关量输出接口类型选择驱动负载电源类型，如继电器输出接口可驱动交、直流两种电源负载，但其响应时间长，动作频率低，而晶体管输出接口和双向晶闸管输出接口的响应速度快，动作频率高，选用时要注意晶体管输出接口只能用于驱动直流负载，双向晶闸管输出接口只能用于驱动交流负载。

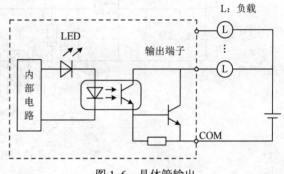

图 1-6  晶体管输出

### 5. 外部设备接口

PLC 的外部设备主要有编程器、操作面板、文本显示器和打印机等。编程器接口是用来连接编程器的，PLC 本身通常是不带编程器的，为了能对 PLC 编程及监控，PLC 上专门设置有编程器接口，通过这个接口可以连接各种形式的编程装置。触摸屏和文本显示器不仅能显示系统信息，还能操作

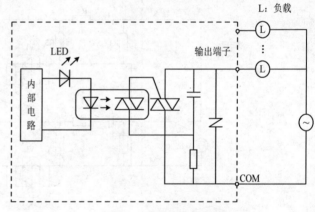

图 1-7  双向晶闸管输出

控制单元，它们可以在执行程序的过程中修改某个量的数值，也可直接设置输入/输出量，以便立即启动或停止一台外部设备的运行。打印机可以把过程参数和运行结果以文字形式输出。外部设备接口可以把上述外部设备与 CPU 连接，以完成相应的操作。

### 6. 存储器接口和通信接口

除上述一些外部设备接口以外，PLC 还设置了存储器接口和通信接口。存储器接口是为扩展存储区而设置的，用于扩展用户程序存储区和用户数据参数存储区，可以根据使用的需要扩展存储器。通信接口是为在微机与 PLC、PLC 与 PLC 之间建立通信网络而设立的接口。

#### 7. I/O 扩展接口

扩展接口用于扩展输入/输出单元，它使 PLC 的控制规模配置更加灵活，这种扩展接口实际上为总线形式，可以配置开关量的 I/O 单元，也可配置模拟量和高速计数等特殊 I/O 单元及通信适配器等。

### 1.2.2　PLC 的工作原理

PLC 是一种工业控制计算机，所以它的工作原理与微型计算机有很多相似性，两者都是在系统程序的管理下，通过运行应用程序完成用户任务，实现控制目的。但是 PLC 与微型计算机的程序运行方式有较大的不同，微型计算机运行程序时，对输入/输出信号进行实时处理，一旦执行到 END 指令，程序运行将会结束。而 PLC 运行程序时，会从第一条用户程序开始，在无跳转的情况下，按顺序逐条执行用户程序，直到 END 指令结束，然后再从头开始执行，并周而复始地重复，直到停机或从运行状态切换到停止状态。

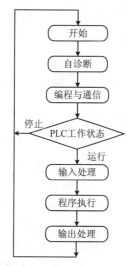

图 1-8　PLC 的循环扫描工作流程图

我们把 PLC 这种执行程序的方式成为循环扫描工作方式。每扫描完一次程序就构成了一个扫描周期。另外，在用户程序扫描过程中，CPU 执行的是循环扫描，并用周期性的集中采样、集中输出的方式来完成，PLC 的循环扫描工作流程图如图 1-8 所示。

每个循环周期的时间是随 PLC 的性能和程序不同而有所差别的，一般为十几毫秒。PLC 的扫描工作过程可分为程序输入处理、程序执行和程序输出刷新 3 个阶段，如图 1-9 所示。

（1）输入处理阶段。也叫输入采样阶段，PLC 以扫描方式顺序读入所有输入端子（不论输入端接线与否）的状态和数据，并将通断（1 或 0）状态存入相应的输入映像寄存器单元内，输入采样结束后，转入用户程序执行和输出刷新阶段。在这两个阶段中，即使输入状态和数据发生变化，但输入映像区中相应单元的状态和数据也不会改变。只有在下一个扫描周期的输入采样阶段才能重新把输入状态存入输入映像寄存器，这种方式称为集中采样。

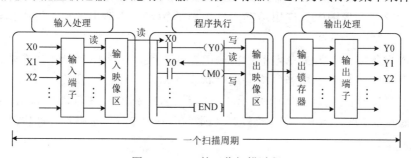

图 1-9　PLC 的工作扫描过程

（2）程序执行阶段。在程序执行阶段，PLC 按照先上后下、先左后右的顺序依次扫描用户程序。并根据读入的输入/输出状态，进行逻辑运算，然后将运算的结果存入输出映像寄存器。

（3）输出刷新阶段。在一个扫描周期内，用户程序执行结束后，PLC 就进入输出刷新阶段。在这个阶段里，PLC 将输出映像寄存器中通断状态送到输出锁存存储器，再通过输出电路驱动相应的外部执行部件（如继电器、接触器等），然后又返回去进行下一个周期的循环扫描。在一个扫描周期内，只在输出刷新阶段才将输出状态从输出映像寄存器中输出，对输出接口进行刷新，在其他阶段里输出状态一直保存在输出映像寄存器中，这种方式称为集中输出。

### 1.2.3　三菱 PLC 资料下载

三菱电动机自动化（中国）有限公司在其中文网站（http://cn.mitsubishielectric.com）上提供了大量的产品手册和相关的技术资料下载。在该网站的主页上注册登录后，可以在"产品目录"→"控制器"→"可编程控制器 MELSEC"的界面中的"相关下载"栏目中下载所需要的"标准认证"、"样本下载"和"手册下载"。 也可以在"首页"页面下进入"产品中心"下载资料，或者直接单击"首页"页面右侧的"热点推荐"栏目下的"资料下载"按钮进入资料下载界面，下载相应的技术资料。

在这个网站上，还提供了大量能够和三菱 PLC 构成自动控制系统的伺服、变频器、触摸屏、工业机器人等技术资料的下载。

## 1.3　三菱 FX2N 系列 PLC 的编程软元件

### 1.3.1　FX2N 系列 PLC 的输入继电器

输入继电器（X）是 PLC 中专门用来接收用户外部输入信号的设备。在 PLC 中，继电器只是一种命名，它与传统的硬继电器的触点线圈不同，是光电隔离的电子继电器，也用线圈和触点表示，可以理解为软继电器，其常开触点和常闭触点在程序中可以无次数限制地被使用。当外部输入电路接通时，对应的输入映像寄存器为 1 状态，表示该输入继电器常开触点闭合、常闭触点断开。输入继电器的状态只能由外部信号所驱动，不能用程序指令来驱动，因此在梯形图中只能出现输入继电器的触点，不能出现输入继电器线圈。它们的编号是按八进制进行编号。

外部输入设备通常分为主令电器和检测电器两大类。主令电器产生主令输入信号，如按钮、转换开关等；检测电器产生检测运行状态的信号，如行程开关、继电器的触点、传感器等。输入回路的连接如图 1-10 所示，当按下 SB2 按钮时，COM 点和 X4 接通，此时相对应的输入点 X4 从"OFF"变为"ON"（即"0"→"1"），该输入信号被送到 PLC 的内部。

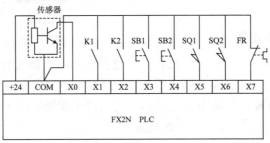

图 1-10　输入回路的连接

### 1.3.2　FX2N 系列 PLC 的输出继电器

输出继电器（Y）是 PLC 驱动外部负载的继电器，输出继电器可以通过外部触点控制该输出接口外部的负载元件，它的常开/常闭触点可以不限次数地被使用。输出继电器的状态只能由程序指令来驱动，外部信号无法驱动。FX2N 系列 PLC 的输出继电器也采用八进制编号，Y000～Y177 最多可达 128 点。

输出公共端的类型是若干输出端子构成一组，共用一个输出公共端，各组的输出公共端用 COM1、COM2……表示，各组公共端之间相互独立，可使用不同的电源类型和电压等级负载驱动电源，如图 1-11 所示，Y0～Y3 共用 COM1，使用的负载驱动电源为 AC 220V；Y4～Y7 共用 COM2，使用的负载驱动电源为 DC 24 V；Y10～Y13 共用 COM3，使用的负载驱动电源为 AC 6.3 V。

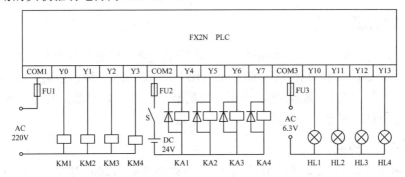

图 1-11　不同公共端组输出回路的连接

### 1.3.3　辅助继电器

辅助继电器（M）的作用相当于继电器控制电路中的中间继电器，用于状态暂存、辅助移位运算和其他特殊功能等。它的触点在编程时可无限制地被使用，但不能直接驱动外部负载，而且与输出继电器一样，辅助继电器只能由程序指令驱动，外部信号无法驱动，它的元件编号按照十进制编号。FX2N 系列 PLC 的辅助继电器有通用辅助继电器、断电保持辅助继电器和特殊辅助继电器三种类型。

#### 1. 通用辅助继电器

元件编号为 M0～M499，共 500 点，如果 PLC 在运行时电源突然停电，通用辅助继电器将全部变为 OFF 状态。若电源再次接通，除了因外部输入信号而变为 ON 的元件以外，

其余的仍旧保持 OFF 状态。

### 2. 断电保持辅助继电器

元件编号为 M500～M1023，共 524 点，该类辅助继电器具有后备电池，具有记忆功能。如果 PLC 在运行时突然断电，输出继电器和通用继电器将全部变为 OFF 状态，当某些控制系统要求保持断电瞬间的状态时，就必须使用断电保持辅助继电器，再次通电后，断电保持辅助继电器仍能保持原来停电前的状态。

### 3. 特殊辅助继电器

有特定的功能，通常可分为以下两大类。

（1）只能利用其触点的特殊辅助继电器。此类辅助继电器的线圈由 PLC 系统程序自行驱动，用户只能利用其触点。

① M8000：运行监控。可在 PLC 运行时接通，作为运行（RUN）监控。

② M8002：初始化脉冲。仅在 PLC 运行开始瞬间接通一个扫描周期，产生初始脉冲，常用于某些元件的复位和清零，也可作为启动条件。

③ M8011～M8014：时钟脉冲。分别是每隔 10 ms、100 ms、1 s、1 min 发一脉冲。

（2）可驱动线圈的特殊辅助继电器。用户程序驱动其线圈后，PLC 执行特定的操作。

① M8003：使输出保持原状态。

② M8034：使输出继电器全部禁止输出。

③ M8039：使 PLC 按指定的扫描时间工作。

## 1.3.4 定时器

定时器（T）在 PLC 中的作用相当于继电器控制电路中的时间继电器，FX2N 定时器是根据时钟脉冲累积计时的，时钟脉冲有 1 ms、10 ms、100 ms 三种，当所计时间到达设定值时，输出触点动作。FX2N 系列 PLC 给用户提供最多 256 个定时器，其中 246 个是常规定时器，10 个是积算定时器，定时器元件编号按十进制编号。

### 1. 非积算型定时器

T0～T199 为 100 ms 定时器，设定值为 0.1～3276.7 s；T200～T245 为 10 ms 定时器，设定值为 0.01～327.67 s。非积算型定时器的特点是：当驱动定时器的条件满足时，定时器开始计时，时间到达设定值后，定时器动作；当驱动定时器的条件不满足时，定时器复位。若定时器定时未到达设定值，驱动定时器的条件由满足变为不满足时，定时器也复位，且当条件再次满足后定时器再次从 0 开始计时，其工作情况如图 1-12 所示。

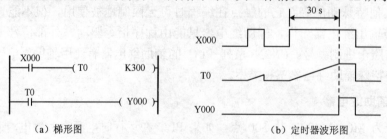

（a）梯形图　　　　　　　　　（b）定时器波形图

图 1-12　非积算型定时器的工作情况

### 2. 积算型定时器

T246~T249 为 1 ms 积算定时器，设定值为 0.001~32.767 s；T250~T255 为 100 ms 积算定时器，设定值为 0.1~3276.7 s。积算型定时器的特点是：当驱动定时器的条件满足时，定时器开始计时，时间到达设定值后，定时器动作；当驱动定时器的条件不满足时，定时器不复位，若要定时器复位，必须采用指令复位。定时器定时未到达设定值，驱动定时器的条件由满足变为不满足时，定时器的定时值保持，且当条件再次满足后定时器从刚才保持的定时值继续开始计时，其工作情况如图 1-13 所示。

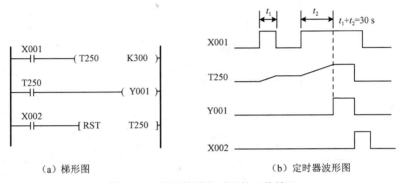

（a）梯形图　　　　　　　　（b）定时器波形图

图 1-13　非积算型定时器的工作情况

## 1.3.5　计数器

计数器 C 按十进制编号，可用用户程序存储器内的常数 K 作为设定值，也可以用数据寄存器（D）的内容作为设定值。在后一种情况下，一般使用有掉电保护功能的数据寄存器。但应注意，若备用电池电压降低时，定时器或计数器往往会发生误动作。FX2N 系列 PLC 的内部信号计数器分为以下两类。

### 1. 16 位增计数器

16 位增计数器是 16 位二进制加法计数器，其设定值在 K1~K32767 范围内有效。注意：设定值 K0 与 K1 含义相同，即在第一次计数时，其输出触点就动作。C0~C99 为通用计数器；C100~C199 为保持用计数器，即使发生停电，当前值与输出触点的动作状态或复位状态也能保持。16 位二进制加法计数器的工作情况如图 1-14 所示。

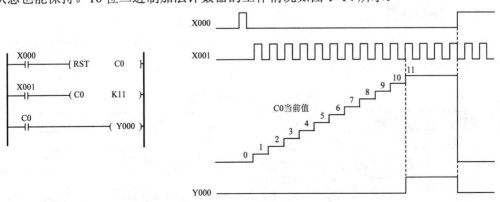

图 1-14　16 位二进制加法计数器的工作情况

### 2. 32 位双向计数器

32 位双向计数器是可设定计数为增或减的计数器，其中 C200～C219 为通用型 32 位计数器；C220～C234 为保持型 32 位计数器。计数范围均为-2 147 483 648～+2 147 483 647。计数方向由特殊辅助继电器 M8200～M8234 与计数器一一对应进行设定，当对应的特殊辅助继电器置 1（接通）时为减计数，置 0（断开）时为增计数。32 位双向计数器的工作情况如图 1-15 所示。

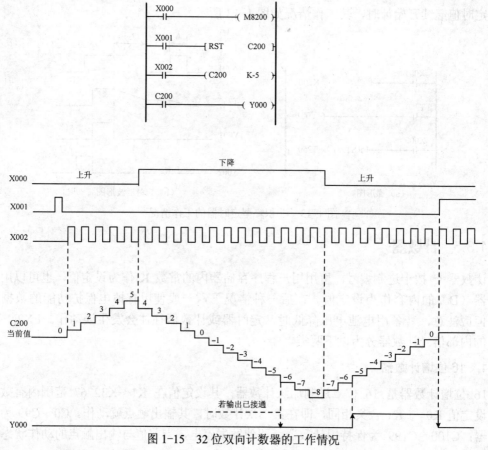

图 1-15 32 位双向计数器的工作情况

## 1.3.6 状态元件

状态元件又称为状态寄存器，是构成状态转移图的基本元素，FX2N 系列 PLC 共有 1 000 个状态元件，其分类、编号、数量及用途如表 1-1 所示。

表 1-1 状态元件功能表

| 类别 | 元件编号 | 个数 | 用途及特点 |
|---|---|---|---|
| 初始状态 | S0～S9 | 10 | 用作 SFC 的初始状态 |
| 返回状态 | S10～S19 | 10 | 多运行模式控制当中，用作返回原点的状态 |
| 一般状态 | S20～S499 | 480 | 用作 SFC 的中间状态 |
| 掉电保持状态 | S500～S899 | 400 | 具有停电保持功能，停电恢复后需继续执行的场合可用这些状态元件 |
| 信号报警状态 | S900～S999 | 100 | 用作报警元件使用 |

说明：

（1）状态的编号必须在指定范围内选用。

（2）各状态元件的触点在 PLC 内部可以自由使用，次数不限。

（3）不用步进指令时，状态元件可以作为辅助继电器使用。

（4）通过参数设置，可以改变一般状态元件和掉电保持状态元件的地址分配。

## 实训课题 1　认识三菱 FX2N 系列 PLC 硬件结构

### 1．实训目的

（1）了解 PLC 的结构。

（2）理解并掌握 PLC 硬件的功能。

### 2．实训器材

（1）个人计算机及 FX 编程软件。

（2）PLC 实训装置。

（3）计算机与 PLC 之间的数据通信线。

（4）I/O 装置实验板。

（5）连接导线若干。

### 3．实训内容及步骤

1）观察三菱 FX2N 系列 PLC 的面板

三菱 FX2N 系列为小型 PLC，采用叠装式的结构形式，其面板如图 1-16 所示，其中，Ⅰ——型号、Ⅱ——状态指示灯、Ⅲ——模式转换开关与通信接口、Ⅳ——PLC 的电源端子与输入端子、Ⅴ——输入指示灯、Ⅵ——输出指示灯、Ⅶ——输出端子。

2）识别 PLC 型号的含义

三菱 FX 系列 PLC 的型号标注含义如图 1-17、表 1-2 所示。

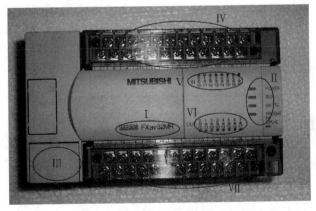

图 1-16　三菱 FX2N 系列 PLC 的面板

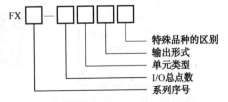

图 1-17　三菱 FX 系列 PLC 的型号标注含义

表 1-2　三菱 FX 系列 PLC 的型号标注含义

| 标注内容 | 字 母 含 义 |
|---|---|
| 系列序号 | 0、2、0N、2C、2N，即 FX0、FX2、FX0N、FX2C、FX2N |
| I/O 总点数 | 输入/输出总点数，一般为 16～256 点 |
| 单元类型 | M——基本单元；E——输入/输出混合扩展单元及扩展模块；EX——输入专用扩展模块；EY——输出专用扩展模块 |
| 输出形式 | R——继电器输出；T——晶体管输出；S——晶闸管输出 |
| 特殊品种区别 | D——DC 电源，DC 输入；A1——AC 电源，AC 输入；H——大电流输出扩展模块（1A/1 点）；V——立式端子排的扩展模块；C——接插口输入/输出方式；F——输入滤波器 1 ms 的扩展模块；L——TTL 输入型扩展模块；S——独立端子（无公共端）扩展模块 |

图 1-16 中所示的 PLC 型号说明该 PLC 为三菱 FX2N 系列，输入/输出点数为 32 点，继电器输出形式的基本单元。

3）识别 PLC 的状态指示灯的功能

如图 1-18 所示是 PLC 的四盏状态指示灯，用来反映 PLC 当前的工作状态，其具体含义如表 1-3 所示。

表 1-3　PLC 的状态指示灯含义

| 指 示 灯 | 指示灯的状态与当前运行的状态 |
|---|---|
| POWER 电源指示灯（绿灯） | PLC 接通 220 V 交流电源后，该灯点亮，正常时仅有该灯点亮表示 PLC 处于编辑状态 |
| RUN 运行指示灯（绿灯） | 当 PLC 处于正常运行状态时，该灯点亮 |
| BATT.V 内部锂电池电压低指示灯（红灯） | 如果该指示灯点亮说明锂电池电压不足，应更换 |
| PROG.E（CPU.E）程序出错指示灯（红灯） | 如果该指示灯闪烁，说明出现以下类型的错误<br>（1）程序语法错误；（2）锂电池电压不足<br>（3）定时器或计数器未设置常数；（4）干扰信号使程序出错；<br>（5）程序执行时间超出允许时间，此时该灯连续亮 |

4）识别 PLC 的模式转换开关与通信接口

将图 1-16 区域Ⅲ的盖板打开，可见到 PLC 的操作模式转换开关与通信接口位置，如图 1-19 所示。

图 1-18　PLC 的状态指示灯　　　　图 1-19　操作模式转换开关与通信接口

PLC 的工作模式是通过模式转换开关来实现的，在 PLC 通电的情况下，RUN 位置——运行指示灯（RUN）发光，表示 PLC 的工作状态是运行状态；STOP 位置——PLC 的运行指示灯（RUN）熄灭，表示 PLC 的工作状态是停止状态。

通信接口用来连接手持式编程器或计算机，保证 PLC 与手持式编程器或计算机的通信。通信线一般有手持式编程器通信线和计算机通信线两种，如图 1-20 所示。

5）识别 PLC 的电源端子、输入端子与输入指示灯

图 1-21 所示为三菱 FX 系列 PLC 的电源端子、输入端子与输入指示灯部分，各部分功能如表 1-4 所示。

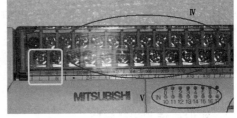

（a）手持式编程器通信线　（b）计算机用通信线

图 1-20　PLC 的通信线　　　图 1-21　PLC 的电源端子、输入端子与输入指示灯

表 1-4　输入部分的功能

| 端子名称 | 功能 |
| --- | --- |
| 外接电源端子（L、N、地） | 用来外接 PLC 的外部电源（AC 220 V） |
| COM 端子 | 作为外接外部信号元件（传感器、按钮、行程开关等）时的一个公共端子 |
| +24V 电源端子 | 为外部设备提供直流 24 V 电源，多用于三端传感器，如图 1-22 所示 |
| X□端子 | 为输入（IN）继电器的接线端子，是将外部信号引入 PLC 的必经通道 |
| "."端子 | 带有 "." 符号的端子表示该端子未被使用，不具有功能 |
| 输入指示灯 | PLC 的输入（IN）指示灯，PLC 有正常输入时，对应输入点的指示灯亮 |

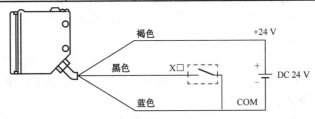

图 1-22　三端传感器与 PLC 端子接线示意图

6）PLC 的输出端子与输出指示灯

PLC 的输出端子与输出指示灯如图 1-23 所示，输出部分的功能如表 1-5 所示。

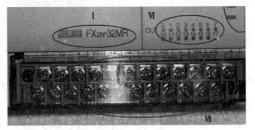

图 1-23　PLC 的输出端子与输出指示灯

表 1-5  输出部分的功能

| 端子名称 | 功能 |
|---|---|
| 输出公共端子COM | 在 PLC 连接交流接触器线圈、电磁阀线圈、指示灯等负载时，PLC 必须连接输出公共端子中的一个端子：Y0～Y3 共用 COM1，Y4～Y7 共用 COM2，Y10～Y13 共用 COM3，Y14～Y17 共用 COM4，Y20～Y27 共用 COM5 |
| Y□端子 | Y□端子为 PLC 的输出（OUT）继电器的接线端子，是将 PLC 指令执行结果传递到负载侧的必经通道 |
| 输出指示灯 | 当某个输出继电器被驱动后，则对应的 PLC Y□的输出指示灯就会点亮 |

注：对于共用一个公共端子的同一组输出，必须用同一电压类型和同一电压等级，但不同的公共端子组可使用不同的电压类型和电压等级。在负载使用相同电压类型和等级时，则将 COM1、COM2、COM3、COM4 用导线短接起来就可以了。

**4. 实训总结及注意事项**

（1）实训操作分组进行，3 人为一组共同完成。

（2）输入接线一般不要超过 30 m，但如果环境干扰较小，电压降不大时，输入接线可适当长些；输入、输出线不能同用一根电缆，输入、输出线要分开。

（3）通电识别各部分的功能，根据实际操作的情况完成实训报告。

# 知识梳理与总结

（1）PLC 的定义："PLC 是一种数字运算的电子系统，专为工业环境下应用而设计。它采用可编制程序的存储器，用来在其内部存储执行逻辑运算、顺序运算、定时、计数和算术运算等操作的指令，并能通过数字式或模拟式的输入和输出，控制各种类型的机械或生产过程。可编程序控制器及其有关的外围设备，都应按易于与工业控制系统联成一个整体、易于扩充的原则设计。"

（2）PLC 的产生：通用汽车公司（GM 公司）于 1968 年提出 GM10 条要求后，美国数字设备公司（DEC 公司）在 1969 年首先研制出世界上第一台 PLC，型号为 PDP-14，并在通用汽车公司的自动生产线上试用成功。

（3）PLC 具有可靠性高、抗干扰能力强、编程简单，使用方便、通用性强、灵活性好、功能齐全、安装简单，调试维护方便等特点。

（4）PLC 的发展阶段分为四个阶段：1970—1980 年，PLC 的结构定型阶段；1980—1990 年，PLC 的普及阶段；1990—2000 年，PLC 的高性能与小型化阶段；2000 年至今，PLC 的高性能与网络化阶段。

（5）可编程序控制器包括中央处理器（CPU）、存储器、电源、输入/输出（I/O）接口、外部设备接口等基本组成结构。

（6）PLC 工作方式为循环扫描工作方式，每扫描完一次程序就构成了一个扫描周期。PLC 每个循环扫描工作过程可分为程序输入处理、程序执行和程序输出刷新三个阶段。

（7）三菱 FX2N 系列 PLC 基本的编程软元件包括：输入继电器 X、输出继电器 Y、辅

助继电器 M、定时器 T、计数器 C 和状态元件 S 等。

其中，输入继电器 X 是 PLC 中专门用来接收用户外部输入信号的设备，采用八进制进行编号；输出继电器 Y 是 PLC 驱动外部负载的继电器，采用八进制编号；辅助继电器 M 是用于状态暂存、辅助移位运算和其他特殊功能等，采用十进制编号，FX2N 系列 PLC 的辅助继电器有通用辅助继电器、断电保持辅助继电器和特殊辅助继电器三种类型；定时器 T 采用十进制编号，在 PLC 中的作用相当于继电器控制电路中的时间继电器，FX2N 定时器是根据时钟脉冲累积计时的，时钟脉冲有 1 ms、10 ms、100 ms 三种，当所记时间到达设定值时，输出触点动作；计数器 C 采用十进制编号，可用用户程序存储器内的常数 K 作为设定值，也可以用数据寄存器（D）的内容作为设定值；状态元件 S 又称为状态寄存器，采用十进制编码，是构成状态转移图的基本元素，包括初始状态、返回状态、一般状态、掉电保持状态、信号报警状态等。

# 思考与练习 1

## 一、填空题

1. 可编程序控制器主要由＿＿＿＿＿、＿＿＿＿＿、＿＿＿＿＿、＿＿＿＿＿和外部设备接口组成。

2. PLC 的存储器可以分为＿＿＿＿＿存储器和＿＿＿＿＿存储器，把存放应用软件的存储器称为＿＿＿＿＿存储器。

3. ＿＿＿＿＿是连接 CPU 与现场 I/O 设备或其他外部设备之间的桥梁。

4. PLC 中用户程序的执行过程可分为三个阶段：＿＿＿＿＿、＿＿＿＿＿和＿＿＿＿＿，这三个阶段是分时完成的。

5. 为了连续地完成 PLC 所承担的工作，系统必须周而复始地按一定的顺序完成这一系列的具体工作，这种工作方式称为＿＿＿＿＿方式。

6. PLC 重复一次工作周期的时间称为＿＿＿＿＿。

7. PLC 有两种基本的工作状态，即＿＿＿＿＿和＿＿＿＿＿，＿＿＿＿＿是执行应用程序的状态，＿＿＿＿＿一般用于程序的编制与修改。

8. PLC 机的输出可分为＿＿＿＿＿输出、＿＿＿＿＿输出和＿＿＿＿＿输出三种类型。

9. 三菱 FX2 系列 PLC 的编程元件中，除了＿＿＿＿＿、＿＿＿＿＿为八进制外，其余都为十进制。

10. PLC 的输入继电器 X 按＿＿＿＿＿进制进行编号，线圈的通断取决于 PLC＿＿＿＿＿的状态，不能用程序指令驱动。

11. ＿＿＿＿＿是 PLC 接收来自外部输入设备开关信号的接口。＿＿＿＿＿是 PLC 中唯一具有外部触点的继电器，它可以通过外部接点接通该输出口上连接的输出负载或执行电器。

12. 辅助继电器有＿＿＿＿＿及＿＿＿＿＿两种类型。

13. 特殊辅助继电器根据使用方式又可以分为两类：＿＿＿＿＿特殊型辅助继电器、＿＿＿＿＿特殊型辅助继电器。

14. _____为运行监控特殊辅助继电器，当 PLC_____时，M8000 始终接通。_____为初始脉冲特殊辅助继电器，_____为产生 1s 脉冲的特殊辅助继电器。

15. T0～T199 为_____ms 定时器，设定值为_____～_____s。

16. _____是用于步进顺控编程的重要软元件，随状态动作的_____，原状态元件自动_____。

## 二、判断题

1. 可编程序控制器不是普通的计算机，它是一种工业现场用计算机。（　　）

2. 继电器控制电路工作时，电路中硬件都处于受控状态，PLC 各软继电器都处于周期循环扫描状态，各个软继电器的线圈和它的触点动作并不同时发生。（　　）

3. 美国通用汽车公司于 1968 年提出用新型控制器代替传统继电器控制系统的要求。（　　）

4. 可编程序控制器抗干扰能力强，是工业现场用计算机特有的产品。（　　）

5. 可编程序控制器的输出端可直接驱动大容量电磁铁、电磁阀、电动机等大负载。（　　）

6. 可编程序控制器的输入端可与机械系统上的触点开关、接近开关、传感器等直接连接。（　　）

7. 可编程序控制器一般由 CPU、存储器、输入/输出接口、电源、传感器五部分组成。（　　）

8. 可编程序控制器的型号能反映出该机的基本特征。（　　）

9. PLC 采用了典型的计算机结构，主要是由 CPU、RAM、ROM 和专门设计输入/输出接口的电路等组成。（　　）

10. 在 PLC 顺序控制程序中，采用步进指令方式编程有方法简单、规律性强、修改程序方便的优点。（　　）

11. 复杂电气控制程序中的设计可以采用继电控制原理图来设计程序。（　　）

12. 在 PLC 的顺序控制程序中采用步进指令方式编程，具有程序不能修改的优点。（　　）

13. 字元件主要用于开关量信息的传递、变换及逻辑处理。（　　）

14. 能流在梯形图中只能单方向流动，从左向右流动，层次的改变只能先上后下。（　　）

15. PLC 将输入信息采入内部，执行用户程序的逻辑功能，最后达到控制要求。（　　）

16. 通过编制控制程序，即将 PLC 内部的各种逻辑部件按照控制工艺进行组合以达到一定的逻辑功能。（　　）

17. PLC 一个扫描周期的工作过程，是指读入输入状态到发生输出信号所用的时间。（　　）

18. 连续扫描工作方式是 PLC 的一大特点，也可以说 PLC 是"串行"工作的，而继电器控制系统是"并行"工作的。（　　）

19．PLC 的继电器输出适应于要求高速通断、快速响应的工作场合。（　　）

20．PLC 的双向晶闸管适应于要求高速通断、快速响应的交流负载工作场合。（　　）

21．PLC 的晶体管适应于要求高速通断、快速响应的直流负载工作场合。（　　）

22．PLC 产品技术指标中的存储容量是指其内部用户存储器的存储容量。（　　）

23．所有内部辅助继电器均带有停电记忆功能。（　　）

24．FX 系列 PLC 输入继电器是用程序驱动的。（　　）

25．FX 系列 PLC 输出继电器是用程序驱动的。（　　）

26．PLC 中 T 是实现断电延时的操作指令，输入由 ON 变为 OFF 时，定时器开始定时，当定时器的输入为 OFF 或电源断开时，定时器复位。（　　）

27．计数器只能加法运算，若要减法运算必须用寄存器。（　　）

28．PLC 的特殊继电器是指提供具有特定功能的内部继电器。（　　）

29．输入继电器仅是一种形象说法，并不是真实继电器，它是编程语言中专用的"软元件"。（　　）

### 三、单项选择题

1．可编程序控制器不是普通的计算机，它是一种（　　）。
  A．单片机　　　　B．微处理器　　　C．工业现场用计算机　　D．微型计算机

2．PLC 与继电器控制系统之间存在元件触点数量、工作方式和（　　）差异。
  A．使用寿命　　　B．工作环境　　　C．体积大小　　　　　　D．接线方式

3．世界上公认的第一台 PLC 是（　　）年美国数字设备公司研制的。
  A．1958　　　　　B．1969　　　　　C．1974　　　　　　　　D．1980

4．可编程序控制器体积小、质量轻，是（　　）特有的产品。
  A．机电一体化　　B．工业企业　　　C．生产控制过程　　　　D．传统机械设备

5．（　　）是 PLC 的输出信号，用来控制外部负载。
  A．输入继电器　　B．输出继电器　　C．辅助继电器　　　　　D．计数器

6．PLC 中专门用来接收外部用户输入信号的设备，称（　　）继电器。
  A．辅助　　　　　B．状态　　　　　C．输入　　　　　　　　D．时间

7．可编程序控制器一般由 CPU、存储器、输入/输出接口、（　　）及编程器五部分组成。
  A．电源　　　　　B．连接部件　　　C．控制信号　　　　　　D．导线

8．（　　）符号所表示的是 FX 系列基本单元晶体管输出。
  A．FX0N—60MR　　　　　　　　　B．FX2N—48MT
  C．FX—16EYT—TB　　　　　　　　D．FX—48ET

9．PLC 的（　　）输出是有触点输出，既可控制交流负载又可控制直流负载。
  A．继电器　　　　B．晶体管　　　　C．单结晶体管　　　　　D．二极管

10．PLC 的（　　）输出是无触点输出，只能用于控制交流负载。
  A．继电器　　　　B．双向晶闸管　　C．单结晶体管　　　　　D．二极管

11．PLC 的（　　）输出是无触点输出，只能用于控制直流负载。
  A．继电器　　　　B．双向晶闸管　　C．晶体管　　　　　　　D．二极管

12．FX 系列 PLC 内部辅助继电器 M 编号是（　　）进制的。

A. 二  B. 八  C. 十  D. 十六

13. FX 系列 PLC 内部输入继电器 X 编号是（    ）进制的。

A. 二  B. 八  C. 十  D. 十六

14. FX 系列 PLC 内部输出继电器 Y 编号是（    ）进制的。

A. 二  B. 八  C. 十  D. 十六

15. PLC 的定时器是（    ）。

A. 硬件实现的延时继电器，在外部调节

B. 软件实现的延时继电器，在内部调节

C. 时钟继电器

D. 输出继电器

16. 用于停电恢复后，要继续执行停电前状态的计数器是（    ）。

A. C0～C29  B. C100～C199  C. C30～C49  D. C50～C99

17. 断电保持数据寄存器（    ），只要不改写，无论运算或停电，原有数据不变。

A. D0～D49  B. D50～D99  C. C100～C199  D. D200～D511

18. PLC 的特殊继电器是指（    ）。

A. 提供具有特定功能的内部继电器

B. 断电保护继电器

C. 内部定时器和计数器

D. 内部状态指示继电器和计数器

## 四、思考题

1. PLC 有哪些特点？

2. PLC 与继电器控制系统之间有哪些差异？

3. 简述 FX2N 系列 PLC 的主要元器件。

# 第2章

# 基本指令与步进顺控指令

教学导航

本章涉及基本指令和步进顺控指令的讲解，教学是在学生具有一定的继电器控制和计算机基础知识的情况下逐步深入。各部分学习章节、参考课时及教学建议如下所示。

| 章　节 | 参考课时 | 教　学　建　议 |
| --- | --- | --- |
| 2.1 基本指令 | 4 | PLC 的基本指令是编程的基础，在讲解基本指令结构和功能的同时列举一些实例，有利于学生对指令的理解和掌握 |
| 2.2 状态元件与步进顺控指令 | 4 | PLC 的状态元件和步进顺控指令是步进顺控编程方法的基础，重点分析步进顺控的各种流程结构及在实际中的应用情况 |
| 实训课题 2　认识三菱 PLC 编程软件 | 2 | 通过实际操作熟悉掌握 FX2N 系列 PLC 编程软件的使用 |

用 PLC 实现对特定对象的控制时，必须编写相应的控制程序。不同厂家甚至同一厂家的不同型号 PLC 的编程语言的数量和种类都不一样，因此用户在编制程序时，必须熟悉所选用 PLC 的每条指令涉及编程元件的功能和编号。FX2N 系列 PLC 共有 27 条基本指令、2 条步进顺控指令、128 种（298 条）功能指令。指令由三部分组成，即步序号、指令符、数据。步序号是指指令在内存中存放的地址号；指令符是指指令的助记符，常用 2～4 个英文字母组成；数据是执行指令所选用的元件、设定值等内容。使用微型计算机或图形编程器编程时可以直接使用梯形图，如果使用简易编程器，就必须把梯形图转换成指令表。

## 2.1　基本指令

### 2.1.1　连接与驱动指令

PLC 的基本指令中的连接与驱动指令是使用频率最高的指令，分别作用于触点逻辑运算的开始及线圈的输出驱动。

#### 1.　取指令（LD）

取指令表示一个常开触点与输入母线相连接的指令，可用于目标元件 X、Y、M、S、T、C 继电器的触点。取指令在梯形图中的应用如图 2-1 所示（加粗部分的触点）。另外，与后面讲到的 ANB、ORB 指令组合，在分支起点处也可使用。

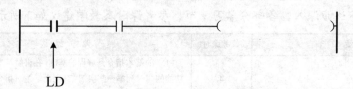

图 2-1　取指令在梯形图中的应用

#### 2.　取反指令（LDI）

取反指令表示一个常闭触点与输入母线相连接的指令，可用于目标元件 X、Y、M、S、T、C 继电器的触点。取反指令在梯形图中的应用如图 2-2 所示的（加粗部分的触点）。

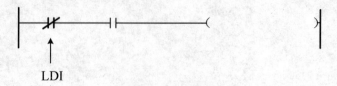

图 2-2　取反指令在梯形图中的应用

#### 3.　取脉冲上升沿指令（LDP）

取脉冲上升沿指令用以检测连接到母线触点的上升沿，仅在指定软元件的上升沿（从 OFF→ON）时刻，接通一个扫描周期，可用于目标元件 X、Y、M、S、T、C 继电器的触点。取脉冲上升沿指令在梯形图中的应用如图 2-3 所示（加粗部分的触点）。

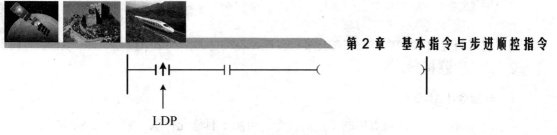

LDP

图 2-3　取脉冲上升沿指令在梯形图中的应用

### 4. 取脉冲下降沿指令（LDF）

取脉冲下降沿指令用以检测连接到母线触点的下降沿，仅在指定软元件的下降沿（从 ON→OFF）时刻，接通一个扫描周期，可用于目标元件 X、Y、M、S、T、C 继电器的触点。取脉冲下降沿指令在梯形图中的应用如图 2-4 所示（加粗部分的触点）。

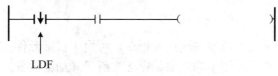

LDF

图 2-4　取脉冲下降沿指令在梯形图中的应用

### 5. 线圈驱动指令（OUT）

线圈驱动指令也称为输出指令，表示对指定线圈进行驱动，可用于目标元件为 Y、M、S、T、C 继电器的线圈。注意：线圈驱动指令对输入继电器（X）不能使用。线圈驱动指令在梯形图中的应用如图 2-5 所示。

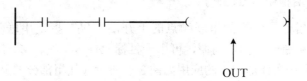

OUT

图 2-5　线圈驱动指令在梯形图中的应用

连接驱动指令的使用如图 2-6 所示。

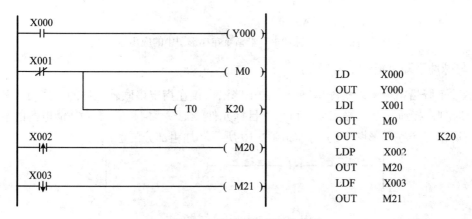

| LD  | X000 |     |
|-----|------|-----|
| OUT | Y000 |     |
| LDI | X001 |     |
| OUT | M0   |     |
| OUT | T0   | K20 |
| LDP | X002 |     |
| OUT | M20  |     |
| LDF | X003 |     |
| OUT | M21  |     |

图 2-6　连接驱动指令的使用

当 OUT 指令驱动的目标元件是定时器 T 和计数器 C 时，必须输入设定值，设定值可以是常数 K，也可以用数据寄存器的内容。

### 2.1.2 串联指令

#### 1. 与指令（AND）

与指令表示单个常开触点串联连接的指令，可用于目标元件 X、Y、M、S、T、C 继电器的触点。与指令在梯形图中的应用如图 2-7 所示（加粗部分的触点）。

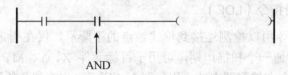

AND

图 2-7　与指令在梯形图中的应用

#### 2. 与反指令（ANI）

与反指令表示单个常闭触点串联连接的指令，可用于目标元件 X、Y、M、S、T、C 继电器的触点。与反指令在梯形图中的应用如图 2-8 所示（加粗部分的触点）。

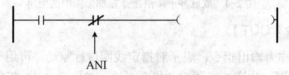

ANI

图 2-8　与反指令在梯形图中的应用

#### 3. 与脉冲上升沿指令（ANDP）

与脉冲上升沿指令用以检测串联触点的上升沿，仅在指定串联软元件的上升沿（从 OFF→ON）时刻，接通一个扫描周期，可用于目标元件 X、Y、M、S、T、C 继电器的触点。与脉冲上升沿指令在梯形图中的应用如图 2-9 所示（加粗部分的触点）。

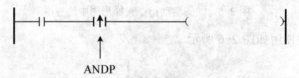

ANDP

图 2-9　与脉冲上升沿指令在梯形图中的应用

#### 4. 与脉冲下降沿指令（ANDF）

与脉冲下降沿指令用以检测串联触点的下降沿，仅在指定串联软元件的下降沿（从 ON→OFF）时刻，接通一个扫描周期，可用于目标元件 X、Y、M、S、T、C 继电器的触点。与脉冲下降沿指令在梯形图中的应用如图 2-10 所示（加粗部分的触点）。

ANDF

图 2-10　与脉冲下降沿指令在梯形图中的应用

串联指令的使用如图 2-11 所示。

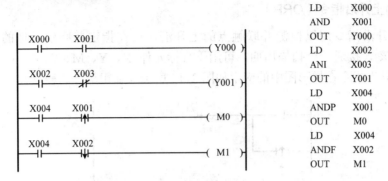

```
LD    X000
AND   X001
OUT   Y000
LD    X002
ANI   X003
OUT   Y001
LD    X004
ANDP  X001
OUT   M0
LD    X004
ANDF  X002
OUT   M1
```

图 2-11　串联指令的使用

必须指出，在一个 OUT 指令后，通过触点对其他线圈使用 OUT 指令称为纵接输出，这种连续输出如果顺序不错，可多次重复，如图 2-12 所示。

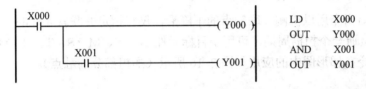

```
LD    X000
OUT   Y000
AND   X001
OUT   Y001
```

图 2-12　纵接输出

## 2.1.3　并联指令

### 1. 或指令（OR）

或指令表示单个常开触点并联连接的指令，可用于目标元件 X、Y、M、S、T、C 继电器的触点。或指令在梯形图中的应用如图 2-13 所示（加粗部分的触点）。

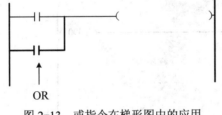

图 2-13　或指令在梯形图中的应用

### 2. 或反指令（ORI）

或反指令表示单个常闭触点并联连接的指令，可用于目标元件 X、Y、M、S、T、C 继电器的触点。或反指令在梯形图中的应用如图 2-14 所示（加粗部分的触点）。

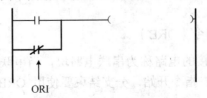

图 2-14　或反指令在梯形图中的应用

### 3. 或脉冲上升沿指令（ORP）

或脉冲上升沿指令用以检测并联触点的上升沿，仅在指定并联软元件的上升沿（从 OFF→ON）时刻，接通一个扫描周期，可用于目标元件 X、Y、M、S、T、C 继电器的触点。或脉冲上升沿指令在梯形图中的应用如图 2-15 所示（加粗部分的触点）。

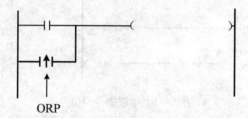

图 2-15　或脉冲上升沿指令在梯形图中的应用

### 4. 或脉冲下降沿指令（ORF）

或脉冲下降沿指令用以检测并联触点的下降沿，仅在指定并联软元件的下降沿（从 ON →OFF）时刻，接通一个扫描周期，可用于目标元件 X、Y、M、S、T、C 继电器的触点。或脉冲下降沿指令在梯形图中的应用如图 2-16 所示（加粗部分的触点）。

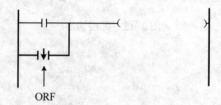

图 2-16　或脉冲下降沿指令在梯形图中的应用

并联指令的使用如图 2-17 所示。

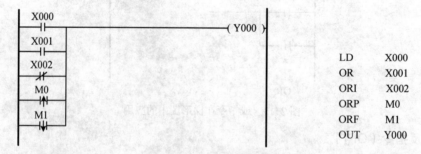

| LD  | X000 |
|-----|------|
| OR  | X001 |
| ORI | X002 |
| ORP | M0   |
| ORF | M1   |
| OUT | Y000 |

图 2-17　并联指令的使用

## 2.1.4　电路块指令

### 1. 串联电路块的并联指令（ORB）

两个以上的触点串联连接的电路称为串联电路块，当串联电路块和其他电路并联连接时，支路的起点用 LD、LDI 指令开始，分支结束要使用 ORB 指令。ORB 指令的使用如图 2-18 所示。

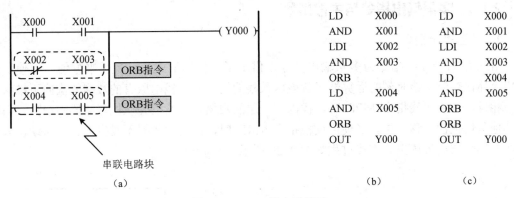

图 2-18　ORB 指令的使用

说明：ORB 指令是无数据的指令，编程时只输入指令。如图 2-18（a）所示，当有 3 条及以上并联的串联电路时，可采用两种编程方法。但最好选用图 2-18（b）所示的编程方法，对串联电路块逐步并联连接，对每一个电路块都使用 ORB 指令。这种编程方法中，ORB 使用次数没有限制。采用图 2-18（c）所示的编程方法时，ORB 指令虽然也可重复使用，但是受到操作器长度的限制，重复使用的次数限制在 8 次以下，因此不推荐使用这种编程方式。

### 2. 并联电路块的串联指令 ANB

两个以上的触点并联连接的电路称为并联电路块。支路的起点用 LD、LDI 指令开始，并联电路块结束后，使用 ANB 指令与前面电路串联。ANB 指令的使用如图 2-19 所示。

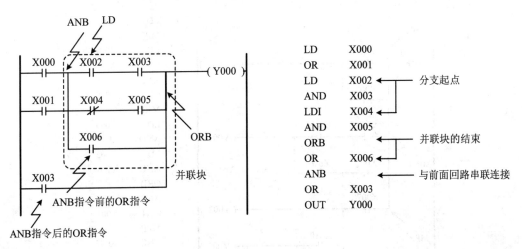

图 2-19　ANB 指令的使用

说明：ANB 指令是无数据的指令，编程时只输入指令。与 ORB 指令编程一样，当有 3 条及以上串联的并联电路时，也有两种编程方法。但最好选用电路块逐块连接的编程方法，这种编程方法中，ANB 使用次数没有限制。当采用连续使用 ANB 指令编程方式时与 ORB 一样，重复使用的次数限制在 8 次以下。

### 2.1.5　多重输出指令与主控指令

#### 1.　多重输出指令

　　MPS/MRD/MPP 指令为多重输出指令，借用了堆栈的形式为编程带来方便。当使用进栈指令 MPS 时，该时刻的运算结果就被压入栈的第一层，栈中原有的数据依次向下推移一层。相反，使用出栈指令 MPP 时，栈内第一层的数据将被读出并从栈存储器中消失，而栈内其他数据依次上移一层。当使用读栈指令 MRD 时，站内的数据不发生上、下移动，只是将栈的第一层内容读出。堆栈过程如图 2-20 所示。

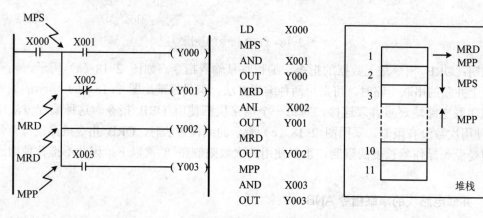

图 2-20　堆栈过程

　　MPS、MRD、MPP 指令的使用如图 2-21、图 2-22 所示。

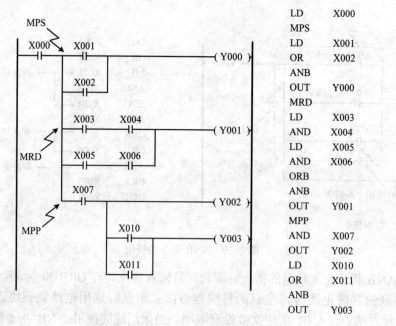

图 2-21　一段堆栈应用示例

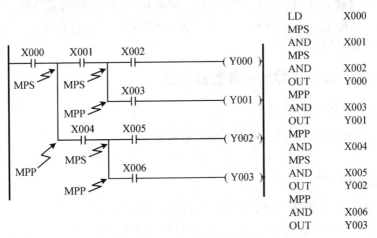

图 2-22　二段堆栈应用示例

**说明**：FX2N 系列 PLC 中共有 11 个栈存储器，因此在编程时，MPS 与 MPP 指令必须成对使用，且连续使用不应超过 11 次。MPS、MRD、MPP 指令是无数据（操作单元号）的指令。

### 2. 主控指令

在编程时经常出现多个线圈同时受一个或一组触点控制，如果在每个线圈的控制电路中都串入同样的触点，将占用很多存储单元，使用主控指令就可以解决这一问题。主控指令 MC 的目标元件为 Y 和 M，但不能用特殊辅助继电器。MC 指令执行后，母线（LD、LDI 点）移到主控触点后。主控复位指令 MCR 为其返回原母线的指令。通过更改软元件地址号 Y、M，可多次使用主控指令，但不同的主控指令不能使用同一软件号，否则就形成了双线圈输出。

MC、MCR 指令的使用如图 2-23 所示。当 X000 接通（ON）时，直接执行从 MC 到 MCR 的指令。当 X000 断开（OFF）时，不执行 MC 到 MCR 之间的指令，非积算定时器和用 OUT 指令驱动的元件在 MC 触点断开后将复位，积算定时器、计数器和 SET/RST 指令驱动的元件保持当前的状态不变。

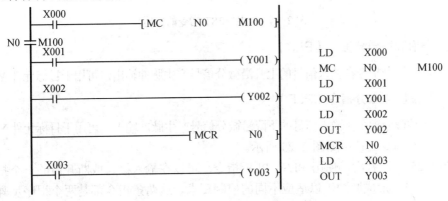

图 2-23　MC、MCR 指令的使用

MC 指令可以嵌套使用，有嵌套结构时，嵌套级别 N 的编号从 N0～N7 依次顺序增大；返回时用 MCR 指令，顺序相反，从大嵌套依次解除。在没有嵌套结构、用 N0 编程时，使用次数没有限制。

### 2.1.6 置位、复位指令与脉冲微分指令

#### 1. 置位指令（SET）

置位指令是使目标元件置位（ON）后一直保持，直至复位为止，可用于目标元件 Y、M、S。

#### 2. 复位指令（RST）

复位指令是使元件复位（OFF），并一直保持直至置位为止，RST 指令还可以对定时器、计数器、数据寄存器的内容清零，可用于目标元件 Y、M、S、T、C、D、V、Z。

SET、RST 指令的使用如图 2-24 所示。

说明：由图 2-24 可知，X000 接通后，Y000 置位（ON），即使 X000 再断开，Y000 也保持接通（ON）。X001 接通后，Y000 复位（OFF），即使 X001 再断开，Y000 也将保持断开（ON）。对于同一目标元件，SET、RST 可多次使用，顺序也可随意，但最后执行的一条指令才有效。

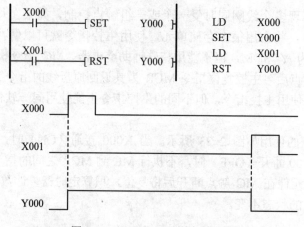

图 2-24 STE、RST 指令的使用

#### 3. 上升沿脉冲微分指令（PLS）

上升沿脉冲微分指令在输入信号的上升沿微分信号产生脉冲输出，可用于目标元件 Y、M。

#### 4. 下降沿脉冲微分指令（PLF）

下降沿脉冲微分指令在输入信号的下降沿微分信号产生脉冲输出，可用于目标元件 Y、M。

PLS、PLF 指令的使用如图 2-25 所示。

从图 2-25 可以看出，使用 PLS、PLF 指令，可以在输入接通或断开后的一个扫描周期内的动作（置 1）形成脉冲，以适应不同的控制要求。这两条指令都是两个程序步骤，它们的目标元件是 Y 和 M，特殊辅助继电器不能作为目标元件。

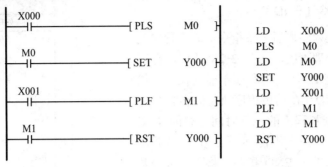

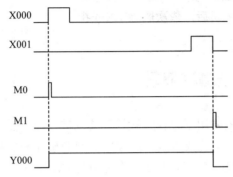

图 2-25　PLS、PLF 指令的使用

## 2.1.7　其他基本指令

### 1. 空操作指令（NOP）

执行空操作指令不做任何逻辑操作，NOP 指令不限制操作次数，在普通指令之间插入 NOP 指令，对程序执行结果没有影响。适当加入空操作指令，在变更程序或增加程序时，可以减少程序号的变化。如果将已写入的指令换成 NOP，如图 2-26 所示，把 AND X001 换成 NOP，则触点 X001 被消除，ANI X002 换成 NOP，触点 X002 被消除，程序发生很大变化，也可能使电路出错，这点必须注意。

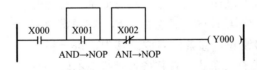

图 2-26　NOP 指令的使用

### 2. 非指令（INV）

非指令是将运算结果取反。该指令无操作元件，且不能直接与母线连接。非指令在梯形图中的应用如图 2-27 所示。

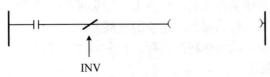

图 2-27　非指令在梯形图中的应用

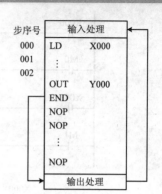

### 3. 程序结束指令（END）

程序结束指令是程序最后一条指令，表示程序到此结束，进入输出处理阶段，如图 2-28 所示。在程序运行过程中，写在 END 后的程序不能被执行。如果程序结束不用 END，在结束程序执行时会扫描完整个用户存储器，延长程序的执行时间，有的 PLC 还会提示程序出错，程序不能运行。在程序调试时，可在程序中插入若干 END 指令，将程序划分若干段，在确定前面程序段无误后，依次删除 END 指令，直至调试结束。

图 2-28　END 指令的使用

## 2.2　状态元件与步进顺控指令

前面介绍的基本指令主要用于设计一般控制要求的 PLC 程序，对于复杂的控制系统来说，系统的 I/O 点数较多，工艺要求复杂，程序之间的相互关系复杂。此时直接采用基本逻辑指令和梯形图设计控制电路，设计过程将无规律可循，这就要求设计者要有丰富的经验，且设计出来的电路复杂，设计过程也较为困难。

在实际应用中，可以把生产过程的控制要求与工作顺序分成若干段，每一个工作顺序完成一定的功能，在满足转移条件后，从当前工序转移到下道工序，这种控制通常称为顺序控制。在生产实践中，顺序控制是一种十分常见的控制方式，为了方便地进行顺序控制，PLC 设有专门用于顺序控制或称为步进控制的指令，FX2N 系列 PLC 有两条步进指令，及大量的状态继电器，结合状态转移图就能比较容易地编写出逻辑关系复杂的顺序控制程序。

### 2.2.1　状态转移图

状态转移图又称为顺序功能图（Sequential Function Chart，SFC），用于描述控制系统的顺序控制过程，具有简单、直观的特点，是设计 PLC 顺序控制程序的一种有力工具。它通常由初始状态、一般状态、转移线和转移条件组成。其中，每一步包含 3 个内容：本步驱动的有关负载、转移条件及指令的转移目标。状态转移图如图 2-29 所示。

从图 2-29 可以看出，在状态转移图中，控制过程的初始状态用双线框来表示，单线框表示顺序执行的"步"或"状态"，框中是状态元件 S 及其编号，步与步之间用有向线段来连接，如果进行方向是由上向下或从左到右，线段上的箭头可以省略不画，其他方向上必须加上箭头用来注明步的进展方向。当任意一步激活时，相应的动作或命令将被执行。一个活动步可以有若干个动作或命令被执行。

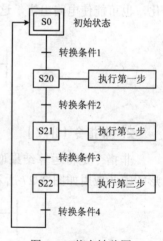

图 2-29　状态转移图

注意：步与步之间的状态转换需满足两个条件，一是前级步必须是活动步，二是对应的转换条件要成立。满足上述两个条件就可以实现步与步之间的转换。一旦后续步转换成为活动步，前级步就要复位成为非活动步。这样，状态转移图的分析就变得条理十分清楚，无须考虑状态之间的繁杂连锁关系，可以理解为"只干自己需要干的事，无须考虑其他"。另外，这也方便了对程序的阅读理解，使程序的试运行、调试、故障检查与排除变得非常容易，这就是步进顺控设计法的优点。

### 2.2.2　步进顺控指令

FX2N 系列 PLC 有两条步进顺控指令：步进触点指令（STL）和步进返回指令（RET）。

#### 1. 步进触点指令（STL）

步进触点指令的功能是从左母线连接步进触点。步进触点指令的操作元件为状态元件 S。

步进触点只有常开触点，没有常闭触点，步进触点要接通，应该采用 SET 指令进行置位。步进触点作用与主控触点一样，将左母线向右移动，形成副母线，与副母线相连的触点应以 LD 或 LDI 指令为起始，与副母线相连的线圈可不经过触点直接进行驱动，如图 2-30 所示。

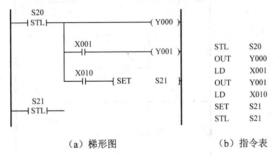

（a）梯形图　　　　（b）指令表

图 2-30　STL 指令的使用

步进触点具有主控和跳转作用，当步进触点闭合时，步进触点后面的电路块被执行，当步进触点断开时，步进触点后面的电路块不执行。因此，在步进触点后面的电路块中不允许使用主控或主控复位指令。

#### 2. 步进返回指令（RET）

步进返回指令的功能是使由 STL 指令所形成的副母线复位。步进返回指令无操作元件。RET 指令的使用如图 2-31 所示。

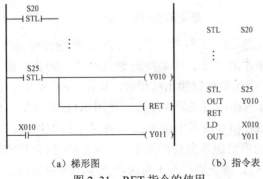

（a）梯形图　　　　（b）指令表

图 2-31　RET 指令的使用

由于步进触点指令具有主控和跳转作用，因此不必在每一条 STL 指令后都加一条 RET 指令，只需在最后使用一条 RET 指令就可以了。

步进顺控指令虽然只有两条，但是它的功能比较强大。对状态图进行编程时，还要清楚驱动负载、指定转换目标和指定转换条件三个要素之间的关系，步进顺控指令的编程原则是：先进行驱动动作处理，然后进行状态转移处理，不能颠倒。其中，指定转换目标和指定转换条件是必不可少的，而驱动处理则可视情况而定，可以不进行实际的负载驱动。

图 2-32 分别从状态转移图、相应的梯形图和指令表三方面对应说明 STL 指令的使用。

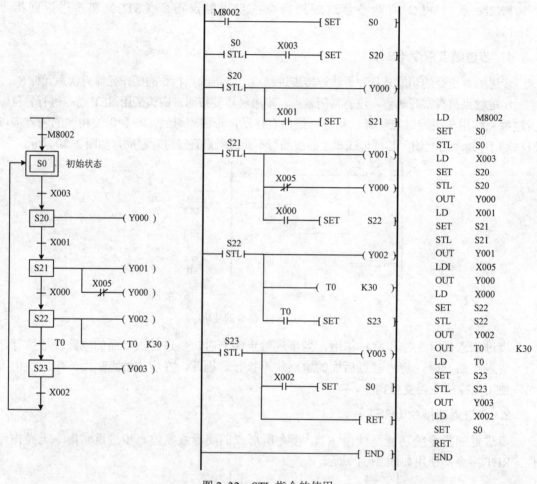

图 2-32　STL 指令的使用

（1）STL 指令仅对状态元件 S 有效，状态元件 S 的触点称为步进触点。只有在步进触点接通时，它后面的电路才能动作。如果步进触点断开，则其后面的电路将全部断开，但还要执行一个扫描周期。当需要保持输出结果时，可用 SET 和 RST 指令来实现。

（2）STL 指令触点要与梯形图左母线连接。使用 STL 指令后，LD 或 LDI 指令点则被右移，直到出现下一条 STL 指令或者出现 RET 指令才返回左母线。

（3）STL 指令有自动将前级步复位的功能（在状态转换成功的第二个扫描周期自动将前级步复位），因此使用 STL 指令编程时不考虑前级步的复位问题。

（4）只有前一步是活动步，该步才可能变成活动步。一般采用无断电保持功能的编程元件代表各步。进入 RUN 工作方式时，它们均处于断开状态，系统无法工作，必须使用初始化脉冲 M8002 的常开状态作为转换条件，将初始步预置为活动步。由于 CPU 只执行活动步对应的电路块，因此，步进梯形图允许双线圈输出。

（5）使用 STL 指令后的状态继电器具有步进控制功能，可直接驱动 Y、M、S、T 等继电器线圈。这时，除了提供步进常开触点外，还可提供普通的常开触点与常闭触点。

（6）状态的转移可以使用 SET 指令，如果向上游转移、向非连接的下游转移或向其他流程转移，称为非连续转移，既能使用 SET 指令，也能使用 OUT 指令。

### 2.2.3　步进顺控编程的流程结构

在不同的顺序控制系统中，程序的结构形式也有所不同，根据步与步之间进展的不同情况，步进编程方式可归纳为五种结构，分别是单流程结构、循环结构、跳转结构、选择性结构和并行结构。

**1. 单流程结构**

如图 2-33（a）所示，从头到尾只有一条路可走，称为单流程结构。若出现循环控制，但只要以一定顺序逐步执行且没有分支，也属于单一顺序流程，如图 2-33（b）所示。

**2. 循环结构**

如图 2-34 所示，向前面状态进行转移的流程称为循环，并用箭头指向转移的目标状态。使用循环流程可以实现一般的重复。

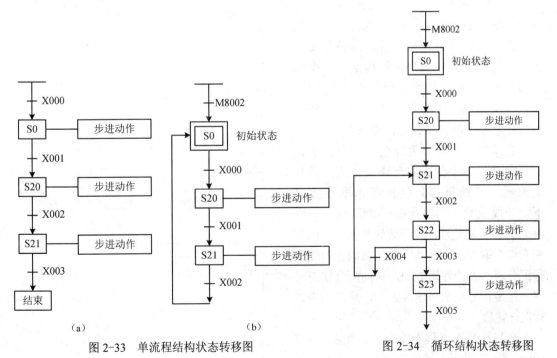

图 2-33　单流程结构状态转移图　　　　图 2-34　循环结构状态转移图

### 3. 跳转结构

如图 2-35 所示，向下面状态的直接转移或向系列外的状态转移称为跳转，用箭头符号指向转移的目标状态。

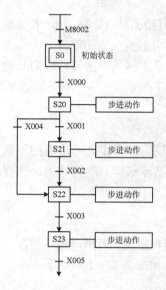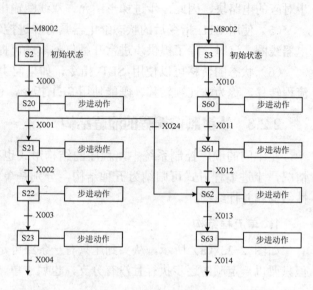

（a）向下面状态的直接转移　　　　　　　　　　　　　　（b）向系列外的状态转移

图 2-35　跳转结构状态转移图

### 4. 选择性结构

如图 2-36 所示，当有多条路径，而只能选择其中一条路径来执行，这种分支方式称为选择分支。选择性结构是指一个活动步之后，紧接着有几个后续步可供选择，这种结构形式称为选择序列。选择序列的各个分支都有各自的转换条件。

选择性结构可分为分支和汇合。选择性分支是从多个分支中选择执行某一条分支流程，转换符号只能标在水平连线之下，一般只允许同时选择一个序列。编程时先进行驱动处理，再设置转移条件，由左到右逐个编程。选择性汇合是指编程时先进行汇合前状态的输出处理，再向汇合状态转移。转换符号在水平连线之上，从左到右进行汇合转移。

选择性分支流程不能交叉，如图 2-37 所示，对左图所示的流程必须按右边所示的流程进行修改。

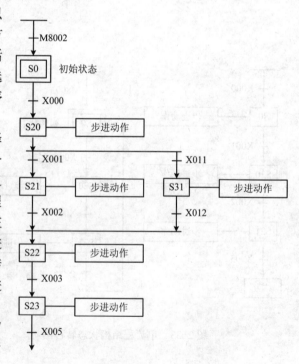

图 2-36　选择性结构分支与汇合状态转移图

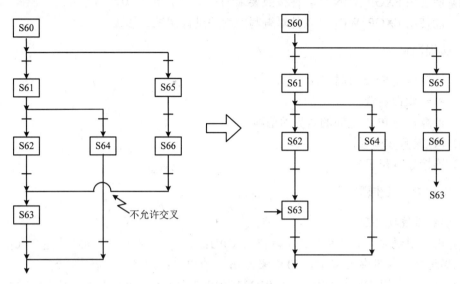

图 2-37　选择性分支程序修改

### 5.　并行结构

　　并行结构分支与汇合状态转移图如图 2-38 所示。并行结构是转移条件满足时，同时执行几个分支，当所有分支都执行结束后，若转移条件满足，再转向汇合状态。有向连线的水平部分用双线表示，每个序列中活动步的进展是独立的。

　　并行结构可分为并行分支和并行汇合。并行分支的编程首先进行驱动处理，然后进行转移处理。在表示同步的水平双线之上，只允许有一个转换符号。并行汇合时，先进行汇合前状态的驱动处理，再进行转移处理。转移处理从左到右依次进行。STL 指令最多只能连续使用 8 次。在表示同步的水平双线之下，只允许有一个转换符号。

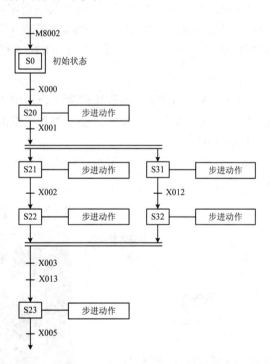

图 2-38　并行结构分支与汇合状态转移图

## 实训课题2　认识三菱 PLC 编程软件

### 1.　实训目的

（1）了解 PLC 常用的编程软件，掌握 FXGP_WIN-C 编程软件的使用方法。

（2）能使用 FXGP_WIN-C 软件按照要求编写出 PLC 梯形图及指令表。

（3）能使用 FXGP_WIN-C 软件对编写的程序进行调试、修改。

### 2. 实训器材

（1）计算机及 FX 编程软件。

（2）PLC 实训装置。

（3）计算机与 PLC 之间的数据通信线。

（4）I/O 装置实验板。

（5）连接导线若干。

### 3. 实训内容及步骤

1）实验系统硬件配置

计算机机型要求：IBM PC/AT（兼容）；CPU：486 以上；内存：8M 或更高（推荐 16M 以上）；显示器：分辨率为 800×600 像素，16 色或更高；硬盘：必需。

接口单元：采用 FX-232AWC 型 RS232C/RS422 转换器（便携式）或 FX-232AWC 型 RS232C/RS422 转换器（内置式），以及其他指定转换器。

通信电缆：①FX422CABO 型 RS422 缆线（用于 FX2、FX2C、FX2N 型 PLC，0.3m）；②FX422CAB-150 型 RS422 缆线（用于 FX2、FX2C、FX2N 型 PLC，1.5m）。

2）运行软件功能

SWOPC-FXGP/WIN-C 编程软件为用户提供了程序录入、编辑、监控等手段，与手持式编程器相比，其功能强大，使用方便，编程电缆的价格比手持式编程器便宜很多。

（1）运行软件

双击计算机桌面上的 FX 编程软件快捷方式图标，如图 2-39 所示，然后出现如图 2-40 所示的初始界面。

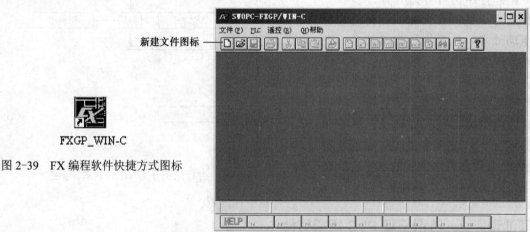

FXGP_WIN-C

图 2-39　FX 编程软件快捷方式图标

图 2-40　初始界面

（2）新建程序文件。

单击图 2-40 中的新建文件图标，出现如图 2-41 所示的 PLC 类型设置界面。

（3）机型选择。

在如图 2-41 所示界面中，选择"FX2N"，单击"确认"按钮，出现如图 2-42 所示的编程界面。

图 2-41　PLC 类型设置界面

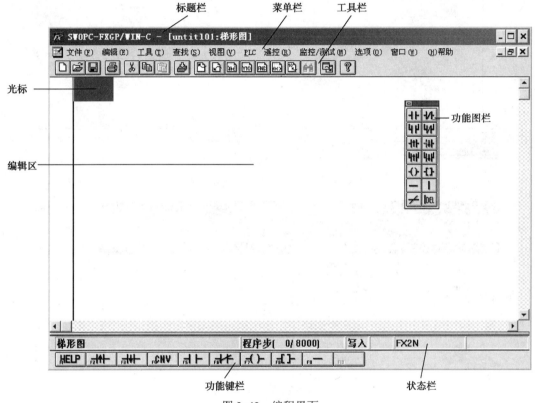

图 2-42　编程界面

（4）梯形图编制。

在如图 2-42 所示界面中，可以进行梯形图的编制。例如，在光标处输入 X0 的常闭触点，可单击功能图栏的"常闭触点"图标，出现如图 2-43 所示输入元件对话框，输入"X0"，单击"确认"按钮，要输入的 X0 常闭触点出现在蓝色光标处。

图 2-43　输入元件对话框

（5）指令转换。

在梯形图编制了一段程序后，梯形图程序变成灰色，如图 2-44 所示。单击工具栏上的转换图标，将梯形图转换成指令表，在"视图"菜单下选择"指令表"，可进行梯形图和语句表的界面切换，如图 2-45 所示。

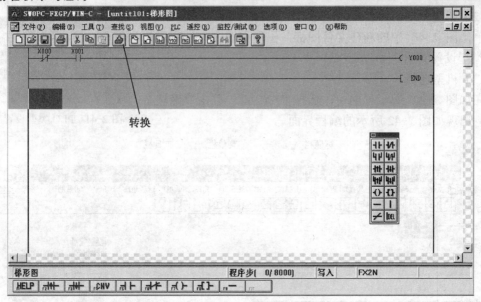

图 2-44　输入梯形图转换指令表

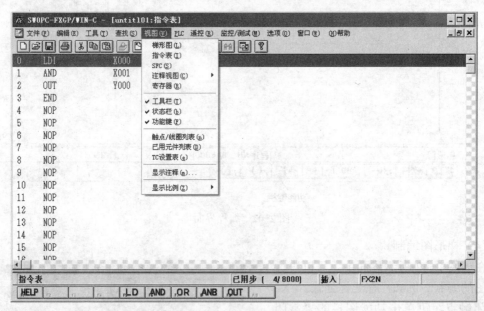

图 2-45　指令表界面

（6）程序下载。

程序编辑完毕，可进行文件保存等操作。调试运行前，要将程序下载到 PLC 中。单击"PLC"菜单下的"传送"，再选择"写出"，如图 2-46 所示，可将程序下载到 PLC 中。

（7）运行监控。

程序下载完毕，可配合 PLC 输入/输出端子的连接进行控制系统的调试。调试过程中，用户可通过软件进行各软元件的监控。监控功能的开启如图 2-47 所示。

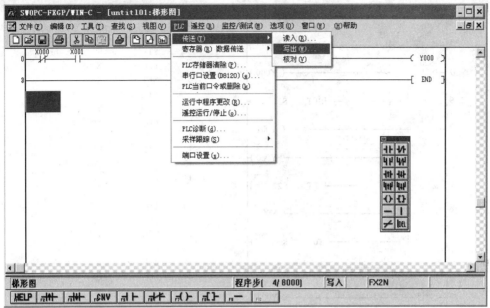

图 2-46　下载程序到 PLC

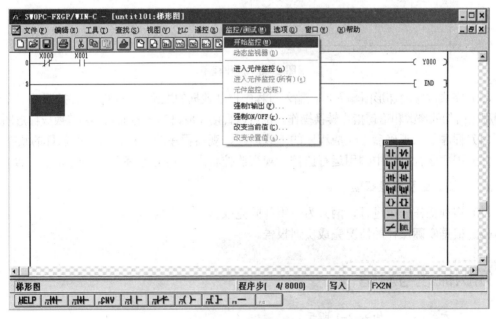

图 2-47　监控功能的开启

3）完成操作

按照编程软件的操作要求完成下列软件的启动、文件的建立、程序的录入和修改编辑、程序下载和运行监控等操作。

（1）以"姓名学号"为新建文件名。

（2）操作程序如图 2-48 所示。

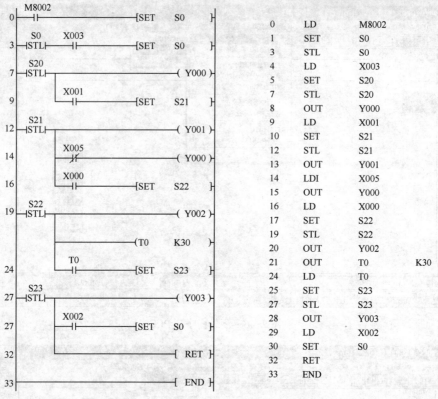

| 0 | LD | M8002 |
| 1 | SET | S0 |
| 3 | STL | S0 |
| 4 | LD | X003 |
| 5 | SET | S20 |
| 7 | STL | S20 |
| 8 | OUT | Y000 |
| 9 | LD | X001 |
| 10 | SET | S21 |
| 12 | STL | S21 |
| 13 | OUT | Y001 |
| 14 | LDI | X005 |
| 15 | OUT | Y000 |
| 16 | LD | X000 |
| 17 | SET | S22 |
| 19 | STL | S22 |
| 20 | OUT | Y002 |
| 21 | OUT | T0 | K30 |
| 24 | LD | T0 |
| 25 | SET | S23 |
| 27 | STL | S23 |
| 28 | OUT | Y003 |
| 29 | LD | X002 |
| 30 | SET | S0 |
| 32 | RET |
| 33 | END |

图 2-48 操作程序

（3）完成程序的梯形图输入，在输入过程中保证数据的准确性，同时能够按照要求完成梯形图程序语句的修改和语句指令转换操作。也可以直接完成语句表的录入，并转换成梯形图。

（4）程序录入正确后，完成程序的下载运行，观察程序的运行状态和指示灯的状态。

（5）程序运行过程中调用运行监控，观察监控状态与 PLC 设备运行状态是否一致。

### 4. 实训总结及注意事项

（1）实训操作分组进行，两人为一组共同完成。

（2）根据实际操作的情况完成实训报告。

## 知识梳理与总结

（1）基本指令汇总如表 2-1 所示。

表 2-1 基本指令汇总表

| 指令名称 | 符号 | 功　能 | 目标操作元件 |
| --- | --- | --- | --- |
| 取指令 | LD | 表示一个常开触点与输入母线相连接的指令 | X、Y、M、S、T、C 继电器的触点 |
| 取反指令 | LDI | 表示一个常闭触点与输入母线相连接的指令 | X、Y、M、S、T、C 继电器的触点 |
| 取脉冲上升沿指令 | LDP | 用以检测连接到母线触点的上升沿，仅在指定软元件的上升沿（从 OFF→ON）时刻，接通一个扫描周期 | X、Y、M、S、T、C 继电器的触点。 |

续表

| 指令名称 | 符号 | 功　　能 | 目标操作元件 |
|---|---|---|---|
| 取脉冲下降沿指令 | LDF | 用以检测连接到母线触点的下降沿，仅在指定软元件的下降沿（从 ON→OFF）时刻，接通一个扫描周期 | X、Y、M、S、T、C 继电器的触点 |
| 线圈驱动指令 | OUT | 也称为输出指令，表示对指定线圈进行驱动 | Y、M、S、T、C 继电器的线圈 |
| 与指令 | AND | 表示单个常开触点串联连接的指令 | X、Y、M、S、T、C 继电器的触点 |
| 与反指令 | ANI | 表示单个常闭触点串联连接的指令 | X、Y、M、S、T、C 继电器的触点 |
| 与脉冲上升沿指令 | ANDP | 用以检测串联触点的上升沿，仅在指定串联软元件的上升沿（从 OFF→ON）时刻，接通一个扫描周期 | X、Y、M、S、T、C 继电器的触点 |
| 与脉冲下降沿指令 | ANDF | 用以检测串联触点的下降沿，仅在指定串联软元件的下降沿（从 ON→OFF）时刻，接通一个扫描周期 | X、Y、M、S、T、C 继电器的触点 |
| 或指令 | OR | 单个常开触点并联连接的指令 | X、Y、M、S、T、C 继电器的触点 |
| 或反指令 | ORI | 单个常闭触点并联连接的指令 | X、Y、M、S、T、C 继电器的触点 |
| 或脉冲上升沿指令 | ORP | 用以检测并联触点的上升沿，仅在指定并联软元件的上升沿（从 OFF→ON）时刻，接通一个扫描周期 | X、Y、M、S、T、C 继电器的触点 |
| 或脉冲下降沿指令 | ORF | 用以检测并联触点的下降沿，仅在指定并联软元件的下降沿（从 ON→OFF）时刻，接通一个扫描周期 | X、Y、M、S、T、C 继电器的触点 |
| 串联电路块的并联指令 | ORB | 当串联电路块和其他电路并联连接时，支路的起点用 LD、LDI 指令开始，分支结束要使用用 ORB 指令 | 指令无目标元件 |
| 并联电路块的串联指令 | ANB | 支路的起点用 LD、LDI 指令开始，并联电路块结束后，使用 ANB 指令与前面串联 | 指令无目标元件 |
| 多重输出指令 | MPS/MRD/MPP | 当使用进栈指令 MPS 时，该时刻的运算结果就被压入栈的第一层，栈中原有的数据依次向下推移一层<br>使用出栈指令 MPP 时，栈内第一层的数据将被读出并从栈存储器中消失，而栈内其他数据依次上移一层<br>当使用读栈指令 MRD 时，站内的数据不发生上、下移动，只是将栈的第一层内容读出 | 指令无目标元件 |
| 主控指令\主控复位指令 | MC\MCR | 指令 MC 执行后，母线（LD、LDI 点）移到主控触点后；MCR 为将其返回原母线的指令 | 主控复位指令的目标元件为 Y 和 M，但不能用特殊辅助继电器 |
| 置位指令 | SET | 使目标元件置位（ON）后一直保持，直至复位为止 | Y、M、S |
| 复位指令 | RST | 元件复位（OFF），并一直保持直至置位为止，RST 指令还可以对定时器、计数器、数据寄存器的内容清零 | Y、M、S、T、C、D、V、Z |
| 上升沿脉冲微分指令 | PLS | 在输入信号的上升沿微分信号产生脉冲输出 | Y、M |
| 下降沿脉冲微分指令 | PLF | 在输入信号的下降沿微分信号产生脉冲输出 | Y、M |
| 空操作指令 | NOP | 这条指令不做任何逻辑操作 | NOP 指令是不带操作数 |
| 非指令 | INV | 将运算结果取反 | 该指令无操作元件，且不能直接与母线连接 |
| 程序结束指令 | END | 程序最后一条指令，表示程序到此结束，进入输出处理阶段 | 指令无目标元件 |

（2）步进顺控指令如表 2-2 所示。

表 2-2　步进顺控指令

| 指令名称 | 符号 | 功　能 | 目标操作元件 |
|---|---|---|---|
| 步进触点指令 | STL | 步进触点指令 STL 的功能是从左母线连接步进触点。STL 指令的操作元件为步进接点只有常开触点，没有常闭触点 | 状态元件 S |
| 步进返回指令 | RET | 使由 STL 指令所形成的副母线复位 | 无操作元件 |

（3）状态转移图又称为顺序功能图（Sequential Function Chart,SFC），用于描述控制系统的顺序控制过程，通常由初始状态、一般状态、转移线和转移条件组成。其中，每一步包含三个内容：本步驱动的有关负载、转移条件及指令的转移目标。在不同的顺序控制系统中，程序的结构形式也不同，根据步与步之间进展的不同情况，步进编程的流程结构包括五种结构，分别是单流程结构、循环结构、跳转结构、选择性结构和并行结构。

# 思考与练习 2

## 一、填空

1. 采用常开触点与左母线相连使用_____指令，常闭触点串联连接使用_____指令。

2. _____是运行监控特殊辅助继电器，当 PLC_____时 M8000 始终接通。_____是初始脉冲特殊辅助继电器，_____是产生 1 s 脉冲的特殊辅助继电器。

3. 在编程时，PLC 的内部触点_____。

4. 在 PLC 梯形图编程中，并联触点块串联指令为_____。

5. PLC 程序中的 END 指令的用途是_____。

6. 在 PLC 梯形图编程中，触点应画在_____上。

7. 在 PLC 梯形图编程中，2 个或 2 个以上的触点并联连接的电路称为_____。

8. 在 PLC 梯形图编程中，2 个或 2 个以上的触点串联的电路称为_____。

9. 在 FX2N 系列 PLC 的 ORB 指令是_____的。

10. 在 FX2N 系列 PLC 中，MPS 和 MPP 指令必须成对使用，而且连续使用不应该超过_____次。

11. 栈操作指令是_____3 个指令，用于梯形图某触点后存在分支支路的情况。

12. 主控触点指令含有主控触点 MC 及_____两条指令。

13. 在 FX2N 系列 PLC 中，MC、MCR 指令允许嵌套使用，嵌套级数为_____级。

14. _____是用于步进顺控编程的重要软元件，随状态动作的转移，原状态元件自动_____。

15. 状态元件编写步进顺控指令，两条指令为_____。

16. PLC 中步进触点指令 STL 的功能是将状态元件 S 的_____与主母线连接。

17. 状态的三要素为驱动负载、转移条件和_____。

18．并行性分支的汇合状态由_____ 来驱动。

## 二、判断题

1．PLC 梯形图中，串联块的并联连接是指梯形图中由若干触点并联所构成的电路。（　　）

2．PLC 的梯形图由继电器控制线路演变而来。（　　）

3．能直接编程的梯形图必须符合顺序执行，即从上到下、从左到右地执行。（　　）

4．串联触点较多的电路放在梯形图的上方，可减少指令表语言的条数。（　　）

5．并联触点较多的电路放在梯形图的上方，可减少指令表语言的条数。（　　）

6．在逻辑关系比较复杂的梯形图中，常用到触点块连接指令。（　　）

7．用于梯形图某触点后存在分支支路的指令为栈操作指令。（　　）

8．串联一个常开触点时采用 AND 指令；串联一个常闭触点时采用 LDI 指令。（　　）

9．OUT 指令是驱动线圈指令，用于驱动各种继电器。（　　）

10．PLC 机内的指令 ORB 或 ANB 在编程时，如非连续使用，可以使用无数次。（　　）

11．主控触点指令含有主控触点 MC 及主控触点复位 RST 两条指令。（　　）

12．FX 系列 PLC 步进顺控指令不是用程序驱动的。（　　）

13．PLC 程序中的 END 指令的用途是结束程序，停止运行。（　　）

14．在 FX 系列 PLC 的编程指令中，STL 是基本指令。（　　）

15．步进顺控指令的编程原则是先进行负载驱动处理，然后进行状态转移处理。（　　）

16．状态转移图中，终止工作步不是它的组成部分。（　　）

17．PLC 步进顺控指令中的每个状态器都要具备驱动有关负载、指定转移目标、指定转移条件三要素。（　　）

18．PLC 中的选择性流程是指多个流程分支可同时执行的分支流程。（　　）

19．在选择性分支中转移到各分支的转换条件必须是各分支之间互相排斥。（　　）

20．连续写 STL 指令表示并行汇合，STL 指令最多可连续使用无数次。（　　）

21．状态元件 S 除了可与 STL 指令结合使用，还可作为定时器使用。（　　）

22．在 STL 指令后，不同时激活的双线圈是允许的。（　　）

23．在 STL 和 RET 指令之间不能使用 MC/MCR 指令。（　　）

24．STL 的作用是把状态器的触点和左母线连接起来。（　　）

## 三、将下面的梯形图转换成指令表

1．

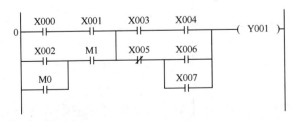

2.

```
    X000
0 ──┤├──────────────────────[MC    NO      MO ]──┤
N0─M0
    X001
4 ──┤├────────────────────────────────( Y000 )──┤
    X002
6 ──┤├────────────────────────────────( Y002 )──┤
    X003
8 ──┤/├────────────────────────────────( Y003 )──┤
10 ──────────────────────────────[MCR   NO ]──┤
```

3.

```
    X000    X001
0 ──┤├──────┤├────────────────────────( Y000 )──┤
            X002
            ┤├
            X003
            ┤├──────────────────────( Y003 )──┤
            X004
            ┤├
            X005    X006
            ┤├──────┤/├──────────────( Y005 )──┤
            X007
            ┤├
```

4.

```
    X000
0 ──┤├──────────────────────[MC    NO      M1 ]──┤
N0─M1
    X001
4 ──┤├────────────────────────────────( Y000 )──┤
    X002
6 ──┤├──────────────────────[MC    N1      M2 ]──┤
N1─M2
    X003
10 ──┤├────────────────────────────────( Y003 )──┤
    X001
12 ──┤├────────────────────────────[MCR   N1 ]──┤
    X004
14 ──┤├────────────────────────────────( Y004 )──┤
16 ──────────────────────────────[MCR   NO ]──┤
```

5.

```
    X000    X003
0 ──┤├──────┤/├──────────────────────( M0 )──┤
    X002    Y002
    ┤├──────┤/├
    T0      Y000
    ┤/├─────┤/├
```

6.

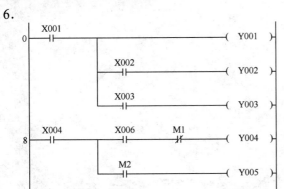

## 四、根据指令表画出程序对应的梯形图

1.

| 0 | LD | X000 | 4 | OR | M1 |
|---|---|---|---|---|---|
| 1 | AND | X001 | 5 | OUT | Y000 |
| 2 | OR | M0 | 6 | ANI | X003 |
| 3 | AND | X002 | 7 | OUT | Y001 |

2.

| 0 | LD | X000 | 5 | AND | X002 |
|---|---|---|---|---|---|
| 1 | MPS | | 6 | OUT | Y002 |
| 2 | AND | X001 | 7 | MPP | |
| 3 | OUT | Y000 | 8 | ANI | X003 |
| 4 | MRD | | 9 | OUT | Y003 |

3.

| 0 | LD | X000 | 6 | PLF | M0 |
|---|---|---|---|---|---|
| 1 | OR | Y000 | 8 | LD | M0 |
| 2 | ANI | X002 | 9 | OR | Y001 |
| 3 | ANI | Y001 | 10 | ANI | X003 |
| 4 | OUT | Y000 | 11 | ANI | Y000 |
| 5 | LD | X001 | 12 | OUT | Y001 |

4.

| 0 | LD | X000 | 5 | ANI | X006 |
|---|---|---|---|---|---|
| 1 | ANI | X001 | 6 | OR | M1 |
| 2 | LDI | X002 | 7 | ANB | |
| 3 | AND | X003 | 8 | ORB | |
| 4 | LD | X005 | 9 | OUT | Y001 |

5.

| 0 | LD | X001 | 5 | AND | X004 |
|---|---|---|---|---|---|
| 1 | LD | X002 | 6 | OUT | Y000 |
| 2 | ANI | X003 | 7 | MPP | |
| 3 | ORB | | 8 | OUT | Y001 |
| 4 | MPS | | | | |

# 第3章

# 典型功能指令在编程中的应用

本章主要针对功能指令进行讲解，教学内容具有一定难度和深度，学生在具有一定的继电器控制和计算机基础知识的情况下逐步深入学习。各部分学习章节、参考课时及教学建议如下所示。

| 章　节 | 参考课时 | 教　学　建　议 |
|---|---|---|
| 3.1 功能指令的格式与表示方法<br>3.2 程序流控制指令与比较传送指令 | 2 | 在功能指令概述中讲授的内容是功能指令应用的基础，应当强调在编写程序时要严格按照指令格式和数据表示方法的要求进行；数据寄存器是学生之前接触较少的内容，学生理解掌握有一定的困难，建议结合一定的实例进行讲解<br>程序流程控制指令是相对抽象的，学生对中断、调用、监视等概念相对模糊，要适当的补充一些计算机方面的知识<br>比较类和传送类的功能指令学生易于掌握，但在灵活应用方面要适当加强练习 |
| 3.3 四则运算指令与循环移位指令<br>3.4 数据处理指令与高速处理指令 | 2 | 在此次教学内容中，学生对循环位移指令和PLC高速处理指令掌握会有一定的困难，尤其是在应用方面，应当讲明指令的用途和优点 |
| 3.5 方便指令与外部设备指令<br>3.6 触点比较指令 | 2 | 此次课的教学内容是学生或者初学者接触非常少的内容，建议在讲授的过程中能够引入一些工程应用的实例，有助于学生的理解和掌握 |

FX2N 系列 PLC 除了基本指令、步进顺控指令外，还有 200 多条功能指令。功能指令是许多功能不同的子程序，与基本逻辑指令只能完成一个特定动作不同，功能指令能完成实际控制中的许多不同类型的操作。本章讲述的是 FX2N 系列 PLC 中部分常用功能指令的使用方法及应用。

# 3.1　功能指令的格式与表示方法

## 3.1.1　功能指令格式

功能指令表示格式与基本指令不同。每一条功能指令有一个功能号和一个指令助记符，两者之间有严格的对应关系，功能号按 FNC00～FNC299 编排，助记符大多用英文名称或缩写表示。例如，FNC45 的助记符是 MEAN（平均），若使用简易编程器时输入 FNC45，若采用智能编程器或在计算机上编程时也可输入助记符 MEAN。

有的功能指令只有助记符没有操作数，而大多数功能指令有 1～4 个操作数。如图 3-1 所示，一个计算平均值指令有 3 个操作数，[S]表示源操作数，[D]表示目标操作数，如果使用变址功能，则可表示为[S.]和[D.]。当源或目标不止一个时，用[S1.]、[S2.]……和[D1.]、[D2.]……表示。用 n 和 m 表示其他操作数，它们常用来表示常数，或作为源[S]和目标操作数[D]的补充说明，当这样的操作数多时，可用 n1、n2……和 m1、m2……等来表示。

图 3-1　功能指令表示格式

图 3-1 中，D0 是源操作数的首元件，K3 是指定取值个数为 3，即 D0、D1、D2，目标操作数为 D4，当 X000 接通时，执行的操作为[（D0）+（D1）+（D2）]÷3→（D4）。

功能指令有连续执行和脉冲执行两种类型。如图 3-2 所示，指令助记符 MOV 后面有"P"表示脉冲执行，即该指令仅在 X000 接通（由 OFF 到 ON）时执行（将 D0 中的数据送到 D4 中）一次；如果没有"P"则表示连续执行，即该指令在 X001 接通（ON）的每一个扫描周期指令都要被执行。

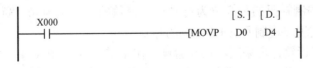

图 3-2　功能指令的执行

## 3.1.2　数据寄存器 D

PLC 在进行输入/输出处理、模拟量控制、位置控制时，需要许多数据寄存器存储数据和参数。数据寄存器为 16 位，最高位为符号位。可用两个数据寄存器来存储 32 位数据，最高位仍为符号位。数据寄存器有以下几种类型。

### 1. 通用数据寄存器（D0～D199）

通用数据寄存器（D0～D199）共 200 点。当 M8033 为 ON 时，D0～D199 有断电保护功能；当 M8033 为 OFF 时，则它们无断电保护，这种情况下，PLC 由 RUN →STOP 或停电时，数据全部清零。

### 2. 断电保持数据寄存器（D200～D7999）

断电保持数据寄存器（D200～D7999）共 7800 点，其中 D200～D511（共 312 点）有断电保持功能，可以利用外部设备的参数设定改变通用数据寄存器与有断电保持功能的数据寄存器的分配；D490～D509 供通信用；D512～D7999 的断电保持功能不能用软件改变，但可用指令清除它们的内容。根据参数设定，可以将 D1000 以上的数据寄存器作为文件寄存器。

### 3. 特殊数据寄存器（D8000～D8255）

特殊数据寄存器（D8000～D8255）共 256 点。特殊数据寄存器的作用是用来监控 PLC 的运行状态，如扫描时间、电池电压等。未加定义的特殊数据寄存器用户不能使用。

## 3.1.3 数据表示方法

### 1. 位元件与字元件

像 X、Y、M、S 等只处理 ON/OFF 信息的软元件称为位元件；而像 T、C、D 等处理数值的软元件则称为字元件，一个字元件由 16 位二进制数组成。

位元件可以通过组合使用，4 个位元件为一个单元，通用的表示方法是由 Kn 加起始的软元件号组成，n 为单元数。例如，K2 M0 表示 M0～M7 组成两个位元件组（K2 表示 2 个单元），它是一个 8 位数据，M0 为最低位。如果将 16 位数据传送到不足 16 位的位元件组合（n<4）时，只传送低位数据，多出的高位数据不传送，32 位数据传送也一样。在做 16 位数操作时，参与操作的位元件不足 16 位时，高位的不足部分均做 0 处理，这意味着只能处理正数（符号位为 0），在做 32 位数处理时也一样。被组合的元件首位元件可以任意选择，但为避免混乱，建议采用编号以 0 结尾的元件，如 S10、X0、X20 等。

### 2. 数据格式

在 FX2N 系列 PLC 内部，数据是以二进制（BIN）补码的形式存储，所有的四则运算都使用二进制。二进制补码的最高位为符号位，正数的符号位为 0，负数的符号位为 1。FX2N 系列 PLC 可实现二进制码与 BCD 码的相互转换。

为更精确地进行运算，可采用浮点数运算。在 FX2N 系列 PLC 中提供了二进制浮点运算和十进制浮点运算，设有将二进制浮点数与十进制浮点数相互转换的指令。二进制浮点数采用编号连续的一对数据寄存器表示，例如，D11 和 D10 组成的 32 位寄存器中，D10 的 16 位加上 D11 的低 7 位共 23 位为浮点数的尾数，而 D11 中除最高位的前 8 位是阶位，最高位是尾数的符号位（0 为正，1 是负）。十进制的浮点数也用一对数据寄存器表示，编号小的数据寄存器为尾数段，编号大的数据寄存器为指数段。例如，使用数据寄存器（D1，D0）时，表示数为

$$十进制浮点数＝〔尾数 D0〕×10〔指数 D1〕$$

其中，D0，D1 的最高位是正负符号位。

### 3. 数据长度

功能指令可处理 16 位数据或 32 位数据。处理 32 位数据的指令是在助记符前加"D"标志，无此标志即为处理 16 位数据的指令。注意，32 位计数器（C200～C255）的一个软元件为 32 位，不可作为处理 16 位数据指令的操作数使用。在使用 32 位数据时建议使用首编号为偶数的操作数，不容易出错。

按照功能不同，FX2N 系列 PLC 的 200 多条功能指令可分为程序流程控制指令、比较类指令、传送类指令、四则运算指令、循环移位指令、数据处理指令、高速处理指令、方便指令、外部设备指令、触点比较指令等十几大类。对实际工程中的具体控制要求，选择合适的指令能够使编程更加便捷。

## 3.2　程序流程控制指令与比较、传送类指令

### 3.2.1　程序流程控制指令

程序流程控制指令共 10 条，是控制程序的条件及优先执行等主要控制流程的相关指令，如表 3-1 所示。

表 3-1　程序流程控制指令

| FNC  NO. | 指 令 符 号 | 功　　能 | D 指令 | P 指令 |
|---|---|---|---|---|
| 00 | CJ | 有条件跳转 | — | 有 |
| 01 | CALL | 子程序调用 | — | 有 |
| 02 | SRET | 子程序返回 | — | — |
| 03 | IRET | 中断返回 | — | — |
| 04 | EI | 开中断 | — | — |
| 05 | DI | 关中断 | — | — |
| 06 | FEND | 主程序结束 | — | — |
| 07 | WDT | 监视定时器刷新 | — | 有 |
| 08 | FOR | 循环区起点 | — | — |
| 09 | NEXT | 循环区终点 | — | — |

### 1. 条件跳转指令

条件跳转指令 CJ 和 CJP 可以缩短运算周期及使用双线圈。该指令的操作数为指针标号 P0～P127，其中 P63 为 END 所在步序，程序不能用作标记。指针标号允许用变址寄存器修改。使用条件跳转指令时应注意如下。

（1）CJP 指令表示为脉冲执行方式。

（2）在一个程序中一个标号只能出现一次。

（3）在跳转执行期间，即使被跳转过程序的驱动条件改变，但其线圈（或结果）仍保持跳转前的状态，因为跳转期间根本没有执行这段程序。

（4）如果在跳转开始时定时器和计数器已经在工作中，则在跳转执行期间它们将停止工作，到跳转条件不满足后又继续工作。对于正在工作的定时器 T192～T199 和高速计数器 C235～C255，不管有无跳转仍连续工作。

（5）若积算定时器和计数器的复位（RST）指令在跳转区外，即使它们的线圈被跳转，仍对它们的复位有效。

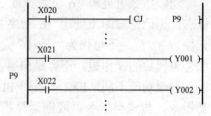

跳转指令的使用如图 3-3 所示，当 X020 接通时，则由 CJ P9 指令跳到标号为 P9 的指令处开始执行，跳过了程序的一部分，减少了扫描周期。如果 X020 断开，跳转不会执行，则程序按原顺序执行。

图 3-3  跳转指令的使用

### 2. 子程序调用与子程序返回指令

子程序调用指令（CALL）的操作数为 P0～P62 和 P64～P127。子程序返回指令（SRET）无操作数。使用子程序调用与子程序返回指令时应注意如下。

（1）CALL 指令必须跟 FEND、SRET 指令一起使用，子程序标号要写在主程序结束指令 FEND 之后。

（2）转移标号不能重复，也不可与跳转指令的标号重复。不同的 CALL 指令可以多次调用同一标号的子程序。

（3）子程序可以嵌套调用，最多可 5 级嵌套。

子程序调用与子程序返回指令的使用如图 3-4 所示，如果 X000 接通，则转到标号 P10 处去执行子程序。当执行 SRET 指令时，返回到 CALL 指令的下一步执行。

### 3. 中断指令

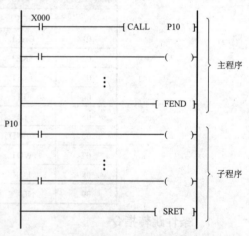

与中断有关的三条功能指令是：中断返回指令（IRET）、中断允许指令（EI）、中断禁止指令（DI）。它们均无操作数。PLC 通常处于禁止中断状态，由 EI 和 DI 指令组成允许中断范围。在执行到该区间时，如有中断源产生中断，CPU 将暂停主程序执行，转而执行中断服务程序。当遇到 IRET 时返回断点继续执行主程序。使用中断相关指令时应注意如下。

图 3-4  子程序调用与子程序返回指令的使用

（1）中断的优先级排队：如果多个中断依次发生，则以发生先后为序，即发生越早，级别越高；如果多个中断源同时发出信号，则中断指针号越小优先级越高。

（2）当 M8050～M8058 为 ON 时，禁止执行相应 I0□□～I8□□ 的中断，M8059 为 ON 时则禁止所有计数器中断。

（3）无须中断禁止时，可只用 EI 指令，不必用 DI 指令。

（4）执行一个中断服务程序时，如果在中断服务程序中有 EI 和 DI，可实现二级中断嵌套，否则禁止其他中断。

中断指令的使用如图 3-5 所示，在允许中断范围中，若中断源 X000 有一个下降沿，则转入 I000 为标号的中断服务程序，但 X000 可否引起中断还受 M8050 控制，当 X020 有效时则 M8050 控制 X000 无法中断。

#### 4. 主程序结束指令

主程序结束指令（FEND）无操作数。FEND 表示主程序结束，当执行到 FEND 时，PLC 进行输入/输出处理，监视定时器刷新，完成后返回启始步。使用 FEND 指令时应注意如下。

（1）子程序和中断服务程序应放在 FEND 之后。

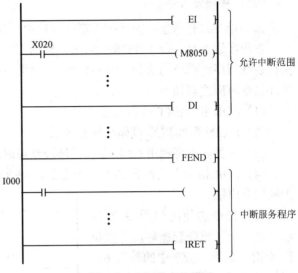

图 3-5　中断指令的使用

（2）子程序和中断服务程序必须写在 FEND 和 END 之间，否则出错。

#### 5. 监视定时器指令（WDT）

监视定时器指令没有操作数。WDT 指令的功能是对 PLC 的监视定时器进行刷新。

FX2N 系列 PLC 的监视定时器默认值为 200ms（可用 D8000 来设定），正常情况下 PLC 扫描周期小于此定时时间。如果由于有外界干扰或程序本身的原因，使扫描周期大于监视定时器的设定值，致使 PLC 的 CPU 出错灯亮并停止工作，可通过在适当位置加 WDT 指令复位监视定时器，以使程序能继续执行到 END。使用 WDT 指令时应注意如下。

（1）如果在后续的 FOR-NEXT 循环中，执行时间可能超过监控定时器的定时时间，可将 WDT 指令插入循环程序中。

（2）当条件跳转指令 CJ 对应的指针标号在 CJ 指令之前时（即程序往回跳），就有可能连续反复跳步，使它们之间的程序反复执行，使执行时间超过监控时间，可在 CJ 指令与对应标号之间插入 WDT 指令。

监视定时的使用如图 3-6 所示，利用一个 WDT 指令将一个 240ms 的程序一分为二，使它们都小于 200ms，则不再会出现报警停机。

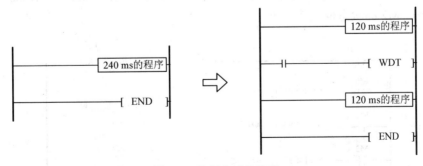

图 3-6　监视定时的使用

### 6. 循环指令

循环指令共有两条：循环起点指令（FOR）和循环结束指令（NEXT）。

在程序运行时，位于 FOR～NEXT 间的程序反复执行 $n$ 次（由操作数决定）后再继续执行后续程序。循环的次数 $n=1\sim32767$。如果 $n=-32767\sim0$ 之间，则当作 $n=1$ 处理。使用循环指令时应注意如下。

（1）FOR 和 NEXT 必须成对使用。

（2）FX2N 系列 PLC 可循环嵌套 5 层。

（3）在循环中可利用 CJ 指令在循环没结束时跳出循环体。

（4）FOR 指令应放在 NEXT 指令之前，NEXT 指令应在 FEND 指令和 END 指令之前，否则均会出错。

循环指令的使用如图 3-7 所示，是一个二重嵌套循环，外层执行 5 次。如果 D0Z0 中的数为 6，则外层 A 每执行一次则内层 B 执行 6 次。

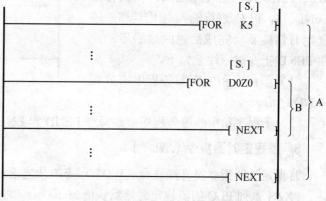

图 3-7 循环指令的使用

## 3.2.2 比较类指令

比较类指令包括 CMP（比较）和 ZCP（区间比较）两条，如表 3-2 所示。

表 3-2 传送比较指令

| FNC NO. | 指令符号 | 功 能 | D指令 | P指令 |
|---|---|---|---|---|
| 10 | CMP | 比较 | 有 | 有 |
| 11 | ZCP | 区间比较 | 有 | 有 |

比较指令 CMP[S1.][S2.][D.]的编号为 FNC10，是将源操作数[S1.]和源操作数[S2.]的数据进行比较，比较结果放入目标元件[D.]开始的连续 3 个位元件，以位元件的状态来表示比较的结果有大于、等于和小于三种情况。比较指令的使用如图 3-8 所示，当 X000 为接通时，把常数 100 与 C20 的当前值进行比较，比较的结果送入 M0～M2 中。X000 为 OFF 时不执行，M0～M2 的状态也保持不变。

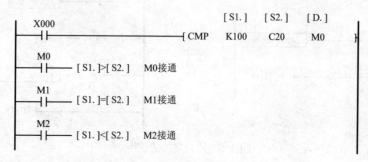

图 3-8 比较指令的使用

区间比较指令 ZCP 的编号为 FNC11，指令执行时源操作数[S1.]、[S2.]的数据和源操作数[S3.]的内容进行比较，并将结果送到目标操作数[D.]中。区间比较指令的使用如图 3-9 所示，当 X000 为 ON 时，把 C20 当前值与 K100 和 K200 相比较，比较的结果有三种情况。当 X000 为 OFF，则 ZCP 不执行，M10、M11、M12 不变。

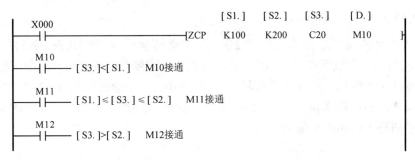

图 3-9　区间比较指令的使用

使用比较指令 CMP/ZCP 时应注意如下。

（1）[S1.]、[S2.]可取任意数据格式，目标操作数[D.]可取 Y、M 和 S。

（2）使用 ZCP 时，[S2.]的数值不能小于[S1.]。

（3）所有的源数据都被看成二进制值处理。

## 3.2.3　传送类指令

传送类指令是用来解决各类数据的传送处理的指令，共 8 条，如表 3-3 所示。

表 3-3　传送比较指令

| FNC NO. | 指令符号 | 功　能 | D 指令 | P 指令 |
|---|---|---|---|---|
| 12 | MOV | 传送 | 有 | 有 |
| 13 | SMOV | 移位传送 | — | 有 |
| 14 | CML | 反向传送 | 有 | 有 |
| 15 | BMOV | 块传送 | — | 有 |
| 16 | FMOV | 多点传送 | 有 | 有 |
| 17 | XCH | 交换 | 有 | 有 |
| 18 | BCD | BCD 转换 | 有 | 有 |
| 19 | BIN | BIN 转换 | 有 | 有 |

### 1. 传送指令（MOV）

传送指令的功能是将源数据传送到指定的目标。传送指令应用如图 3-10 所示，当 X000 为 ON 时，则将源操作数[S.]中的数据 K100 传送到目标操作数[D.]（即 D0）中。在指令执行时，常数 K100 会自动转换成二进制数。当 X000 为 OFF 时，则指令不执行，数据保持不变。

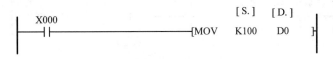

图 3-10　传送指令应用

使用应用 MOV 指令时应注意如下。

（1）源操作数可取所有数据类型，目标操作数可以是 KnY、KnM、KnS、T、C、D、V、Z。

（2）16 位运算时占 5 个程序步，32 位运算时则占 9 个程序步。

### 2. 移位传送指令（SMOV）

移位传送指令的功能是将源数据（二进制）自动转换成 4 位 BCD 码，再进行移位传送，传送后的目标操作数元件的 BCD 码自动转换成二进制数。移位传送指令应用如图 3-11 所示，当 X000 为 ON 时，将 D0 中右起第 4 位（m1=4）开始的 2 位（m2=2）BCD 码移到目标操作数 D2 的右起第 3 位（n=3）和第 2 位。然后 D2 中的 BCD 码会自动转换为二进制数，而 D2 中的第 1 位和第 4 位 BCD 码不变。

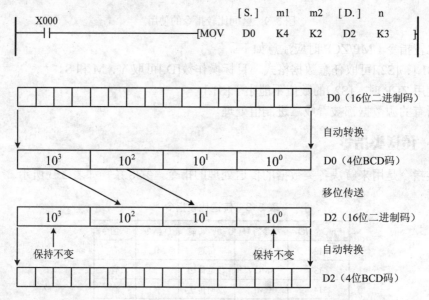

图 3-11　移位传送指令应用

使用移位传送指令时应注意以下两点。

（1）源操作数可取所有数据类型，目标操作数可为 KnY、KnM、KnS、T、C、D、V、Z。

（2）SMOV 指令只有 16 位运算，占 11 个程序步。

### 3. 取反传送指令（CML）

取反传送指令是将源操作数元件的数据逐位取反并传送到指定目标。取反传送指令应用如图 3-12 所示，当 X000 为 ON 时，执行 CML，将 D0 的低 8 位取反向后传送到 Y007～Y000 中。

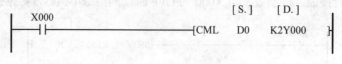

图 3-12　取反传送指令应用

使用取反传送指令 CML 时应注意以下两点。

（1）源操作数可取所有数据类型，目标操作数可为 KnY、KnM、KnS、T、C、D、V、Z，若源数据为常数 K，则该数据会自动转换为二进制数。

（2）16 位运算占 5 个程序步，32 位运算占 9 个程序步。

### 4．块传送指令（BMOV）

块传送指令是将源操作数指定元件开始的 $n$ 个数据组成数据块传送到指定的目标。块传送指令应用如图 3-13 所示，传送顺序既可从高元件号开始，也可从低元件号开始，传送顺序自动决定。若用到需要指定位数的位元件，则源操作数和目标操作数的指定位数应相同。

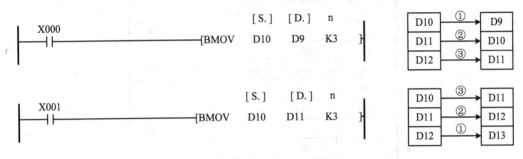

图 3-13　块传送指令应用

使用块传送指令时应注意以下几点。

（1）源操作数可取 KnX、KnY、KnM、KnS、T、C、D 和文件寄存器，目标操作数可取 KnY、KnM、KnS、T、C 和 D。

（2）只有 16 位操作，占 7 个程序步。

（3）如果元件号超出允许范围，数据则仅传送到允许范围的元件。

### 5．多点传送指令（FMOV）

多点传送指令的功能是将源操作数中的数据传送到指定目标开始的 $n$ 个元件中，传送后 $n$ 个元件中的数据完全相同。多点传送指令应用如图 3-14 所示，当 X000 为 ON 时，把 K0 传送到 D0～D9 中。

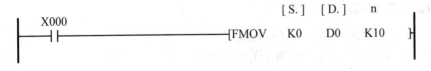

图 3-14　多点传送指令应用

使用多点传送指令 FMOV 时应注意以下几点。

（1）源操作数可取所有的数据类型，目标操作数可取 KnX、KnM、KnS、T、C 和 D，$n$ 小于或等于 512。

（2）16 位操作占 7 的程序步，32 位操作则占 13 个程序步。

（3）如果元件号超出允许范围，数据仅送到允许范围的元件中。

## 3.3 四则运算指令与循环移位指令

### 3.3.1 四则运算指令

四则运算指令是具有数值数据的运算指令，同时因为 FX2N 系列 PLC 能运算浮点数，所以能得到高精度的结果。四则运算指令共 10 条，如表 3-4 所示。

表 3-4 四则运算指令

| FNC NO. | 指 令 符 号 | 功　　能 | D 指令 | P 指令 |
|---|---|---|---|---|
| 20 | ADD | BIN 加法 | 有 | 有 |
| 21 | SUB | BIN 减法 | 有 | 有 |
| 22 | MUL | BIN 乘法 | 有 | 有 |
| 23 | DIV | BIN 除法 | 有 | 有 |
| 24 | INC | BIN 递增 | 有 | 有 |
| 25 | DEC | BIN 递减 | 有 | 有 |
| 26 | WAND | 逻辑与 | 有 | 有 |
| 27 | WOR | 逻辑或 | 有 | 有 |
| 28 | WXOR | 逻辑异或 | 有 | 有 |
| 29 | NEG | 求补 | 有 | 有 |

#### 1. 加法指令（ADD）

加法指令是将[S1.]和[S2.]指定元件中的二进制数相加的结果送到指定的目标元件中去。加法指令的使用如图 3-15 所示，当 X000 为 ON 时，执行（D0）+（D2）→（D4）。

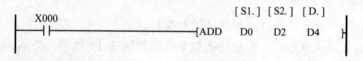

图 3-15　加法指令的使用

#### 2. 减法指令（SUB）

减法指令是将[S1.]指定元件中的内容以二进制形式减去[S2.]指定元件的内容，其结果存入由[D.]指定的元件中。减法指令的使用如图 3-16 所示，当 X000 为 ON 时，执行（D0）-（D2）→（D4）。

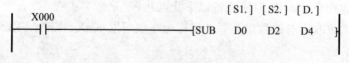

图 3-16　减法指令的使用

使用加法和减法指令时应注意以下几点：

（1）操作数可取所有数据类型，目标操作数可取 KnY、KnM、KnS、T、C、D、V 和 Z。

（2）16 位运算占 7 个程序步，32 位运算占 13 个程序步。

（3）数据为有符号二进制数，最高位为符号位（0 为正，1 为负）。

（4）加法指令有 3 个标志：零标志（M8020）、借位标志（M8021）和进位标志（M8022）。当运算结果超过 32 767（16 位运算）或 2 147 483 647（32 位运算），则进位标志置 1；当运算结果小于-32 767（16 位运算）或-2 147 483 647（32 位运算），则借位标志置 1。

### 3. 乘法指令（MUL）

乘法指令数据均有符号数，将二进制 16 位数[S1.]、[S2.]相乘，结果送[D.]中，D 为 32 位。乘法指令的使用如图 3-17 所示，当 X000 为 ON 时，（D0）×（D2）→（D5，D4）（16 位乘法）；当 X001 为 ON 时，（D11，D10）×（D13，D12）→（D17，D16，D15，D14）（32 位乘法）。

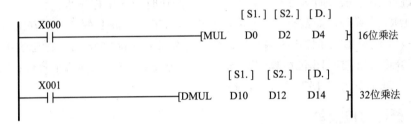

图 3-17 乘法指令的使用

### 4. 除法指令（DIV）

除法指令的功能是将[S1.]指定为被除数，[S2.]指定为除数，将除得的结果送到[D.]指定的目标元件中，余数送到[D.]的下一个元件中。除法指令的使用如图 3-18 所示，当 X000 为 ON 时，（D0）÷（D2）→（D4）商，（D5）余数（16 位除法）；当 X001 为 ON 时，（D11，D10）÷（D13，D12）→（D15，D14）商，（D17，D16）余数（32 位除法）。

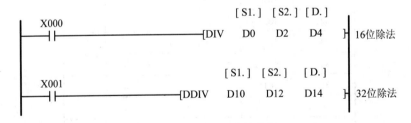

图 3-18 除法指令的使用

使用乘法和除法指令时应注意以下几点。

（1）源操作数可取所有数据类型，目标操作数可取 KnY、KnM、KnS、T、C、D、V 和 Z，要注意 Z 只有 16 位乘法时能用。

（2）16 位运算占 7 个程序步，32 位运算为 13 个程序步。

（3）32 位乘法运算中，如用位元件作为目标操作数，则只能得到乘积的低 32 位，高 32 位将丢失，这种情况下应先将数据移入字元件再运算；除法运算中将位元件指定为[D.]，则无法得到余数，除数为 0 时发生运算错误。

（4）积、商和余数的最高位为符号位。

### 5. 加 1 指令（INC）与减 1 指令（DEC）

INC 和 DEC 指令分别是当条件满足则将指定元件的内容加 1 或减 1。加 1 或减 1 指令的使用如图 3-19 所示，当 X000 为 ON 时，（D0）+1→（D0）；当 X001 为 ON 时，（D1）−1→（D1）。若指令是连续指令，则每个扫描周期均做一次加 1 或减 1 运算。

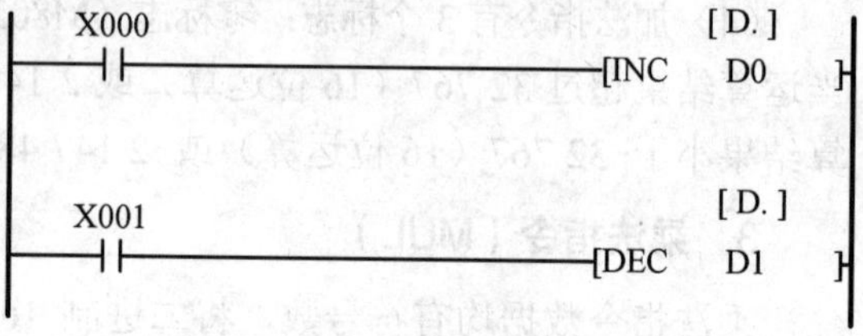

```
 X000                              [D. ]
 ─┤├─────────────────────[INC    D0 ]


 X001                              [D. ]
 ─┤├─────────────────────[DEC    D1 ]
```

图 3-19　加 1 和减 1 指令的使用

使用加 1 和减 1 指令时应注意以下几点。

（1）指令的操作数可为 KnY、KnM、KnS、T、C、D、V、Z。

（2）当进行 16 位操作时为 3 个程序步，32 位操作时为 5 个程序步。

（3）在 INC 运算时，如数据为 16 位，则由+32 767 再加 1 变为-32 768，但标志不置位；同样，32 位运算由+2 147 483 647 再加 1 就变为-2 147 483 648 时，标志也不置位。

（4）在 DEC 运算时，16 位运算-32 768 减 1 变为+32 767，且标志不置位；32 位运算由-2 147 483 648 减 1 变为=2 147 483 647，标志也不置位。

## 3.3.2　循环移位指令

循环与位移指令是使位数据或字数据向指定方向循环和位移的指令，共 10 条，如表 3-5 所示。

表 3-5　循环移位指令

| FNC NO. | 指令符号 | 功　能 | D 指令 | P 指令 |
|---|---|---|---|---|
| 30 | ROR | 右循环移位 | 有 | 有 |
| 31 | ROL | 左循环移位 | 有 | 有 |
| 32 | RCR | 带进位右循环移位 | 有 | 有 |
| 33 | RCL | 带进位左循环移位 | 有 | 有 |
| 34 | SFTR | 位右移 | 有 | 有 |
| 35 | SFTL | 位左移 | 有 | 有 |
| 36 | WSFR | 字右移 | 有 | 有 |
| 37 | WSFL | 字左移 | 有 | 有 |
| 38 | SFWR | 移位写入 | 有 | 有 |
| 39 | SFRD | 移位读出 | 有 | 有 |

### 1. 循环移位指令与带进位的循环移位指令

执行右循环移位指令（ROR）、左循环移位指令（ROL）这两条指令时，各位数据向右（或向左）循环移动 n 位，最后一次移出来的那一位同时存入进位标志 M8022 中。右循环移

位指令的使用如图 3-20 所示，当执行左循环移位指令（ROL）时，每一次 X000 接通瞬间，则循环移动 n 位，最终位被存入进位标志位中。ROR 指令执行与 ROL 类似，只是移位方向相反。

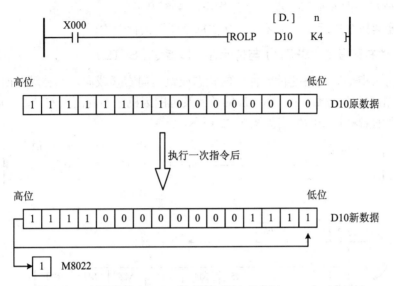

图 3-20　右循环移位指令的使用

执行带进位的循环右移位指令（RCR）、带进位的循环左移位指令（RCL）这两条指令时，各位数据连同进位（M8022）向右（或向左）循环移动 n 位，带进位的右、左循环指令的使用如图 3-21 所示，当执行左循环移位指令（RCL）时，每一次 X000 接通瞬间，则各位数据连同进位（M8022）循环移动 n 位。RCR 指令执行与 RCL 类似，只是移位方向相反。

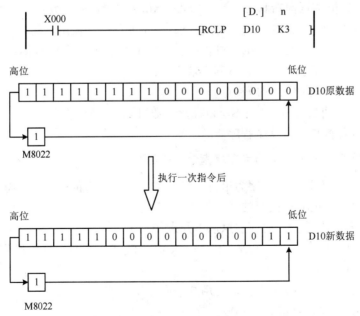

图 3-21　带进位的右、左循环指令的使用

使用 ROR/ROL/RCR/RCL 指令时应注意以下几点。

（1）目标操作数可取 KnY、KnM、KnS、T、C、D、V 和 Z，目标元件中指定位元件的组合只有在 K4（16 位）和 K8（32 位指令）时有效。

（2）16 位指令占 5 个程序步，32 位指令占 9 个程序步。

（3）用连续指令执行时，循环移位操作每个周期执行一次。

### 2. 位元件右移指令（SFTR）与位元件左移指令（SFTL）

执行这两条指令时，将使位元件中的状态成组地向右（或向左）移动。n1 指定位元件的长度，n2 指定移位位数，n1 和 n2 的关系及范围因机型不同而有差异，一般为 n2≤n1≤1024。位元件的右移指令的使用如图 3-22 所示。

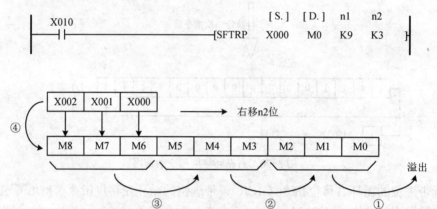

图 3-22　位元件的右循环指令的使用

图 3-22 中以位右移为例，执行 SFTR 指令后，[D.]中 9 位数据（M0～M8）连同[S.]内（X000～X002）3 位数据向右移 3 位。X000～X002 中的 3 位数据将从目标元件位高端（M8～M6）移入，M0～M2 中 3 位数据将从目标位元件低端溢出，其内部的数据将消失。位左移指令的使用与右移类似，执行过程中方向与右移相反，因此数据将从目标位元件低端移入，目标位元件的高 n2 位将从其高端溢出。

使用位右移和位左移指令时应注意以下两点。

（1）源操作数可取 X、Y、M、S，目标操作数可取 Y、M、S。

（2）只有 16 位操作，占 9 个程序步。

### 3. 字右移指令（WSFR）与字左移指令（WSFL）

字右移指令和字左移指令以字为单位，其工作过程与位移位相似，是将 n1 个字右移或左移 n2 个字。字元件的右移指令的使用如图 3-23 所示。

使用字右移和字左移指令时应注意以下几点。

（1）源操作数可取 KnX、KnY、KnM、KnS、T、C 和 D，目标操作数可取 KnY、KnM、KnS、T、C 和 D。

（2）字移位指令只有 16 位操作，占用 9 个程序步。

（3）n1 和 n2 的关系为 n2≤n1≤512。

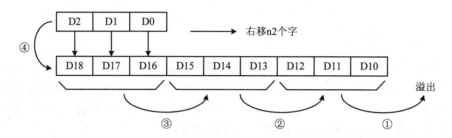

图 3-23　字元件的右移指令的使用

## 3.4　数据处理指令与高速处理指令

### 3.4.1　数据处理指令

数据处理指令是进行更复杂的处理或满足特殊用途的指令，共 10 条，如表 3-6 所示。

表 3-6　数据处理指令

| FNC NO. | 指 令 符 号 | 功　　能 | D 指令 | P 指令 |
|---|---|---|---|---|
| 40 | ZRST | 区间复位 | — | 有 |
| 41 | DECO | 解码 | — | 有 |
| 42 | ENCO | 编码 | — | 有 |
| 43 | SUM | ON 位总数 | 有 | 有 |
| 44 | BON | ON 位判别 | 有 | 有 |
| 45 | MEAN | 平均值 | 有 | 有 |
| 46 | ANS | 报警器置位 | — | -- |
| 47 | ANR | 报警器复位 | — | 有 |
| 48 | SOR | BIN 平方根 | 有 | 有 |
| 49 | FLT | 浮点数与十进制数转换 | 有 | 有 |

#### 1.　区间复位指令（ZRST）

区间复位指令是将指定范围内的同类元件成批复位。区间复位指令的使用如图 3-24 所示，当 M8002 由 OFF→ON 时，位元件 M500～M699 成批复位。

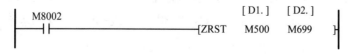

图 3-24　区间复位指令的使用

使用区间复位指令时应注意以下两点：

（1）[D1.]和[D2.]可取 Y、M、S、T、C、D，且应为同类元件，同时[D1.]的元件号应小于[D2.]指定的元件号，若[D1.]的元件号大于[D2.]元件号，则只有[D1.]指定元件被复位。

（2）ZRST 指令只有 16 位处理，占 5 个程序步，但[D1.][D2.]也可以指定 32 位计数器。

### 2. 译码指令（DECO）

译码指令的使用如图 3-25 所示，$n$=3 则表示[S.]源操作数为 3 位，即为 X010、X011、X012。源操作数为二进制数，当值为 011 时，相当于十进制数 3，则由目标操作数 M7～M0 组成的 8 位二进制数的第三位 M3 被置 1，其余各位为 0；如果值为 000，则 M0 被置 1。译码指令可通过[D.]中的数值来控制元件的 ON/OFF。

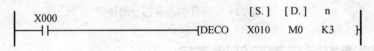

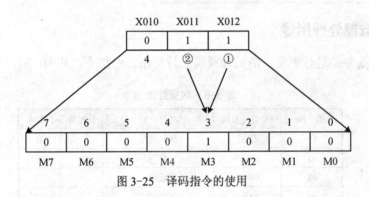

图 3-25　译码指令的使用

使用译码指令时应注意以下两点。

（1）位源操作数可取 X、T、M 和 S，位目标操作数可取 Y、M 和 S，字源操作数可取 K、H、T、C、D、V 和 Z，字目标操作数可取 T、C 和 D。

（2）若[D.]指定的目标元件是字元件 T、C、D，则 $n≤4$；若是位元件 Y、M、S，则 $n$=1～8。译码指令为 16 位指令，占 7 个程序步。

### 3. 编码指令（ENCO）

编码指令的使用如图 3-26 所示，当 X000 有效时，执行编码指令，将[S.]中最高位的 1（M3）所在位数放入目标元件 D10 中，即把 011 放入 D0 的低 3 位。

使用编码指令时应注意以下几点。

（1）源操作数是字元件时，可以是 T、C、D、V 和 Z；源操作数是位元件，可以是 X、Y、M 和 S。目标元件可取 T、C、D、V 和 Z。编码指令为 16 位指令，占 7 个程序步。

（2）操作数为字元件时应使用 $n≤4$，为位元件时则 $n$=1～8，$n$=0 时不做处理。

（3）若指定源操作数中有多个 1，则只有最高位的 1 有效。

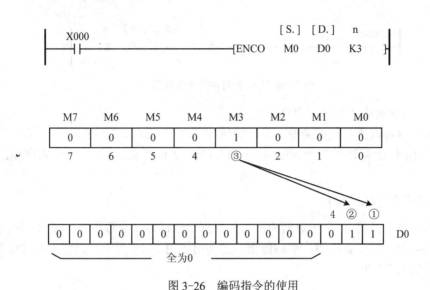

图 3-26　编码指令的使用

### 4. ON 位数统计指令（SUM）

ON 位数统计指令是用来统计[S.]指定元件中 1 的个数，并放入[D.]指定元件中。ON 位数统计指令的使用如图 3-27 所示，当 X000 有效时，执行 SUM 指令，将源操作数 D0 中 1 的个数送入目标操作数[D2]中，若 D0 中没有 1，则零标志 M8020 将置 1。

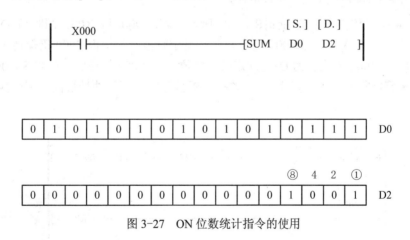

图 3-27　ON 位数统计指令的使用

使用 SUM 指令时应注意以下两点。

（1）源操作数可取所有数据类型，目标操作数可取 KnY、KnM、KnS、T、C、D、V 和 Z。

（2）16 位运算时占 5 个程序步，32 位运算则占 9 个程序步。

### 5. ON 位判别指令（BON）

ON 位判别指令的功能是检测[S.]指定元件中的指定位是否为 1。ON 位判别指令的使用如图 3-28 所示，当 X000 为有效时，执行 BON 指令，由 K4 决定检测的是源操作数 D10 的第 4 位，当检测结果为 1 时，则目标操作数 M0=1，否则 M0=0。

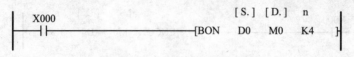

图 3-28　ON 位判别指令的使用

使用 BON 指令时应注意以下两点。

（1）源操作数可取所有数据类型，目标操作数可取 Y、M 和 S。

（2）进行 16 位运算时占 7 个程序步，$n$=0～15；32 位运算时则占 13 个程序步，$n$=0～31。

### 6. 平均值指令（MEAN）

平均值指令作用是将 $n$ 个源数据的平均值送到指定目标（余数省略），若程序中指定的 $n$ 值超出 1～64 的范围将会出错。平均值指令的使用如图 3-29 所示，是将 D0～D2 的 3 个数据求平均值放入 D4 中。

图 3-29　平均值指令的使用

### 7. 报警器置位/复位指令（ANS/ANR）

报警器置位与复位指令的使用如图 3-30 所示，若 X000 和 X001 同时为 ON 时超过 1 s，则 S900 置 1；当 X000 或 X001 变为 OFF，虽定时器复位，但 S900 仍保持 1 不变；若在 1 s 内 X000 或 X001 再次变为 OFF 则定时器复位。当 X002 接通时，则将 S900～S999 之间被置 1 的报警器复位。若有多于 1 个的报警器被置 1，则元件号最低的那个报警器被复位。

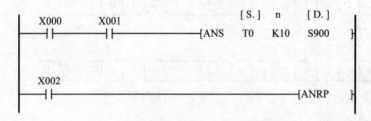

图 3-30　报警器置位与复位指令的使用

使用报警器置位与复位指令时应注意以下几点。

（1）ANS 指令的源操作数为 T0～T199，目标操作数为 S900～S999，$n$=1～32 767；ANR 指令无操作数。

（2）ANS 为 16 位运算指令，占 7 个程序步；ANR 指令为 16 位运算指令，占 1 个程序步。

（3）ANR 指令如果连续执行，则会按扫描周期依次将报警器复位。

### 3.4.2 高速处理指令

高速处理指令可以用最新的输入/输出信息进行顺控，还能有效利用 PLC 的高速处理能力进行中断处理，共 10 条，如表 3-7 所示。

表 3-7 高速处理指令

| FNC NO. | 指令符号 | 功能 | D 指令 | P 指令 |
|---|---|---|---|---|
| 50 | REF | 输入/输出刷新 | — | 有 |
| 51 | REFF | 滤波调整 | — | 有 |
| 52 | MTR | 矩阵输入 | | |
| 53 | HSCS | 比较置位 | 有 | |
| 54 | HSCR | 比较复位 | 有 | |
| 55 | HSZ | 区间比较 | 有 | |
| 56 | SPD | 速度检测 | — | |
| 57 | PLSY | 脉冲输出 | 有 | |
| 58 | PWM | 脉宽调整 | — | |
| 59 | PLSR | 可调速脉冲输出 | 有 | |

#### 1. 输入/输出刷新指令（REF）

输入/输出刷新指令可用于对指定的输入/输出立即刷新。如果需要最新的输入信息及希望立即输出结果，则必须使用该指令。输入/输出刷新指令的使用如图 3-31 所示，当 X000 接通时，X010～X017 共 8 点将被刷新；当 X001 接通时，则 Y000～Y007、Y010～Y017、共 16 点输出将被刷新。

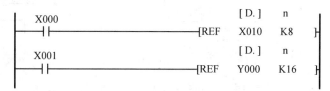

图 3-31 输入/输出刷新指令的使用

使用 REF 指令时应注意以下两点

（1）目标操作数为元件编号个位为 0 的 X 和 Y，$n$ 应为 8 的整倍数。

（2）指令只要进行 16 位运算就占 5 个程序步。

#### 2. 滤波调整指令 REFF

在 FX2N 系列 PLC 中，X000～X017 使用了数字滤波器，用 REFF 指令可调节其滤波时间，范围为 0～60 ms（实际上由于输入端有 RL 滤波，所以最小滤波时间为 50 μs）。滤波调整指令说明如图 3-32 所示，当 X000 接通时，执行 REFF 指令，滤波时间常数被设定为 1 ms。

```
      X000                                    n
   ──┤ ├──────────────────────────[REFF   K1 ]──
```

图 3-32　滤波调整指令说明

使用 REFF 指令时应注意以下两点。

（1）REFF 为 16 位运算指令，占 7 个程序步。

（2）当 X000～X007 用作高速计数输入时或使用 SPD 速度检测指令及中断输入时，输入滤波器的滤波时间自动设置为 50 ms。

### 3. 矩阵输入指令（MTR）

利用矩阵输入指令可以构成连续排列的 8 点输入与 $n$ 点输出组成的 8 列 $n$ 行的输入矩阵。矩阵输入指令的使用如图 3-33 所示，由[S.]指定的输入 X000～X007 共 8 点与 $n$ 点输出 Y000、Y001、Y002（$n=3$）组成一个输入矩阵。PLC 在运行时执行 MTR 指令，当 Y000 为 ON 时，读入第一行的输入数据，存入 M30～M37 中；Y001 为 ON 时读入第二行的输入状态，存入 M40～M47。其余类推，反复执行。

```
                                    [S.]    [D1.]   [D2.]   n
      M8000
   ──┤ ├────────────────[MTR    X000    Y000    M30    K3 ]──
```

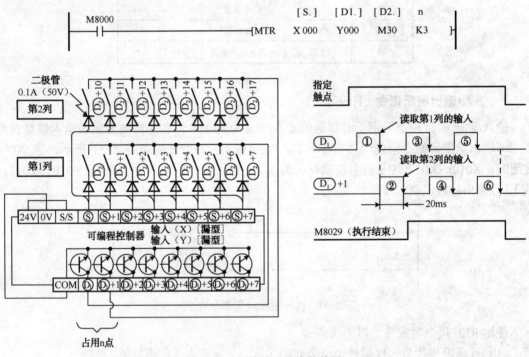

图 3-33　矩阵输入指令的使用

使用 MTR 指令时应注意以下几点。

（1）源操作数[S.]是元件编号个位为 0 的 X，目标操作数[D1.]是元件编号个位为 0 的 Y，目标操作数[D2.]是元件编号个位为 0 的 Y、M 和 S，$n$ 的取值范围是 2～8。

（2）考虑输入滤波应答延迟为 10 ms，对于每一个输出按 20 ms 顺序中断，立即执行。

（3）利用本指令通过 8 点晶体管输出获得 64 点输入，但读一次 64 点输入所允许时间为 20 ms×8=160 ms，不适应高速输入的操作。

（4）该指令只有 16 位运算，占 9 个程序步。

#### 4. 高速计数器比较置位指令（HSCS）/高速计数器比较复位指令（HSCR）

HSCS/HSCR 两条指令应用于高速计数器的置位/复位，使计数器的当前值达到预置值时，计数器的输出触点立即动作。比较置位指令采用了中断方式使置位和输出立即执行而与扫描周期无关。高速计数器 HSCS/HSCR 指令的使用如图 3-34 所示，[S1.]为设定值（100），当高速计数器 C255 的当前值由 99 变 100 或由 101 变为 100 时，Y000 都将立即置 1。比较复位指令中 C254 的当前值由 199 变为 200 或由 201 变为 200 时，则用中断的方式使 Y010 立即复位。

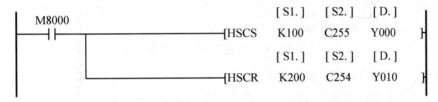

图 3-34 高速计数器 HSCS/HSCR 指令的使用

使用 HSCS 和 HSCR 时应注意以下两点。

（1）源操作数[S1.]可取所有数据类型，[S2.]为 C235～C255，目标操作数可取 Y、M 和 S。

（2）只有 32 位运算，占 13 个程序步。

#### 5. 高速计速器区间比较指令（HSCZ）

高速计数器区间比较指令的使用如图 3-35 所示，目标操作数为 Y020、Y021 和 Y022。如果 C251 的当前值<K1000 时，Y020 为 ON；K1000≤C251 的当前值≤K1200 时，Y021 为 ON；C251 的当前值>K1200 时，Y022 为 ON。

图 3-35 高速计数器区间比较指令的使用

使用高速计速器区间比较指令时应注意以下两点。

（1）操作数[S1.]、[S2.]可取所有数据类型，[S.]为 C235～C255，目标操作数[D.]可取 Y、M、S。

（2）指令为 32 位操作，占 17 个程序步。

#### 6. 速度检测指令（SPD）

速度检测指令的功能是用来检测给定时间内从编码器输入的脉冲个数，并计算出速度。速度检测指令的使用如图 3-36 所示，[D.]占 3 个目标元件。当 X012 为 ON 时，用 D1 对 X000 的输入上升沿计数，100 ms 后计数结果送入 D0，D1 复位，D1 重新开始对 X000 计数。D2 在计数结束后计算剩余时间。

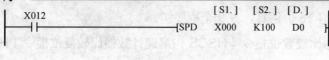

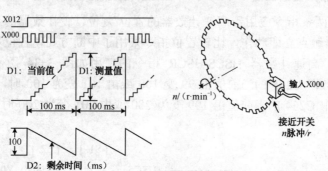

图 3-36　速度检测指令的使用

使用速度检测指令时应注意以下两点。

（1）[S1.]为 X000～X005，[S2.]可取所有的数据类型，[D.]可以是 T、C、D、V 和 Z。

（2）指令只有 16 位操作，占 7 个程序步。

**7. 脉宽调制指令（PWM）**

脉宽调制指令的功能是用来产生指定脉冲宽度和周期的脉冲串。脉宽调制指令的使用如图 3-37 所示，[S1.] 用来指定脉冲的宽度，[S2.]用来指定脉冲的周期，[D.]用来指定输出脉冲的元件号（Y000 或 Y001），输出的 ON/OFF 状态由中断方式控制。

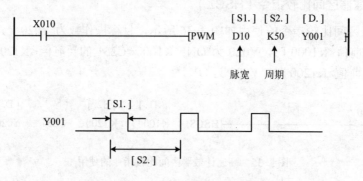

图 3-37　脉宽调制指令的使用

使用脉宽调制指令时应注意以下两点。

（1）操作数的类型与 PLSY 相同；该指令只有 16 位操作，需 7 个程序步。

（2）[S1.]应小于[S2.]。

## 3.5　方便指令与外部设备指令

### 3.5.1　方便指令

方便指令可以利用最简单的顺序控制程序进行复杂的控制。该类指令有状态初始化、数据搜索、数据排序等 10 种，如表 3-8 所示。

表 3-8　方便指令

| FNC NO. | 指令符号 | 功　　能 | D 指令 | P 指令 |
|---|---|---|---|---|
| 60 | IST | 状态初始化 | — | -- |
| 61 | SER | 数据搜索 | 有 | 有 |
| 62 | ABSD | 绝对值式凸轮顺控 | 有 | — |
| 63 | INCD | 增量式凸轮顺控 | — | — |
| 64 | TTMR | 示教定时器 | — | — |
| 65 | STMR | 特殊定时器 | — | — |
| 66 | ALT | 交替输出 | — | — |
| 67 | RAMP | 斜坡信号 | — | — |
| 68 | ROTC | 旋转台控制 | — | — |
| 69 | SORT | 列表数据排序 | — | — |

### 1. 绝对值式凸轮顺控指令（ABSD）

绝对值式凸轮顺控指令是用来产生一组对应于计数值在 0～360 范围内变化的输出波形，用来控制最多 64 个输出变量（Y、M、S）的 OFF 和 ON，绝对值式凸轮顺控指令如图 3-38（a）所示。图 3-37（a）中 $n$ 为 4，表明[D.]由 M0～M3 共 4 点输出。预先通过 MOV 指令将对应的数据写入 D300～D307 中，开通点数据写入偶数元件，关断点数据放入奇数元件，如表 3-9 所示。

表 3-9　预先写入 D300～D307 中的数据

| 上　升　点 | 下　降　点 | 对象输出 |
|---|---|---|
| D300=40 | D301=140 | M0 |
| D302=100 | D303=200 | M1 |
| D304=160 | D305=60 | M2 |
| D306=240 | D307=280 | M3 |

当执行条件 X000 由 OFF 变 ON 时，M0～M3 将得到如图 3-38（b）所示的输出波形，通过改变 D300～D307 的数据可改变波形。若 X000 为 OFF，则各输出点状态不变。这一指令只能使用一次。

（a）绝对值式凸轮顺控指令

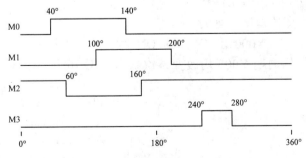

（b）输出波形

图 3-38　绝对值式凸轮顺控指令的使用

### 2. 增量式凸轮顺控指令（INCD）

增量式凸轮顺控指令也是用来产生一组对应于计数值变化的输出波形，可实现最多 64 个输出变量的循环控制，增量式凸轮顺控指令的使用如图 3-39 所示。根据时序表，对控制 4 点 M0～M3 的例子予以说明：设定 D300=20，D301=30，D302=10，D303=40。则当计数器 C0 到达 D300～D303 设定值时，按顺序自动复位。对应工作计数器 C1 的当前值，M0～M3 按顺序工作。当 M3 工作结束时，M8029 动作，重新开始同样的工作。若 X000 置于 OFF 时，C0、C1 被清除，M0～M3 也关断。当 X000 再次置于 ON 时，从初始重新开始工作。

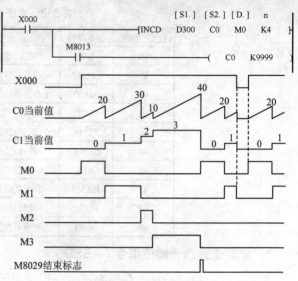

图 3-39 增量式凸轮顺控指令的使用

### 3. 示教定时器指令（TTMR）

示教定时器指令可用一个按钮来调整定时器的设定时间。示教定时器指令的应用如图 3-40 所示，当 X010 为 ON 时，执行 TTMR 指令，X010 按下的时间由 D301 记录，该时间乘以 $10n$ 后存入 D300。如果按钮按下时间为 $t$，存入 D300 的值为 $10n×t$。X010 为 OFF 时，D301 复位，D300 保持不变。

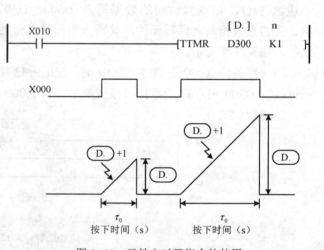

图 3-40 示教定时器指令的使用

### 4. 交替输出指令（ALT）

在每一次执行条件由 OFF 到 ON 时，目的操作数 D 中的输出元件状态向相反方向变化。交替输出指令的应用如图 3-41 所示，当 X000 由 OFF 到 ON 时，Y0 的状态将改变一次。若用连续的 ALT 指令，则每个扫描周期 Y000 均改变一次状态。[D.]可取 Y、M 和 S。

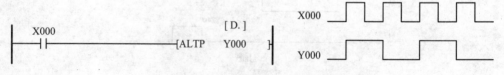

图 3-41 交替输出指令的应用

### 3.5.2　外部设备指令

外部 I/O 设备指令具有与上述方便指令类似的功能，都是通过小量的程序与外部接线，实现从外部设备接收数据或输出控制外部设备。FX2N 系列 PLC 与外设传递信息的指令，共有 10 条，如表 3-10 所示。

表 3-10　外部设备指令

| FNC　NO. | 指令符号 | 功　　能 | D 指令 | P 指令 |
|---|---|---|---|---|
| 70 | TKY | 0～9 数字键输入 | 有 | — |
| 71 | HKY | 16 键输入 | 有 | — |
| 72 | DSW | 数字开关 | — | — |
| 73 | SEGD | 七段译码 | — | 有 |
| 74 | SEGL | 带锁存的七段显示 | — | — |
| 75 | ARWS | 矢量开关 | — | — |
| 76 | ASCII | ASCII 转换 | — | — |
| 77 | PR | ASCII 打印输出 | — | — |
| 78 | FROM | 特殊功能模块读出 | 有 | 有 |
| 79 | TO | 特殊功能模块写入 | 有 | 有 |

#### 1．0～9 数字键输入指令（TKY）

0～9 数字键输入指令是用 10 个按键输入十进制数的应用指令。0～9 数字键输入指令的使用如图 3-42 所示。

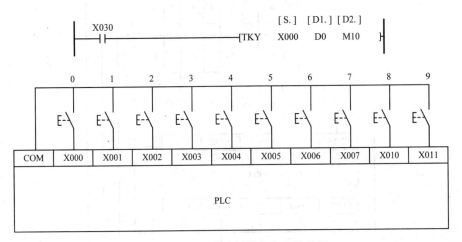

图 3-42　0～9 数字键输入指令的使用

源操作数[S.]用 X000 为首元件，10 个键 X000～X011 分别对应数字 0～9。X030 接通时执行 TKY 指令，如果以 X002（2）、X010（8）、X003（3）、X000（0）的顺序按键，则[D1.]中存入数据为 2830，实现了将按键变成十进制的数字量。当送入的数大于 9999，则高位溢出并丢失。使用 32 位指令 DTKY 时，D1 和 D2 组合使用，高位大于 99 999 999 则高位溢出。

当按下 X002 后，M12 置 1 并保持直至另一键被按下，其他键也一样。M10～M19 动作对应于 X000～X011。任一键按下，键信号置 1 直到该键放开。当两个或更多的键被按下

时，则首先按下的键有效。X030 变为 OFF 时，D0 中的数据保持不变，但 M10～M20 全部为 OFF。此指令的源操作数可取 X、Y、M、和 S，目标操作数[D.]可取 KnY、KnM、KnS、T、C、D、V 和 Z，[D2.]可取 Y、M、S。该指令在程序中只能使用一次。

### 2. 16 键输入指令（HKY）

16 键输入指令的作用是通过对键盘上的数字键和功能键输入的内容实现输入的复合运算。16 键输入指令的使用如图 3-43 所示，[S.]指定 4 个输入元件，[D1.]指定 4 个扫描输出点，[D2.]为键输入的存储元件。[D3.]指示读出元件。在 16 键中，0～9 为数字键，A～F 为功能键，HKY 指令输入的数字范围为 0～9 999，以二进制的方式存放在 D0 中，如果大于9999 则溢出。DHKY 指令可在 D0 和 D1 中存放最大为 99 999 999 的数据。功能键 A～F 与M0～M5 对应，按下 A 键，M0 置 1 并保持。按下 D 键 M0 置 0，M3 置 1 并保持，其余类推。如果同时按下多个键，则先按下的键有效，该指令源操作数为 X，目标操作数[D1.]为Y。[D2.]可以取 T、C、D、V 和 Z，[D3.]可取 Y、M 和 S。扫描全部 16 键需 8 个扫描周期。HKY 指令在程序中只能使用一次。

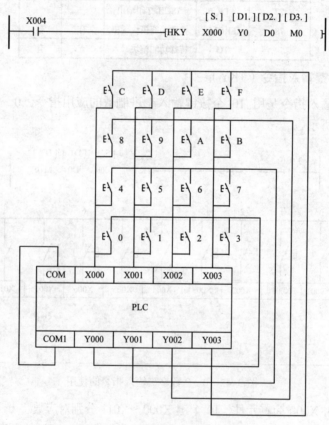

图 3-43　16 键输入指令的使用

### 3. 方向开关指令（ARWS）

方向开关指令用于方向开关的输入和显示。方向开关指令的使用如图 3-44 所示，该指令有 4 个参数，源操作数[S.]可选 X、Y、M、S。图 3-44 中选择 X010 开始的 4 个按钮，左移键和右移键用来指定输入的位，增加键和减少键来设定指定位的数值。X000 接通时指定的是最高位，按一次右移键或左移键可移动一位。指定位的数据可由增加键和减少键来修改，其值可显示在 7 段数码管上。目标操作数[D1.]为输入的数据，由 7 段数码管监视其中的值（操作数可用 T、C、D、V 和 Z），[D2.]只能用 Y 作为操作数，$n=0\sim3$ 的确定方法与 SEGL 指令相同。ARWS 指令只能使用一次，而且必须用晶体管输出型的 PLC。

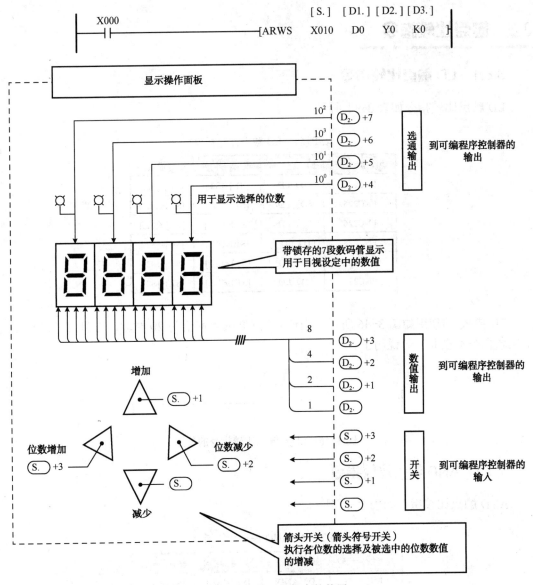

图 3-44 方向开关指令的使用

### 4. ASCII 码转换指令（ASC）

ASCII 码转换指令的功能是将字符变换成 ASCII 码，并存放在指定的元件中。ASCII 码转换指令说明如图 3-45 所示，当 X003 有效时，则将 FX2A 变成 ASCII 码并送入 D300 和 D301 中。源操作数是 8 个字节以下的字母或数字，目标操作数为 T、C、D。

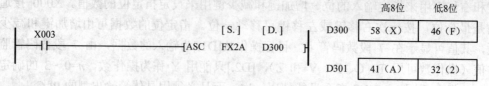

图 3-45  ASCII 码转换指令说明

# 3.6  触点比较指令

## 3.6.1  LD 触点比较指令

LD 触点比较指令如表 3-11 所示。

表 3-11  LD 触点比较指令

| 功能指令代码 | 助 记 符 | 导 通 条 件 | 非导通条件 |
|---|---|---|---|
| FNC224 | （D）LD＝ | [S1.]＝[S2.] | [S1.]≠[S2.] |
| FNC225 | （D）LD＞ | [S1 ]＞[S2.] | [S1.]≤[S2.] |
| FNC226 | （D）LD＜ | [S1.]＜[S2.] | [S1.]≥[S2.] |
| FNC228 | （D）LD＜＞ | [S1.]≠[S2.] | [S1.]＝[S2.] |
| FNC229 | （D）LD≤ | [S1.]≤[S2.] | [S1.]＞[S2.] |
| FNC230 | （D）LD≥ | [S1.]≥[S2.] | [S1.]＜[S2.] |

LD＝指令的使用如图 3-46 所示，当计数器 C0 的当前值为 20 时驱动 Y010。其他 LD 触点比较指令不在此一一说明了。

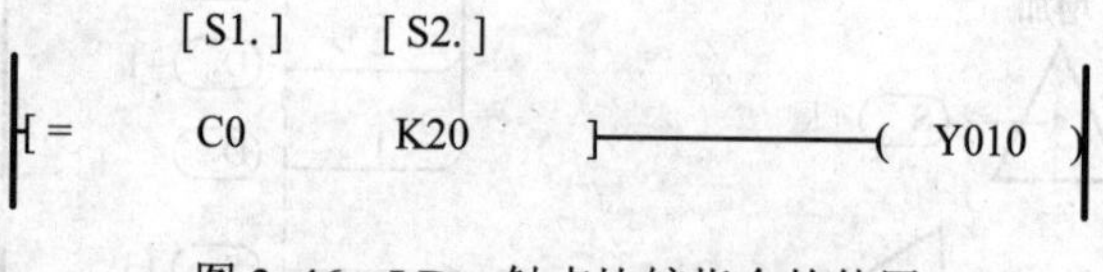

图 3-46  LD＝ 触点比较指令的使用

## 3.6.2  AND 触点比较指令

AND 触点比较指令如表 3-12 所示。

表 3-12  AND 触点比较指令

| 功能指令代码 | 助 记 符 | 导 通 条 件 | 非导通条件 |
|---|---|---|---|
| FNC232 | （D）AND＝ | [S1.]＝[S2.] | [S1.]≠[S2.] |
| FNC233 | （D）AND＞ | [S1 ]＞[S2.] | [S1.]≤[S2.] |
| FNC234 | （D）AND＜ | [S1.]＜[S2.] | [S1.]≥[S2.] |
| FNC236 | （D）AND＜＞ | [S1.]≠[S2.] | [S1.]＝[S2.] |
| FNC237 | （D）AND≤ | [S1.]≤[S2.] | [S1.]＞[S2.] |
| FNC238 | （D）AND≥ | [S1.]≥[S2.] | [S1.]＜[S2.] |

AND=指令的使用如图 3-47 所示，当 X000 为 ON 且计数器 C0 的当前值为 20 时，驱动 Y010。

```
              [S1. ]   [S2. ]
   X000
   ┤├────┤= C0      K20     ┤├────( Y010 )
```

图 3-47　AND= 触点比较指令的使用

### 3.6.3　OR 触点比较指令

OR 触点比较指令如表 3-13 所示。

表 3-13　OR 触点比较指令

| 功能指令代码 | 助记符 | 导通条件 | 非导通条件 |
|---|---|---|---|
| FNC240 | (D) OR= | [S1.]=[S2.] | [S1.]≠[S2.] |
| FNC241 | (D) OR> | [S1 ]>[S2.] | [S1.]≤[S2.] |
| FNC242 | (D) OR< | [S1.]< [S2.] | [S1.]≥[S2.] |
| FNC244 | (D) OR<> | [S1.]≠[S2.] | [S1.]=[S2.] |
| FNC245 | (D) OR≤ | [S1.]≤[S2.] | [S1.]>[S2.] |
| FNC246 | (D) OR≥ | [S1.]≥[S2.] | [S1.]<[S2.] |

OR=指令的使用如图 3-48 所示，当 X000 处于 ON 或计数器的当前值为 20 时，驱动 Y010。触点比较指令源操作数可取任意数据格式。该指令 16 位运算时占 5 个程序步，32 位运算时占 9 个程序步。

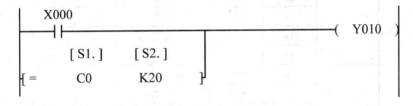

图 3-48　OR=指令的使用

## 知识梳理与总结

本章的主要内容是针对功能指令的应用进行讲解。功能指令分为连续执行和脉冲执行两种类型，其格式与基本指令不同。每一条功能指令有一个功能号和一个指令助记符，两者之间有严格的对应关系。有的功能指令只有助记符没有操作数，而大多数功能指令有 1～4 个操作数，其中[S]表示源操作数，[D]表示目标操作数，如果使用变址功能，则可表示为 [S.]和[D.]。当源操作数或目标操作数不止一个时，用[S1.]、[S2.]……，[D1.]、[D2.]……表示。用 n 和 m 表示其他操作数，它们常用来表示常数，或作为源操作数[S]和目标操作数[D]的补充说明，当这样的操作数多时可用 n1、n2……和 m1、m2……等来表示。

数据寄存器 D 为 16 位，最高位为符号位，是 PLC 用来存储数据和参数的。可用两个数据寄存器来存储 32 位数据，最高位仍为符号位。数据寄存器的类型有：通用数据寄存器（D0～D199）；断电保持数据寄存器（D200～D7999）；特殊数据寄存器（D8000～D8255）。

功能指令汇总如表 3-14 所示。

表 3-14　功能指令汇总

| 指令类别 | FNC NO. | 指令符号 | 功　能 | D 指令 | P 指令 |
|---|---|---|---|---|---|
| 程序流程控制指令 | 00 | CJ | 有条件跳转 | — | 有 |
| | 01 | CALL | 子程序调用 | — | 有 |
| | 02 | SRET | 子程序返回 | — | — |
| | 03 | IRET | 中断返回 | — | — |
| | 04 | EI | 开中断 | — | — |
| | 05 | DI | 关中断 | — | — |
| | 06 | FEND | 主程序结束 | — | — |
| | 07 | WDT | 监视定时器刷新 | — | 有 |
| | 08 | FOR | 循环区起点 | — | — |
| | 09 | NEXT | 循环区终点 | — | — |
| 比较类指令 | 10 | CMP | 比较 | 有 | 有 |
| | 11 | ZCP | 区间比较 | 有 | 有 |
| 传送类指令 | 12 | MOV | 传送 | 有 | 有 |
| | 13 | SMOV | 移位传送 | — | 有 |
| | 14 | CML | 反向传送 | 有 | 有 |
| | 15 | BMOV | 块传送 | — | 有 |
| | 16 | FMOV | 多点传送 | 有 | 有 |
| | 17 | XCH | 交换 | 有 | 有 |
| | 18 | BCD | BCD 转换 | 有 | 有 |
| | 19 | BIN | BIN 转换 | 有 | 有 |
| 四则运算指令 | 20 | ADD | BIN 加法 | 有 | 有 |
| | 21 | SUB | BIN 减法 | 有 | 有 |
| | 22 | MUL | BIN 乘法 | 有 | 有 |
| | 23 | DIV | BIN 除法 | 有 | 有 |
| | 24 | INC | BIN 递增 | 有 | 有 |
| | 25 | DEC | BIN 递减 | 有 | 有 |
| | 26 | WAND | 逻辑与 | 有 | 有 |
| | 27 | WOR | 逻辑或 | 有 | 有 |
| | 28 | WXOR | 逻辑异或 | 有 | 有 |
| | 29 | NEG | 求补 | 有 | 有 |
| 循环移位指令 | 30 | ROR | 右循环移位 | 有 | 有 |
| | 31 | ROL | 左循环移位 | 有 | 有 |
| | 32 | RCR | 带进位右循环移位 | 有 | 有 |
| | 33 | RCL | 带进位左循环移位 | 有 | 有 |
| | 34 | SFTR | 位右移 | 有 | 有 |

续表

| 指令类别 | FNC NO. | 指令符号 | 功 能 | D指令 | P指令 |
|---|---|---|---|---|---|
| 循环移位指令 | 35 | SFTL | 位左移 | 有 | 有 |
| | 36 | WSFR | 字右移 | 有 | 有 |
| | 37 | WSFL | 字左移 | 有 | 有 |
| | 38 | SFWR | 移位写入 | 有 | 有 |
| | 39 | SFRD | 移位读出 | 有 | 有 |
| 数据处理指令 | 40 | ZRST | 区间复位 | — | 有 |
| | 41 | DECO | 解码 | — | 有 |
| | 42 | ENCO | 编码 | — | 有 |
| | 43 | SUM | ON 位总数 | 有 | 有 |
| | 44 | BON | ON 位判别 | 有 | 有 |
| | 45 | MEAN | 平均值 | 有 | 有 |
| | 46 | ANS | 报警器置位 | — | — |
| | 47 | ANR | 报警器复位 | — | 有 |
| | 48 | SOR | BIN 平方根 | 有 | 有 |
| | 49 | FLT | 浮点数与十进制数转换 | 有 | 有 |
| 高速处理指令 | 50 | REF | 输入输出刷新 | — | 有 |
| | 51 | REFF | 滤波调整 | — | 有 |
| | 52 | MTR | 矩阵输入 | — | — |
| | 53 | HSCS | 比较置位 | 有 | — |
| | 54 | HSCR | 比较复位 | 有 | — |
| | 55 | HSZ | 区间比较 | 有 | — |
| | 56 | SPD | 速度检测 | — | — |
| | 57 | PLSY | 脉冲输出 | 有 | — |
| | 58 | PWM | 脉宽调整 | — | — |
| | 59 | PLSR | 可调速脉冲输出 | 有 | — |
| 方便指令 | 60 | IST | 状态初始化 | — | — |
| | 61 | SER | 数据搜索 | 有 | 有 |
| | 62 | ABSD | 绝对值式凸轮顺控 | 有 | — |
| | 63 | INCD | 增量式凸轮顺控 | — | — |
| | 64 | TTMR | 示教定时器 | — | — |
| | 65 | STMR | 特殊定时器 | — | — |
| | 66 | ALT | 交替输出 | — | 有 |
| | 67 | RAMP | 斜坡信号 | — | — |
| | 68 | ROTC | 旋转台控制 | — | — |
| | 69 | SORT | 列表数据排序 | — | — |
| 外部设备指令 | 70 | TKY | 0~9 数字键输入 | 有 | — |
| | 71 | HKY | 16 键输入 | 有 | — |
| | 72 | DSW | 数字开关 | — | — |
| | 73 | SEGD | 七段译码 | — | 有 |

续表

| 指令类别 | FNC NO. | 指令符号 | 功 能 | D指令 | P指令 |
|---|---|---|---|---|---|
| 外部设备指令 | 74 | SEGL | 带锁存的七段显示 | — | — |
| | 75 | ARWS | 矢量开关 | — | — |
| | 76 | ASCII | ASCII 转换 | — | — |
| | 77 | PR | ASCII 打印输出 | — | — |
| | 78 | FROM | 特殊功能模块读出 | 有 | 有 |
| | 79 | TO | 特殊功能模块写入 | 有 | 有 |
| 触点比较指令 | | | | | |

| 指令类型 | 功能指令代码 | 助 记 符 | 导 通 条 件 | 非导通条件 |
|---|---|---|---|---|
| LD 触点比较指令 | FNC224 | (D) LD= | [S1.]=[S2.] | [S1.]≠[S2.] |
| | FNC225 | (D) LD> | [S1 ]>[S2.] | [S1.]≤[S2.] |
| | FNC226 | (D) LD< | [S1.]< [S2.] | [S1.]≥[S2.] |
| | FNC228 | (D) LD<> | [S1.]≠[S2.] | [S1.]=[S2.] |
| | FNC229 | (D) LD≤ | [S1.]≤[S2.] | [S1.]>[S2.] |
| | FNC230 | (D) LD≥ | [S1.]≥[S2.] | [S1.]<[S2.] |
| AND 触点比较指令 | FNC232 | (D) AND= | [S1.]=[S2.] | [S1.]≠[S2.] |
| | FNC233 | (D) AND> | [S1 ]>[S2.] | [S1.]≤[S2.] |
| | FNC234 | (D) AND< | [S1.]< [S2.] | [S1.]≥[S2.] |
| | FNC236 | (D) AND<> | [S1.]≠[S2.] | [S1.]=[S2.] |
| | FNC237 | (D) AND≤ | [S1.]≤[S2.] | [S1.]>[S2.] |
| | FNC238 | (D) AND≥ | [S1.]≥[S2.] | [S1.]<[S2.] |
| OR 触点比较指令类指令 | FNC240 | (D) OR= | [S1.]=[S2.] | [S1.]≠[S2.] |
| | FNC241 | (D) OR> | [S1 ]>[S2.] | [S1.]≤[S2.] |
| | FNC242 | (D) OR< | [S1.]< [S2.] | [S1.]≥[S2.] |
| | FNC244 | (D) OR<> | [S1.]≠[S2.] | [S1.]=[S2.] |
| | FNC245 | (D) OR≤ | [S1.]≤[S2.] | [S1.]>[S2.] |
| | FNC246 | (D) OR≥ | [S1.]≥[S2.] | [S1.]<[S2.] |

## 思考与练习 3

### 一、判断题

1. 在 FX 系列 PLC 功能指令中附有符号 P 表示脉冲执行。（　　）

2. 功能指令主要由功能指令助记符和操作元件两大部分组成。（　　）

3. FX 系列 PLC 的所有功能指令都能成为脉冲执行型指令。（　　）

4. 在 FX 系列 PLC 的所有功能指令中，附有符号 D 表示处理 32 位数据。（　　）

5. 在 PLC 中，指令是编程器所能识别的语言。（　　）

6. 数据寄存器是用于存储数据的软元件，在 FX2N 系列 PLC 中为 16 位，也可组合为 32 位。（　　）

7. 用于存储数据数值的软元件称为字元件。（　　）

8. 功能指令的操作数可分为源操作数、目标操作数和其他操作数。（　　　）

9. PLC 中的功能指令主要是指用于数据的传送、运算、变换、程序控制等功能的指令。（　　　）

10. 比较指令是将源操作数（S1）和（S2）中数据进行比较，结果驱动目标操作数（D）。（　　　）

11. 传送指令 MOV 功能是源数据内容传送给目标单元，同时源数据不变。（　　　）

12. 变址寄存器 V、Z 只能用于在传送、比较类指令中用来修改操作对象的元件号。（　　　）

13. 在 FX2N 系列 PLC 中，均可应用触点比较指令。（　　　）

## 二、单项选择

1. 断电保持数据寄存器（　　　），只要不改写，无论运算或停电，原有数据不变。
   A．D0～D49　　　　B．D50～D99　　　C．C100～C199　　　D．D200～D511

2. FX2N 系列的 PLC 数据类元件的基本结构为 16 位存储单元，机内（　　　）称字元件。
   A．X　　　　　　B．Y　　　　　　　C．V　　　　　　　D．S

3. 功能指令的格式由（　　　）组成。
   A．功能编号与操作元件　　　　　　B．助记符和操作元件
   C．标记符与参数　　　　　　　　　D．助记符与参数

4. FX 系列 PLC 的功能指令所使用的数据类软元件中，除了字元件、双字元件之外，还可以使用（　　　）。
   A．三字元件　　　B．位组合元件　　C．位元件　　　　D．四字元件

5. 功能指令可分为 16 位指令和 32 位指令，其中 32 位指令用（　　　）表示。
   A．DADD　　　　B．MOV　　　　　C．CMP　　　　　D．SUB

6. 功能指令的操作数可分为源操作数和（　　　）操作数。
   A．目标　　　　　B．参数　　　　　C．数值　　　　　D．地址

7. FX2N 系列 PLC 有 200 多条功能指令，分为（　　　）、数据处理和特殊应用等基本类型。
   A．基本指令　　　B．步进指令　　　C．程序控制　　　D．结束指令

8. FX2N 系列 PLC 中的功能指令有（　　　）条。
   A．20　　　　　　B．2　　　　　　　C．100　　　　　　D．200 多

9. 比较指令 CMP K100 C20 M0 中使用了（　　　）个辅助继电器。
   A．1　　　　　　B．2　　　　　　　C．3　　　　　　　D．4

10. 在梯形图编程中，传送指令 MOV 的功能是（　　　）。
    A．源数据内容传送给目标单元，同时将源数据清零
    B．源数据内容传送给目标单元，同时源数据不变
    C．目标数据内容传送给源单元，同时将目标数据清零
    D．目标数据内容传送给源单元，同时目标数据不变

11. 变址寄存器 V、Z 和普通数据寄存器一样，是进行（　　　）位数据读写的数据寄存器。

A. 8       B. 10       C. 16       D. 32

12. 在[LD=K20C0]-(Y0)触点比较指令中，C0 当前值为（　　）时，Y 被驱动。

     A. 10       B. 20       C. 100       D. 200

## 三、多项选择

1. 功能指令用于（　　）功能。

     A. 数据传送   B. 运算 C. 变换     D. 编写指令表    E. 程序控制

2. 数据寄存器用于存储数据的软元件，它有（　　）。

     A. X       B. D   C. V       D. S       E. Z       F. C

3. FX2N 系列的 PLC 数据类元件的基本结构为 16 位存储单元，机内（　　）称字元件。

     A. X       B. M       C. V       D. Z       E. D

4. 在 FX2N 系列中，（　　）指令不是基本指令。

     A. MC、MCR    B. RET       C. MOV       D. STL       E. SET

5. 在 FX2N 系列 PLC 中下列指令正确的为（　　）。

     A. ZRST S20 M30       B. ZRST T0 Y20       C. ZRST S20 S30

     D. ZRST Y0 Y27       E. ZRST M0 M100

6. FX2N 系列 PLC 的功能指令所使用的为（　　）数据类软元件。

     A. KnY0       B. KnX0       C. D       D. V       E. RST

7. 功能指令可分为 16 位指令和 32 位指令，其中 32 位指令用（　　）表示。

     A. DCMP       B. DMOV       C. DADD       D. DSUB    E. DZRST

8. 功能指令的使用要素有（　　）。

     A. 编号       B. 助记符       C. 数据长度       D. 执行方式

     E. 操作数

9. FX2N 系列 PLC 的功能指令种类多、数量大、使用频繁，（　　）为数据处理指令。

     A. CJ       B. CALL       C. CMP       D. ADD       E. ROR

10. FX2N 系列 PLC 中的功能指令有（　　）等 100 种应用指令。

     A. 传送比较       B. 四则运算       C. 主控       D. 移位

     E. 栈操作

11. 比较指令 CMP 的目标操作元件可以是（　　）。

     A. T       B. M       C. X       D. Y       E. S

12. 传送指令 MOV 的目标操作元件可以是（　　）。

     A. 定时器       B. 计数器       C. 输入继电器       D. 输出继电器

     E. 数据寄存器

13. 可以进行变址的软元件有（　　）等。

     A. X       B. Y       C. M       D. S       E. H

14. 在 FX2N 系列的 PLC 中，触点比较指令有（　　）。

     A. LD =       B. LD<>       C. OR >       D. AND >       E. AND =

**四、思考题**

1．功能指令由哪两部分组成？各自的作用是什么？

2．请简述"CMPP k80 D0 M3"指令的意义。

3．使用加法和减法指令时应该注意什么？

4．数据寄存器有哪几种类型？

# 第4章

# 典型继电器控制电路的
# PLC 编程

**教学导航**

　　本章主要是针对三个比较常见的典型继电器控制电路的控制功能的实现进行分析，每个控制电路的功能都采用了不同的方法，教学内容由浅入深，根据这三个电路的特点，建议有条件的情况下，授课教师可以在实验室或者实训室里授课，可以实现听——学——做一体化的教学；增加以项目引领，学生主导的翻转课堂的教学。各部分学习章节、参考课时及教学建议如下所示。

| 章　节 | 参考课时 | 教　学　建　议 |
|---|---|---|
| 4.1 PLC 控制电动机正反转 | 2 | "PLC 控制电动机正反转"是本章 3 个电路中最简单的，授课教师可以重点放在讲解这个电路的实现，以此入手引导学生学习和建立 PLC 的编程思路 |
| 4.2 Y—△降压启动控制 | 2 | 在"PLC 控制电动机正反转"实现的基础上，启发学生自行学习本电路第一种实现方法，在此基础上适当讲解后两种方法，让学生以探索式的学习为主 |
| 4.3　水塔/水池水位自动运行控制 | 2 | "水塔/水池水位自动运行控制"中的控制程序，可以先由学生进行一定范围的讨论，并讲述自己的编程思路，然后由授课教师点评后学生独立完成编程；在随机问题的处理上，授课教师可以适当再增加些实例 |
| 课题讨论（翻转课堂） | 2 | 可以选择思考与练习里面的一道题，让学生在课前以小组的形式进行学习，然后让学生在课堂上讲授学习的内容，启发引导学生进行互动学习 |

采用继电器控制方式的电路是由各种真正的硬件继电器组成的，硬件继电器触头易磨损，电路工作时硬件继电器都处于受控状态，凡符合吸合条件的硬件继电器都处于吸合状态，在受各种条件制约时不应吸合的硬件继电器都同时处于断开状态，属于"并行"的工作方式；继电器控制线路的硬件触点数量是有限的，一般只有 4～8 对，继电器控制电路是依靠硬线接线来实施控制功能的，其控制功能通常是不变的，当需要改变控制功能时必须重新接线。

可编程序控制器梯形图是由许多软继电器组成，这些软继电器实质上是存储器中的每一位触发器，可以置"0"或置"1"，由此可见软继电器无磨损现象；PLC 梯形图中各软继电器都处于周期循环扫描工作状态，受同一条件制约的各个软继电器的线圈工作和它的触点动作并不同时发生，属于"串行"的工作方式；在编程时 PLC 梯形图中软继电器的触点数量可无限次使用；PLC 控制电路是采用软件编程来实现控制，可做在线修改，控制功能可根据实际要求灵活实施。

# 4.1　PLC 控制电动机正反转

PLC 控制电动机双重连锁正反转控制线路如图 4-1 所示。

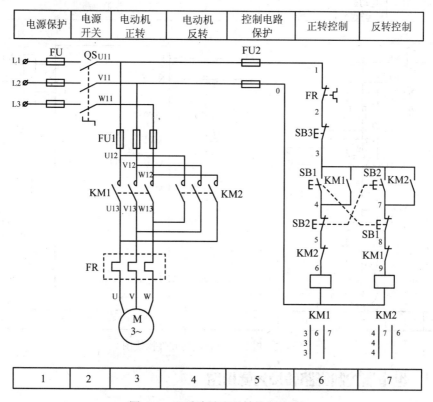

图 4-1　双重连锁正反转控制线路

PLC 控制电动机正反转的控制要求：按下正转启动按钮 SB1，则电动机正转，按下反转启动按钮 SB2，则电动机反转，再次按下正转启动按钮，电动机再次正转，……，按下

停止按钮，电动机停止运行。

设定输入/输出（I/O）分配表，如表 4-1 所示。

表 4-1　PLC 控制正反转 I/O 分配表

| 输　入 | | 输　出 | |
|---|---|---|---|
| 输 入 设 备 | 输 入 编 号 | 输 出 设 备 | 输 出 编 号 |
| 正转启动按钮 SB1 | X000 | 正转接触器 KM1 | Y000 |
| 反转启动按钮 SB2 | X001 | 反转接触器 KM2 | Y001 |
| 停止按钮 SB3 | X002 | | |
| 热继电器 FR（常闭） | X003 | | |

根据 PLC 控制正反转硬件接线图设定输入/输出（I/O）分配表，绘制硬件接线图，如图 4-2 所示。注意图 4-2 中，在 PLC 输出端的 KM1、KM2 线圈回路采用了接触器互锁的硬件保护形式，这是软件保护所不能替代的形式。其根本原因是接触器互锁是为了解决当接触器硬件发生故障时，保证两个接触器不会同时接通。若只采用软件互锁保护则无法实现其保护目的。

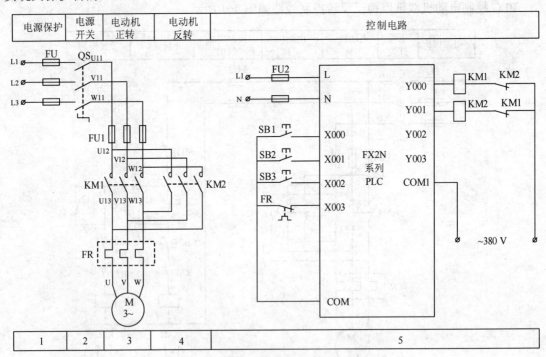

图 4-2　PLC 控制正反转硬件接线图

### 4.1.1　继电器控制线路转换为梯形图

正反转控制的继电器控制线路如图 4-3 所示，根据 I/O 分配表将对应的输入器件编号用 PLC 的输入继电器替代，输出驱动元件编号用 PLC 的输出继电器替代即可得到如图 4-4 所示转换后的梯形图，其对应指令表如图 4-5 所示。

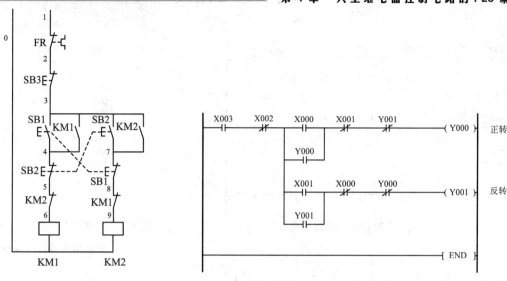

图 4-3　正反转控制的继电器控制线路　　　图 4-4　正反转控制的继电器控制线路转换成的梯形图

**注意**　由于热继电器 FR 采用常闭输入形式，因此在梯形图中应采用常开触点进行替代。

从指令表的角度可以看出，采用此形式直接转换，出现了进出栈指令 MPS、MPP 及电路块的串联指令 ANB。通常会将图 4-4 中串联触点多的程序放在上方，并联触点多的程序放在左方的原则进行调整。考虑到继电器控制要节省触点，而 PLC 控制的触点个数无限制，将控制停止按钮 X002 常闭与热保护 X003 常开分别串联到 Y000、Y001 的控制回路进行控制，可将 PLC 控制正反转梯形图调整如图 4-6 所示，其对应指令表如图 4-7 所示。

对比图 4-7 与图 4-5，从指令表角度可以看出，调整后的 PLC 控制正反转的梯形图形式可减少进出栈指令 MPS、MPP 及电路块的串联指令 ANB，控制梯形图的功能更为简洁、可读性好。

| | |
|---|---|
| LD | X003 |
| ANI | X002 |
| MPS | |
| LD | X000 |
| OR | Y000 |
| ANB | |
| ANI | X001 |
| ANI | Y001 |
| OUT | Y000 |
| MPP | |
| LD | X001 |
| OR | Y001 |
| ANB | |
| ANI | X000 |
| ANI | Y000 |
| OUT | Y001 |
| END | |

图 4-5　正反转控制的继电器控制线路转换成的对应指令表

## 4.1.2　采用主控方式处理正反转程序设计

除去以上调整梯形图的方式，也可采用主控指令的方式编写控制梯形图，如图 4-8 所示，其对应指令表如图 4-9 所示。

从图 4-9 的指令表中可看出，此方法可减少进出栈指令 MPS、MPP 及电路块的串联指令 ANB，但是需要使用主控与主控复位指令。将控制停止按钮 X002 常闭与热保护 X003 常开共同控制 M0 辅助继电器。再将 M0 常开触点分别串联到 Y000、Y001 控制回路进行控制，可节省主控指令。辅助继电器记忆的方式的 PLC 控制正反转梯形图如图 4-10 所示，其对应指令表如图 4-11 所示，其控制思想实质是将主控的方式与图 4-6 调整梯形图的控制方式的一种整合。

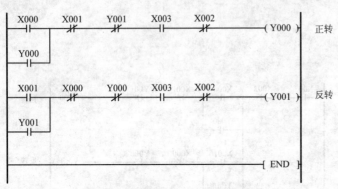

图 4-6 调整后的 PLC 控制正反转梯形图

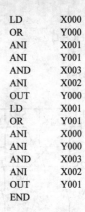

```
LD      X000
OR      Y000
ANI     X001
ANI     Y001
AND     X003
ANI     X002
OUT     Y000
LD      X001
OR      Y001
ANI     X000
ANI     Y000
AND     X003
ANI     X002
OUT     Y001
END
```

图 4-7 调整后的 PLC 控制正反转梯形图对应的指令表

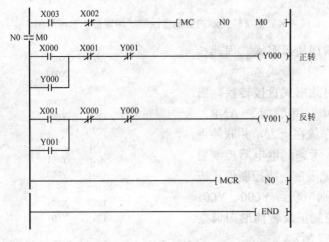

图 4-8 采用主控指令的 PLC 控制正反转梯形图

```
LD      X003
ANI     X002
MC      N0          M0
LD      X000
OR      Y000
ANI     X001
ANI     Y001
OUT     Y000
LD      X001
OR      Y001
ANI     X000
ANI     Y000
OUT     Y001
MCR     N0
END
```

图 4-9 采用主控指令的 PLC 控制正反转梯形图对应的指令表

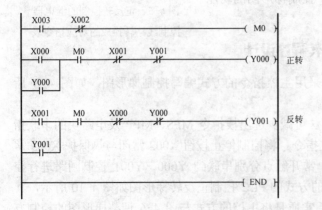

图 4-10 辅助继电器记忆的方式的 PLC 控制正反转梯形图

```
LD      X003
ANI     X002
OUT     M0
LD      X000
OR      Y000
AND     M0
ANI     X001
ANI     Y001
OUT     Y000
LD      X001
OR      Y001
AND     M0
ANI     X000
ANI     Y000
OUT     Y001
END
```

图 4-11 辅助继电器记忆的方式的 PLC 控制正反转梯形图对应的指令表

### 4.1.3　采用置位/复位指令处理正反转程序设计

PLC 的置位指令 SET 的作用是将输出置 "1" 并保持，复位指令 RST 的作用是将输出置 "0" 并保持。采用置位与复位指令控制电动机正反转运转程序梯形图，如图 4-12 所示，梯形图对应的指令表如图 4-13 所示。从指令表中可看出，这种方法对应的指令语句最少。

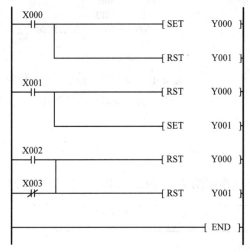

```
LD    X000
SET   Y000
RST   Y001
LD    X001
RST   Y000
SET   Y001
LD    X002
ORI   X003
RST   Y000
RST   Y001
END
```

图 4-12　采用置位与复位指令方式的 PLC 控制正反转梯形图

图 4-13　采用置位复位指令方式的 PLC 控制正反转梯形图对应的指令表

### 4.1.4　采用传送指令编写正反转程序

PLC 控制继电器的编程形式是人们在处理正反转控制的一种最为常规的做法，但是在 PLC 控制中，编程人员始终在寻找输入与输出的关系。这种关系可通过多种渠道获取，也就是常说的编程思路。其他的衍生程序形式只是采用了不同的指令形式而已。现在列举一种采用传送指令的编程方式，供读者拓展思路。

将控制时的输入与输出信号关系列表如表 4-2 所示。从表 4-2 中可知，如考虑数值关系，则正转启动时，输出为 0001，换算成常数为 K1；同理反转启动时，输出为 0010，换算成常数为 K2；停止时输出为 0000，换算成常数为 K0。

表 4-2　输入与输出的对应关系及数据

| 输　入 | | | | 输　出 | | | | 输出转换成对应数据 |
|---|---|---|---|---|---|---|---|---|
| 正转启动按钮 SB1 X000 | 反转启动按钮 SB2 X001 | 停止按钮 SB3 X002 | 热继电器 FR X003 | 悬空 Y003 | 悬空 Y002 | 反转 Y001 | 正转 Y000 | |
| 1 | 0 | 0 | 0 | 0 | 0 | 0 | 1 | K1 |
| 0 | 1 | 0 | 0 | 0 | 0 | 1 | 0 | K2 |
| 0 | 0 | 1 | 0 | 0 | 0 | 0 | 0 | K0 |
| 0 | 0 | 0 | 1 | 0 | 0 | 0 | 0 | K0 |

按此关系，采用传送指令实现的控制梯形图如图 4-14 所示，其对应的指令表如图 4-15

PLC 编程技术与应用

所示。

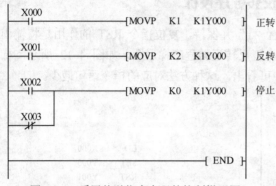

图 4-14　采用传送指令实现的控制梯形图

```
LD     X000
MOVP   K1        K1Y000
LD     X001
MOVP   K2        K1Y000
LD     X002
ORI    X003
MOVP   K0        K1Y000
END
```

图 4-15　采用传送指令实现的控制
梯形图对应的指令表

## 4.2　Y—△降压启动控制

PLC 控制电动机 Y—△降压启动的继电器线路如图 4-16 所示。其基本控制功能如下：

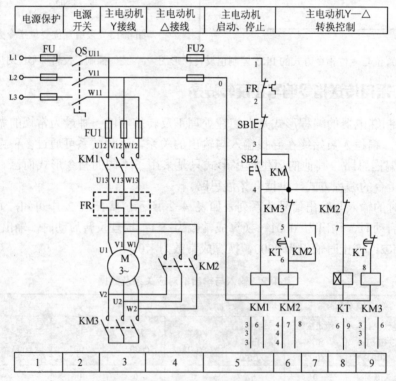

图 4-16　Y—△降压启动控制线路

按下启动按钮 SB2 时，使 KM1 接触器线圈得电，KM1 主触点闭合使电动机 M 得电，同时 KM3 接触器线圈得电，KM3 主触点闭合使电动机接成星形启动，时间继电器 KT 接通开始定时。当松开启动按钮 SB2 后，由于 KM1 常开触点闭合自锁，使电动机 M 继续星形启动。当定时器定时时间到，则 KT 常闭触点断开，使 KM3 线圈失电，主触点断开星形连

92

接，同时 KT 常开触点闭合，使 KM2 接触器线圈得电，KM2 主触点闭合使电动机接成三角形运行。按下停止按钮 SB1 时，其常闭触点断开，使接触器 KM1、KM2 线圈失电，其主触点断开使电动机 M 失电停止。

当电路发生过载时，热继电器 FR 常闭断开，切断整个电路的通路，使接触器 KM1、KM2、KM3 线圈失电，其主触点断开使电动机 M 失电停止。

设定输入/输出（I/O）分配表，如表 4-3 所示。

表 4-3　Y-△启动控制线路的 I/O 分配表

| 输　入 | | 输　出 | |
|---|---|---|---|
| 输入设备 | 输入编号 | 输出设备 | 输出编号 |
| 停止按钮 SB1 | X000 | 接触器 KM1 | Y000 |
| 启动按钮 SB2 | X001 | 接触器 KM2 | Y001 |
| 热继电器常闭触点 FR | X002 | 接触器 KM3 | Y002 |

根据控制设定输入/输出（I/O）分配表，绘制硬件接线图，如图 4-17 所示。注意图中在 PLC 的输出端的 KM2、KM3 线圈回路采用了接触器互锁的硬件保护形式，这是软件保护所不能替代的形式。其根本原因是接触器互锁是为了解决当接触器硬件发生故障时，保证两个接触器不会同时接通。若只采用软件互锁保护则无法实现其保护目的。

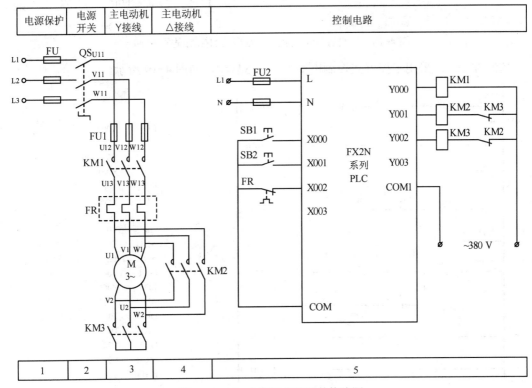

图 4-17　Y—△降压启动硬件接线图

### 4.2.1　常用控制梯形图的形式

PLC 控制 Y—△降压启动程序可采用多种形式。这里列举几种形式，以供拓展编程的思路。

控制方法一：采用继电控制线路按 I/O 分配表的编号，写出相应的梯形图和指令表，如图 4-18 所示。这种方法将用到进出栈指令。注意：由于热继电器的保护触点采用常闭触点输入，因此程序中的 X002（FR 常闭）采用常开触点。由于 FR 为常闭，当 PLC 通电后 X002 得电，其常开触点闭合为电路启动做好准备。

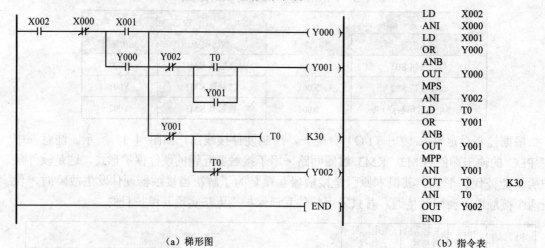

| | |
|---|---|
| LD | X002 |
| ANI | X000 |
| LD | X001 |
| OR | Y000 |
| ANB | |
| OUT | Y000 |
| MPS | |
| ANI | Y002 |
| LD | T0 |
| OR | Y001 |
| ANB | |
| OUT | Y001 |
| MPP | |
| ANI | Y001 |
| OUT | T0　K30 |
| ANI | T0 |
| OUT | Y002 |
| END | |

（a）梯形图　　　　　　　　　　　　　　　　　（b）指令表

图 4-18　PLC 控制电动机 Y—△启动的控制程序（一）

控制方法二：采用主控方式控制电动机 Y—△启动，如图 4-19 所示。

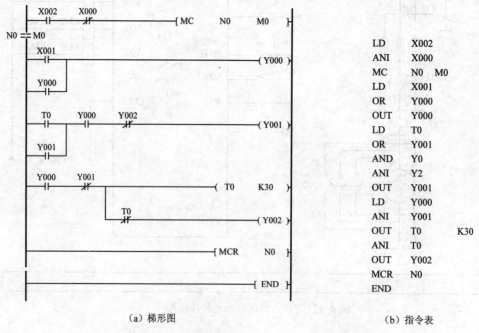

| | | |
|---|---|---|
| LD | X002 | |
| ANI | X000 | |
| MC | N0 | M0 |
| LD | X001 | |
| OR | Y000 | |
| OUT | Y000 | |
| LD | T0 | |
| OR | Y001 | |
| AND | Y0 | |
| ANI | Y2 | |
| OUT | Y001 | |
| LD | Y000 | |
| ANI | Y001 | |
| OUT | T0 | K30 |
| ANI | T0 | |
| OUT | Y002 | |
| MCR | N0 | |
| END | | |

（a）梯形图　　　　　　　　　　　　　　　　　（b）指令表

图 4-19　PLC 控制电动机 Y—△启动的控制程序（二）

控制方法三：将控制停止按钮 X000 常闭与热保护 X002 常开触点分别串联到 Y000、Y001、Y002 控制回路进行控制，如图 4-20 所示。这种方法可回避掉进出栈或主控形式，但线路较为烦琐。

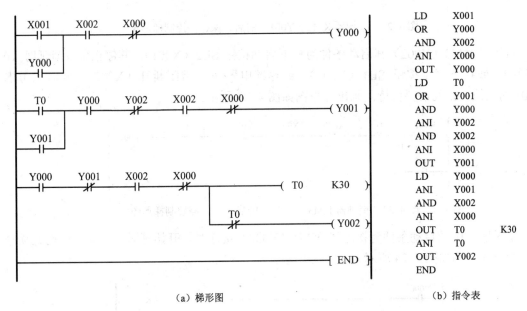

（a）梯形图　　　　　　　　　　　（b）指令表

图 4-20　PLC 控制电动机 Y—△启动的控制程序（三）

## 4.2.2　采用启、保、停方式设计程序

以上介绍的 Y—△降压启动的常用的控制梯形图形式，其基本核心思路还是在继电控制电路的基础上采用不同的指令形式，或调整控制线路的结构得出的。若分析其控制的基本过程，可知其实质的输入输出关系为：按下启动按钮 SB2 时，则 KM1、KM3 接触器线圈得电，使电动机接成星形启动，时间继电器 KT 接通开始定时。当定时器定时时间到，改为 KM1、KM2 接触器线圈得电，使电动机接成三角形运行。按下停止按钮 SB1 时或热继电器 FR 常闭断开时，使接触器 KM1、KM2、KM3 线圈失电，其主触点断开使电动机 M 失电停止。

针对 3 个输出分别可进行分析，首先，接触器 KM1（Y000）其启动条件为按下启动按钮 SB2（X001），其停止条件为按下停止按钮 SB1（X000）或热继电器 FR 常闭断开（X002），期间需要保持。画出梯形图如图 4-21 所示。

图 4-21　接触器 KM1（Y000）的启、保、停控制梯形图

接触器 KM2（Y001）其启动条件为延时 T0 时间到，其停止条件为按下停止按钮 SB1（X000），或热继电器 FR 常闭断开（X002），同时应考虑 Y001 的互锁，期间需要保持。画出梯形图如图 4-22 所示。

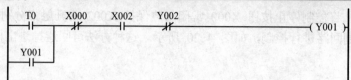

图 4-22　接触器 KM2（Y001）的启、保、停控制梯形图

接触器 KM3（Y002）其启动条件为按下启动按钮 SB2（X001），其停止条件为延时 T0 时间到，或按下停止按钮 SB1（X000），或热继电器 FR 常闭断开（X002），同时应考虑 Y001 的互锁，期间需要保持。画出梯形图如图 4-23 所示。

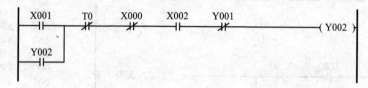

图 4-23　接触器 KM3（Y002）的启、保、停控制梯形图

定时器 T0 的启动条件为接触器 KM1（Y000）接通时，开始延时，无须保持也无须停止，画出梯形图如图 4-24 所示。

图 4-24　接触器 KM2（Y001）的启、保、停控制梯形图

将各输出的梯形图整合到一起，其整个的控制梯形图如图 4-25 所示。

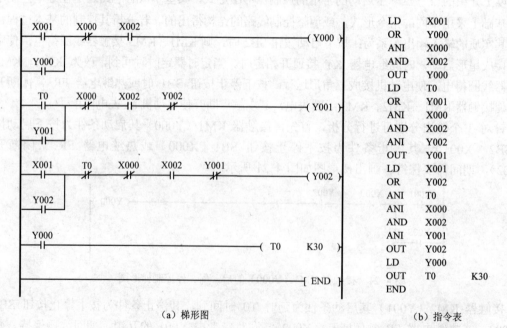

（a）梯形图　　　　　　　　　　　　　（b）指令表

图 4-25　采用启、保、停控制方式 PLC 控制电动机 Y—△启动的控制程序

### 4.2.3　采用传送指令设计程序

与 PLC 控制正反转电路相类似，PLC 控制 Y—△线路也可采用传送指令的编程方式。将控制时的输入与输出信号关系列表如表 4-4 所示。从表 4-5 中可知，如考虑数值关系，则 Y 启动时，输出为 0101，换算成常数为 K5；同理△运行时，输出为 0011，换算成常数为 K3；停止时输出为 0000，换算成常数为 K0。

表 4-4　输入与输出的对应关系及数据

| 输　　出 | | | | 输出转换成对应数据 | 对应功能 |
|---|---|---|---|---|---|
| Y003 | Y002 | Y001 | Y000 | | |
| 0 | 1 | 0 | 1 | K5 | Y 型启动 |
| 0 | 0 | 1 | 1 | K3 | △运行 |
| 0 | 0 | 0 | 0 | K0 | 停止 |

按此关系，采用传送指令实现的 PLC 控制 Y—△启动梯形图如图 4-26 所示，其对应指令表如图 4-27 所示。

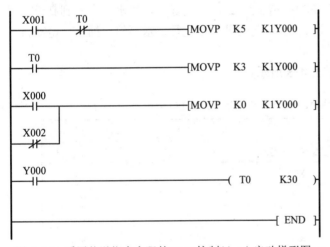

图 4-26　采用传送指令实现的 PLC 控制 Y—△启动梯形图

```
LD    X001
ANI   T0
MOVP  K5      K1Y000
LD    T0
MOVP  K3      K1Y000
LD    X000
ORI   X002
MOVP  K0      K1Y000
LD    Y000
OUT   T0      K50
END
```

图 4-27　采用传送指令实现的 PLC
控制 Y—△启动梯形图对应的指令表

## 4.3　水塔/水池水位自动运行控制

水塔/水池水位自动运行电路系统如图 4-28 所示。

水塔/水池水位自动运行的控制要求如下。

（1）当水池水位低于水池低水位界限时，液面传感器的开关 S01 接通（ON），发出低位信号，指示灯 1 闪烁（1 s 一次）；电磁阀门 Y 打开，水池进水。水位高于低水位界时，开关 S01 断开（OFF）；指示灯 1 停止闪烁。当水位升高到高于水池高水位界时，液面传感器使开关 S02 接通（ON），电磁阀门 Y 关闭，停止进水。

（2）如果水塔水位低于水塔低水位界时，液面传感器的开关 S03 接通（ON），发出低位信号，指示灯 2 闪烁（2 s 一次）；当此时 S01 为 OFF，则电动机 M 运转，水泵抽水。水

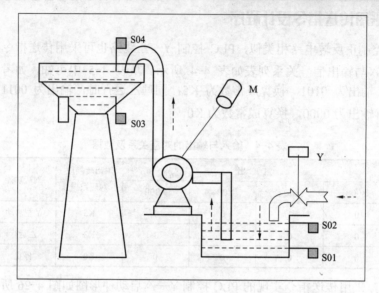

图 4-28　水塔/水池水位自动运行电路系统

位高于低水位界时，开关 S03 断开（OFF）；指示灯 2 停止闪烁。水塔水位上升到高于水塔高水界时，液面传感器使开关 S04 接通（ON）电动机停止运行，水泵停止抽水。电动机由接触器 KM 控制。

设定输入/输出（I/O）分配表，如表 4-5 所示。

表 4-5　PLC 控制水塔/水池水位自动运行系统 I/O 分配表

| 输　入 | | 输　出 | |
|---|---|---|---|
| 输　入　设　备 | 输入编号 | 输　出　设　备 | 输出编号 |
| 水池低水位液面传感器开关 S01 | X000 | 电磁阀 Y | Y000 |
| 水池高水位液面传感器开关 S02 | X001 | 水池低水位指示灯 1 | Y001 |
| 水塔低水位液面传感器开关 S03 | X002 | 接触器 KM | Y002 |
| 水塔高水位液面传感器开关 S04 | X003 | 水塔低水位指示灯 2 | Y003 |

## 4.3.1　采用启、保、停方式设计程序

根据系统控制要求和 I/O 分配表，针对 3 个输出分别可进行分析。

电磁阀 Y（Y000）启动条件为水池低水位液面传感器开关 S01（X000）有信号，停止条件为水池高水位液面传感器开关 S02（X001）有信号，期间需要保持。画出电磁阀 Y（Y000）的启、保、停控制梯形图如图 4-29 所示。

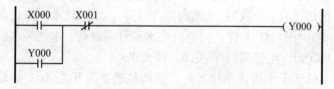

图 4-29　电磁阀 Y（Y000）的启、保、停控制梯形图

水池低水位指示灯 1 的启动条件为水池低水位液面传感器开关 S01（X000）有信号，当水池低水位液面传感器开关 S01（X000）信号消失，则停止闪烁，其实质是一个点动控制。设定 T0 定时器控制闪烁信号，画出水池低水位指示灯 1（Y001）的控制梯形图如图 4-30 所示。

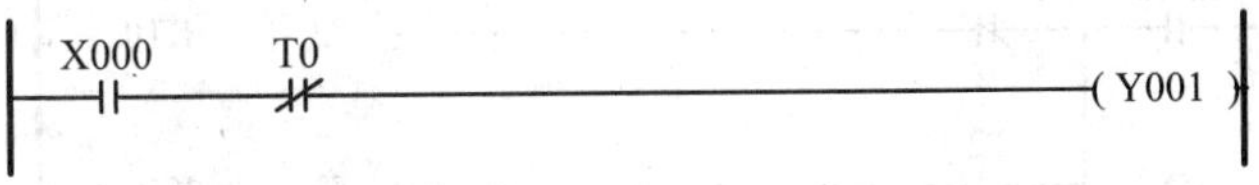

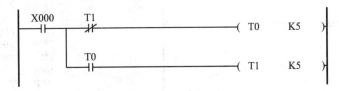

图 4-30　水池低水位指示灯 1（Y001）的控制梯形图

水池低水位指示灯 1 的闪烁信号可由标准的闪烁电路构成，启动条件为水池低水位液面传感器开关 S01（X000）有信号，当水池低水位液面传感器开关 S01（X000）信号消失，则停止闪烁。其实质是一个点动控制的闪烁电路，画出水池低水位指示灯 1 闪烁电路的梯形图如图 4-31 所示。

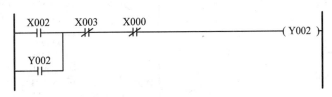

图 4-31　水池低水位指示灯 1 闪烁电路的梯形图

接触器 KM（Y002）的启动条件为水塔低水位液面传感器开关 S03（X002）有信号，其停止条件为水塔高水位液面传感器开关 S04（X003）有信号，或者水池低水位液面传感器开关 S01（X000）有信号，期间需要保持。画出接触器 KM（Y002）的启、保、停控制梯形图如图 4-32 所示。

图 4-32　接触器 KM（Y002）的启、保、停控制梯形图

水塔低水位指示灯 2 的启动条件为水塔低水位液面传感器开关 S03（X002）有信号，当水塔低水位液面传感器开关 S03（X002）信号消失，则停止闪烁，其实质是一个点动控制。设定 T2 定时器控制闪烁信号，画出水池低水位指示灯 2（Y003）的控制梯形图如图 4-33 所示。

图 4-33　水塔低水位指示灯 2（Y003）的控制梯形图

水塔低水位指示灯 2 的闪烁信号可由标准的闪烁电路构成，启动条件为水塔低水位液

面传感器开关 S03（X002）有信号，当水塔低水位液面传感器开关 S03（X002）信号消失，则停止闪烁。其实质是一个点动控制的闪烁电路，画出水塔低水位指示灯 2 闪烁电路的梯形图如图 4-34 所示。

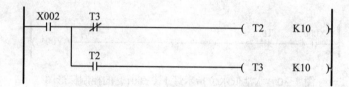

图 4-34　水塔低水位指示灯 2 闪烁电路的梯形图

整理以上各输出的控制梯形图，将其连接在一起则编写控制程序梯形图如图 4-35（a）所示，其对应指令表如图 3-35（b）所示。

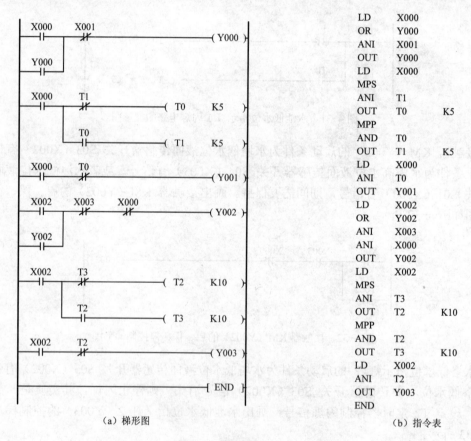

（a）梯形图　　　　　　　　（b）指令表

图 4-35　水塔/水池水位自动运行系统控制程序

### 4.3.2　水塔水位控制中的随机问题处理

上述控制系统中的水塔/水池控制是一种简易的控制形式，通常在水塔控制的过程中，为保证控制系统的可靠性，在水塔泵房内安装有三台交流异步电动机水泵，正常情况下只运转两台，另一台为备用。为了防止备用机组因长期闲置而出现锈蚀等故障，在正常情况下，按下启动按钮，三台水泵电动机中运转两台水泵电动机和备用的另一台水泵电动机的选择是随机的。

设定 I/O 分配表如表 4-6 所示。

表 4-6　PLC 控制水泵电动机随机启动的 I/O 分配表

| 输　入 | | 输　出 | |
| --- | --- | --- | --- |
| 输入设备 | 输入编号 | 输出设备 | 输出编号 |
| 启动按钮 SB1 | X000 | 1#水泵 | Y000 |
| 停止按钮 SB2 | X001 | 2#水泵 | Y001 |
| | | 3#水泵 | Y002 |

PLC 控制水泵电动机随机启动实际上是一个随机处理问题，即按下按钮后两台水泵的启动是不确定的。这对于 PLC 来说是一种麻烦。因为程序控制通常是由自身的规律性决定的，缺乏规律的问题要依靠程序来解决就比较麻烦。此处介绍两种方法来处理这类随机性问题。

方法一："击鼓传花"。对于控制来说，首先是要找到一个随机的信号，启动按钮按下，运行多少个扫描周期是不确定的。设定 M0 为"1"，使每个扫描周期中该"1"信号在 M0～M2 中循环左移 1 次，采用"击鼓传花"方式实现的水泵随机启动控制程序，如图 4-36 所示。由于 M0～M2 中只有 1 位为"1"，此方法类似小时候的"击鼓传花"游戏，故输出信号只有两个水泵随机输出。

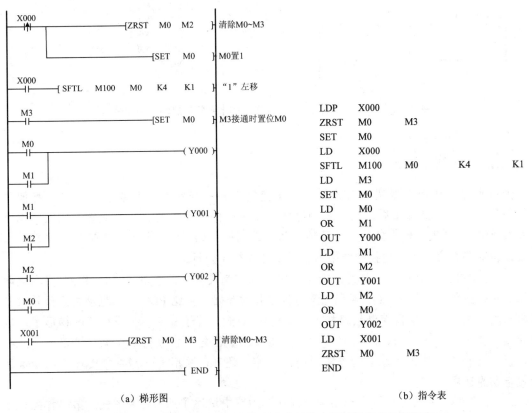

（a）梯形图　　　　　　　　　　　　　　（b）指令表

图 4-36　采用"击鼓传花"方式实现的水泵随机启动控制程序

方法二："除 3 取余"。从该控制的实质来说，随机输入可考虑将启动按钮按下后，对扫描周期进行计数，因为即便是同一个人按同一个按钮的扫描周期数也是不确定的。因此，可将启动按钮按下并对扫描周期进行计数，然后采用"除 3 取余"的方法处理这个随机输入信号。采用"除3取余"方式实现的水泵随机启动控制程序如图 4-37 所示。

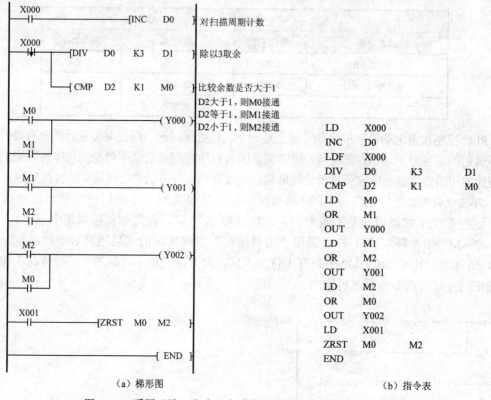

（a）梯形图                                （b）指令表

图 4-37　采用"除3取余"方式实现的水泵随机启动控制程序

## 知识梳理与总结

　　采用可编程序控制器实现对典型继电器控制电路的控制具有可靠性高、抗干扰能力强、编程简单、设计施工周期短、控制程序可变、硬件配置方便、功能完善等优点。本章重点对 PLC 控制电动机正反转控制电路、PLC 控制电动机 Y—△降压启动和水塔/水池水位自动运行电路系统三个典型控制线路的程序设计进行了分析。

　　1. 电动机正反转控制电路是工业生产中电气控制最常见的控制方式，"PLC 实现电动机正反转的控制"是学习 PLC 实现电气运行控制的基础。实现 PLC 控制电动机正反转时可以将正反转控制的继电器控制线路按照分配的输入/输出端子直接转换成相应的梯形图，这是最直观简便的编程方法，还可以通过主控指令和置位复位指令来实现电动机正反转的控制，以上三种方法是采用基本指令实现的。此外，还可以采用传送指令来实现控制，这是功能指令的运用。

　　2. 在"PLC 控制电动机 Y—△降压启动"内容中讲述了三种控制形式。第一种控制形式是常用的梯形图控制，这其中又包含了三种控制方法：直接将电路图转换成梯形图、采

用主控方式控制电动机 Y—△降压启动和将控制停止按钮 X000 常闭触点与热保护 X002 常开触点分别串联到 Y000、Y001、Y002 控制回路进行控制；第二种控制形式是采用启、保、停方式实现对电动机 Y—△降压启动 PLC 控制。以上两种形式采用的都是基本指令实现控制功能。第三种控制形式是采用功能指令中的传送指令来实现电动机 Y—△降压启动 PLC 控制。

3. 水塔/水池水位自动运行系统在金属处理、供水系统、污水处理等方面有着广泛的应用，主要包括水池水位控制和水塔水位控制两个方面的协调控制。采用启、保、停的控制实现水塔/水池水位的自动运行是一种最基础的控制方法。

通常在水塔控制的过程中，为保证控制的可靠性，在水塔泵房内安装有三台交流异步电动机水泵，正常情况下只运转两台，另一台为备用。为了防止备用机组因长期闲置而出现锈蚀等现象，按下启动按钮，三台水泵电动机中运转的两台水泵电动机和备用的另一台水泵电动机的选择是随机的。为了实现这种控制功能可以采用"击鼓传花"和"除 3 取余"两种方法。

方法一："击鼓传花"。首先是要找到一个随机的信号，启动按钮按下，运行多少个扫描周期是不确定的。设定 M0 为"1"，使每个扫描周期该"1"信号在 M0~M2 中循环左移 1 次，由于 M0~M2 中只有 1 位为"1"，此方法类似 "击鼓传花"游戏，故输出信号只有两个泵随机输出。

方法二："除 3 取余"。随机输入可考虑是启动按钮按下后，对扫描周期进行计数，因为即便是同一个人按同一个按钮的扫描周期也是不确定的。因此可对启动按钮按下对扫描周期进行计数，然后采用"除 3 取余"的方法处理这个随机输入信号。

# 思考与练习 4

1. 用 PLC 实现电动机的正反转控制。

**工艺要求**：接触器 KM1 接通，电动机开始正转运行；按下反转按钮 SB2 时，接触器 KM2 接通，电动机为反转运行。在运行过程中，可按下按钮 SB1 或 SB2 进行转向切换，但在电动机开始正转或反转运行起始的 10 s 内是不允许进行转向切换的，即使按下按钮 SB1 或 SB2 也不起作用，电动机仍然保持原来的旋转方向不变，只有在电动机正转或反转运行了 10 s 后才能进行转向切换。当按下停止按钮 SB3 时，电动机停止运行。

**实现要求**：按照工艺控制要求完成 PLC 控制的端口分配；完成程序编写，并通过 PLC 的运行验证程序是否符合控制要求。

**思考**：还有没有别的编程方法？如果有，请写出相应的程序，并通过 PLC 的运行验证程序是否符合控制要求。

2. 用 PLC 实现某车间运料传输带的控制。

**工艺要求**：运料传输带分为两段，由两台电动机分别驱动。按启动按钮 SB1，电动机 M2 开始运行并保持连续工作，被运送的物品前进；传感器 SQ2 检测到物品后启动电动机 M1 运载物品前进；物品被传感器 SQ1 检测到后，延时 5 s，停止电动机 M1。上述过程不断进行，直到按下停止按钮 SB2 传送电动机 M2 立刻停止。用 PLC 实现某车间运料传输带的控制工艺如图 4-38 所示。

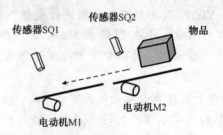

图 4-38　用 PLC 实现某车间运料传输带的控制工艺

**实现要求**：按照工艺控制要求完成 PLC 控制的端口分配；画出 PLC 控制硬件接线图；完成程序编写，并通过 PLC 的运行验证程序是否符合控制要求。

**思考**：还有没有别的编程方法？如果有，请写出相应的程序，并通过 PLC 的运行验证程序看是否符合控制要求。

# 第5章

# 时间控制问题的 PLC 编程

按照时间原则控制的控制系统有一定的特殊性，编程方法和控制方式都比较灵活，根据本章教学内容的特点，建议有条件的情况下，授课教师可以在实验室或者实训室里进行一体化的教学；增加进以项目引领，学生主导的翻转课堂的教学。各部分学习章节、参考课时及教学建议如下所示。

| 章　节 | 参考课时 | 教　学　建　议 |
|---|---|---|
| 5.1 PLC 控制实现彩灯闪烁 | 4 | 5.1.1 节～5.1.5 节的授课内容课时分配为 2 课时；5.1.6 节、5.1.7 节两部分的授课内容课时分配为 2 课时，也可根据学生接受能力和教学需要将 5.1.6 节、5.1.7 节作为选学内容，而将教学的重点放在前面的部分 |
| 5.2 PLC 控制红绿灯 | 4 | 5.2 节的教学内容包含了四种控制方法，可以平均分配授课课时 |
| 课题讨论（翻转课堂） | 2 | 可以选择思考与练习题里面的一道题，让学生在课前以小组的形式进行学习，然后让学生在课堂上讲授学习的内容，启发引导学生进行互动学习 |

交通灯控制系统、彩灯控制系统和喷泉控制系统等，是常见的按照时间原则控制的控制系统，负载的工作时序复杂，程序的编写也比较困难。本章将针对这类时间控制系统的特点分析其控制程序的编写方法。 具体方法：第一步，根据控制系统的功能的要求分析系统的输出，画出输出控制的时序图；第二步，确定控制系统工作过程的循环周期，在把整个的循环周期根据不同的工作输出状态划分成若干个小的工作时间段；第三步，根据划分的，确定每个时间段内所需要的定时器个数、类型和定时时间长短；第四步，根据输出的得电条件和失电条件编写梯形图程序。

## 5.1 PLC 控制实现彩灯闪烁

PLC 控制彩灯闪烁电路系统示意图如图 5-1 所示。

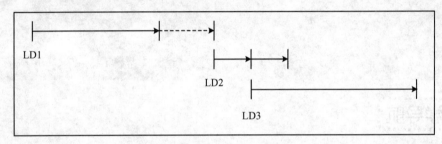

图 5-1　PLC 控制彩灯闪烁电路系统示意图

PLC 控制实现彩灯闪烁的控制要求如下。

（1）彩灯电路受一启动开关 S07 控制，当 S07 接通时，彩灯系统 LD1～LD3 开始顺序工作。当 S07 断开时，彩灯全熄灭。

（2）彩灯工作循环：LD1 彩灯亮，延时 8 s 后，闪烁三次（每一周期为亮 1 s 熄 1 s），LD2 彩灯亮，延时 2 s 后，LD3 彩灯亮；LD2 彩灯继续亮，延时 2 s 后熄灭；LD3 彩灯延时 10 s 后，彩灯进入再次工作循环。

PLC 控制彩灯闪烁系统 I/O 分配表如表 5-1 所示。

表 5-1　PLC 控制彩灯闪烁系统 I/O 分配表

| 输　入 | | 输　出 | |
|---|---|---|---|
| 输入设备 | 输入编号 | 输出设备 | 输出编号 |
| 启动开关 S07 | X000 | 彩灯 LD1 | Y000 |
| | | 彩灯 LD2 | Y001 |
| | | 彩灯 LD3 | Y002 |

### 5.1.1　定时器构成典型振荡电路

根据以上控制要求，绘制出彩灯闪烁控制电路的时序图，如图 5-2 所示。由时序图可知，程序控制的关键，主要在彩灯 LD1 的闪烁问题，而处理彩灯 LD1 的闪烁可考虑采用标准的振荡电路。

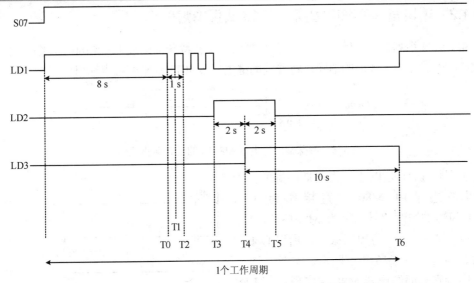

图 5-2　PLC 控制彩灯闪烁电路的时序图

标准的振荡电路如图 5-3 所示，该梯形图中采用了两个定时器 T1 和 T2，当启动 PLC 后，定时器 T1 线圈得电，开始延时 0.5 s，时间到后，T1 常开触点接通 T2 定时器线圈得电，定时器 T2 开始延时 0.5 s，0.5 s 时间到，则定时器 T2 常闭触点断开，使得定时器 T1 线圈失电，定时器 T1 常开触点断开，由于 T1 常开触点断开使得定时器 T2 线圈失电，则常闭触点重新闭合，振荡电路的定时器 T1 重新开始延时。

定时器 T1 与 T2 的常开触点动作情况如图 5-4 所示。可见定时器 T1 的常开触点先断开 0.5 s，再接通 0.5 s，形成标准的 1 s 为周期的振荡信号。而定时器 T2 的常开触点仅在 T1 断开的时刻接通一个扫描周期。

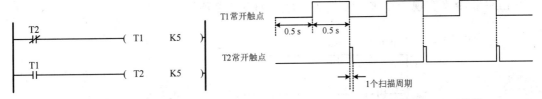

图 5-3　标准的振荡电路　　　　图 5-4　定时器 T1 与 T2 的常开触点动作情况

彩灯 LD1（Y000）的控制程序如图 5-5 所示。由于 LD1（Y000）要求先输出 8 s 然后振荡输出，因此，可采用接通启动开关 X000 后，采用定时器 T0 延时 8 s，同时激活振荡电路，然后采用 T0 常闭与 T1 常开并联后输出 Y000，由于一开始 T0 常闭接通，因此 T1 通断与否不影响 Y000 的输出，在 8 s 后，T0 常闭断开，则 Y000 的输出随 T1 通断而闪烁。

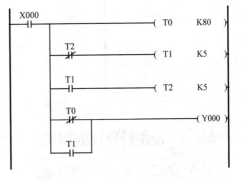

图 5-5　彩灯 LD1（Y000）的控制程序

### 5.1.2　采用特殊辅助继电器 M8013 实现彩灯闪烁

三菱 FX2N 系列 PLC 提供了一个振荡周期为 1 s 的特殊辅助继电器 M8013，编程时只能利用其触点，不能控制其线圈的通断。特殊辅助继电器 M8013 的常开触点输出如图 5-6 所示。

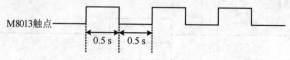

图 5-6　特殊辅助继电器 M8013 的常开触点输出

由于彩灯 LD1 是以 1 s 为周期闪烁的，因此可以考虑采用 M8013 直接作为 LD1（Y000）闪烁的控制信号，因为 M8013 是 PLC 运行后就一直以 1 s 为周期振荡，所以必须保证启动时刻处于 M8013 的下降沿。

采用特殊辅助继电器 M8013 实现彩灯 LD1（Y000）的控制程序如图 5-7 所示。采用 PLF 指令取出 M8013 的下降沿，当启动 X000 与 M8013 的下降沿 M0 同时接通时，通过置位 M2 来保证启动时刻处于 M8013 的下降沿。采用取出启动开关 X000 的下降沿来复位。由于 M8013 为 1 s 振荡信号，因此不必再使用定时器构成振荡电路。只要用 M8013 的触点替代图 5-5 中 T1 的触点即可。

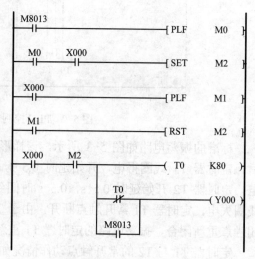

图 5-7　采用特殊辅助继电器 M8013 实现彩灯
LD1（Y000）的控制程序

采用 PLF 指令取下降沿的形式，也可以采用 LDF 指令来实现，可进一步缩短程序，如图 5-8 所示。

图 5-8　采用 LDF 指令缩短程序

### 5.1.3　使用特殊定时器指令处理振荡电路

振荡电路的处理还可采用功能指令特殊定时器 STMR 指令来实现。如图 5-9 所示，使

用该指令能较容易的实现输出振荡定时器。使用 STMR 指令将以 m 指定的值作为以[S.]指定的定时器的设定值，图 5-9 中为 10 s。此时 M0 为输出延时关断定时器，M1 为输入 ON→OFF 后的单脉冲输出定时器，M2、M3 为闪烁定时器。

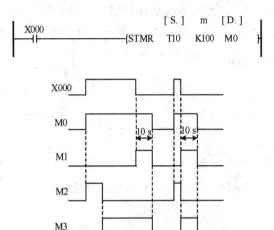

图 5-9　STMR 指令构成振荡定时电路

STMR 指令构成 1 s 周期的振荡定时电路如图 5-10 所示。控制开关 X000 与 M3 的常闭触点串联，则 M1、M2 将振荡输出，当 X000 断开时，则设定时间后 M0、M1 和 M3 断开，T1 也被复位。必须指出：定时器 T1 在此处使用后，则不能再用于程序的其他地方。

STMR 指令构成闪烁定时电路实现彩灯 LD1（Y000）的控制如图 5-11 所示。用 M1 的常开触点替代图 5-5 中的 T1 常开触点。

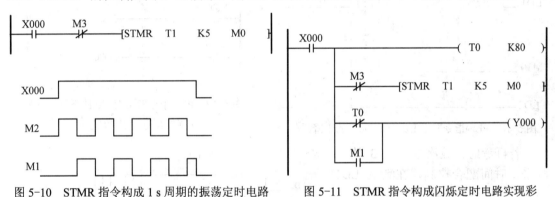

图 5-10　STMR 指令构成 1 s 周期的振荡定时电路

图 5-11　STMR 指令构成闪烁定时电路实现彩灯 LD1（Y000）的控制

### 5.1.4　采用计数器处理彩灯闪烁中闪烁次数

以上介绍的几种方法仅解决了彩灯闪烁的基本问题，而该程序设计中的第二个难题是闪烁 3 次问题。通常可采用计数器来计数控制，实现彩灯的闪烁 3 次问题。其关键点在于计数信号的选择问题。由于计数器只是在信号的上升沿进行计数，因此不能使用计数器直接对 LD1（Y000）进行计数。如图 5-12 所示，若直接使用 LD1（Y000）的常开触点作为计数信号，则出现 5 次计数，且与 LD2 亮的时刻相差 0.5 s。

由以上分析可知，为了避免与 LD2 亮的时刻相差 0.5 s，应在 LD1（Y000）的下降沿进行计数，如图 5-13 所示。

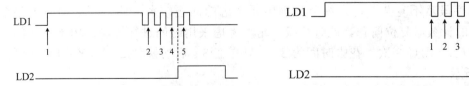

图 5-12　采用 LD1（Y000）的常开触点作为计数信号

图 5-13　应在 LD1（Y000）的下降沿进行计数

计数器本身默认只对上升沿计数，考虑此问题时可采用 LD1（Y000）的常闭触点信号 $\overline{LD1}$ 计数，如图 5-14 所示，对应的梯形图如图 5-15 所示。

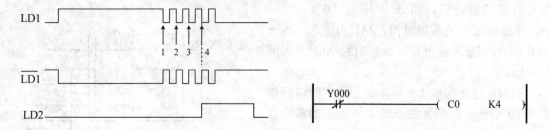

图 5-14　采用 LD1（Y000）的常闭触点信号 $\overline{LD1}$ 计数　图 5-15　采用 LD1（Y000）的常闭触点信号计数
的梯形图

当然也可使用 PLF 指令取出 LD1（Y000）的下降沿信号，如图 5-16 所示，然后对其进行计数，其对应的梯形图如图 5-17 所示。

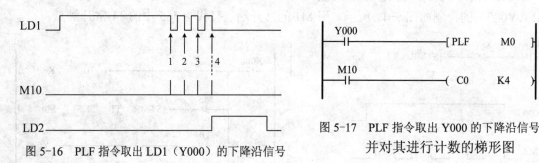

图 5-16　PLF 指令取出 LD1（Y000）的下降沿信号

图 5-17　PLF 指令取出 Y000 的下降沿信号
并对其进行计数的梯形图

若再考虑计数次数应为 3 次，则采用时间配合控制，在满足 LD1 亮完之后再启动计数器即可。

若将闪烁程序的时序与 LD1（Y000）的时序图画在一起，如图 5-18 所示，可见，定时器 T2 的接通瞬间正是 LD1（Y000）的下降沿，因此也可采用定时器 T2 的常开触点作为计数器计数信号。PLC 控制彩灯闪烁的控制梯形图如图 5-19 所示。

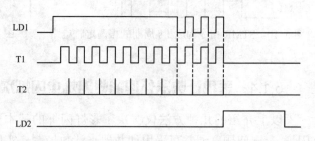

图 5-18　定时器 T2 的常开触点作为计数器计数信号

### 5.1.5　采用定时器处理彩灯闪烁中闪烁次数

在上述程序中采用了计数器进行计数，以实现彩灯 LD1 闪烁 3 次的问题。但就分析过程可见，程序虽然不复杂，但在细节处理中要考虑的问题较多，同时还必须考虑整个周期完成后的计数器复位问题。此时可换个角度考虑采用时间进行控制。由于每次闪烁周期为 1 s，那么闪烁 3 次，花去时间为 3 s，只需在 3 s 后切换到 LD2（Y001）即可，如图 5-20 所示。

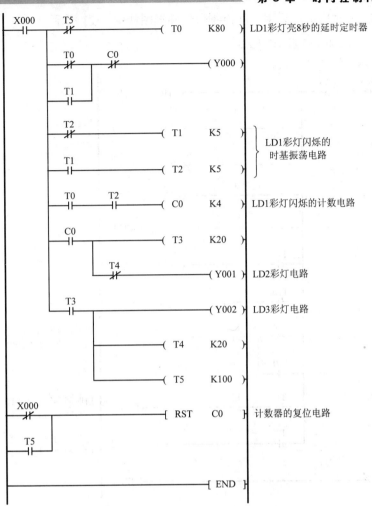

图 5-19　PLC 控制彩灯闪烁的控制梯形图

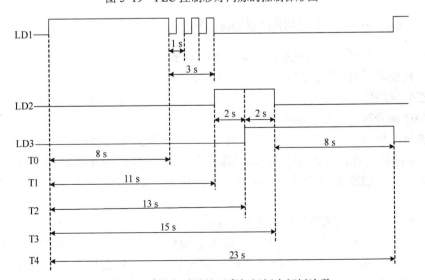

图 5-20　采用定时器处理彩灯闪烁中闪烁次数

根据图 5-20 的时序图，采用时间控制彩灯梯形图如图 5-21 所示。

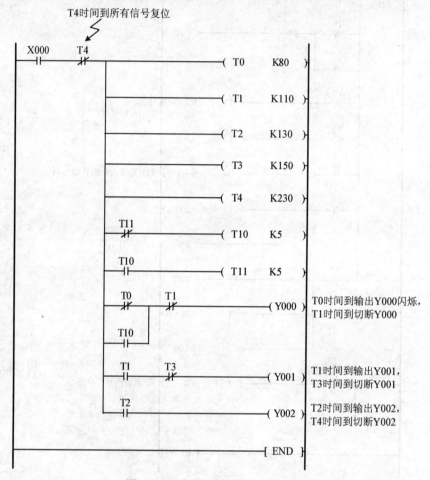

图 5-21　采用时间控制彩灯梯形图

### 5.1.6　采用拨码盘控制延时时间的方法

PLC 控制彩灯闪烁电路系统示意图如图 5-1 所示。

拨码盘控制延时时间的彩灯闪烁系统控制要求如下。

（1）彩灯电路受一启动开关 S07 控制，当 S07 接通时，彩灯系统 LD1～LD3 开始顺序工作。当 S07 断开时，彩灯全熄灭。

（2）彩灯工作循环：LD1 彩灯亮，延时 $n$ s 后（$n$ 根据工艺要求不同可由外部的拨码盘设定时间，$n$ 的设定时间为 0～99.9 s），闪烁三次（每一周期为 1 s），LD2 彩灯亮，延时 2 s 后，LD3 彩灯亮；LD2 彩灯继续亮，延时 2 s 后熄灭；LD3 彩灯延时 10 s 后，彩灯进入再次工作循环。

拨码盘控制延时时间的彩灯闪烁系统 I/O 分配表如表 5-2 所示。

在控制程序中，会碰到控制程序的时间需要根据不同的工艺进行改变的问题，通常采用拨码盘作为外部输入，并采用数码管进行输出显示。可编程序控制器的定时器（计数器）可采用寄存器的值作为定时（计数）的数值。但作为可编程序控制器的四则运算与增

表 5-2　拨码盘控制延时时间的彩灯闪烁系统 I/O 分配表

| 输　入 | | 输　出 | |
|---|---|---|---|
| 输 入 设 备 | 输入编号 | 输出设备 | 输出编号 |
| 拨码盘输入 1 | X000 | 数码管显示 1 | Y000 |
| | X001 | | Y001 |
| | X002 | | Y002 |
| | X003 | | Y003 |
| 拨码盘输入 2 | X004 | 数码管显示 2 | Y004 |
| | X005 | | Y005 |
| | X006 | | Y006 |
| | X007 | | Y007 |
| 拨码盘输入 3 | X010 | 数码管显示 3 | Y010 |
| | X011 | | Y011 |
| | X012 | | Y012 |
| | X013 | | Y013 |
| 启动开关 S07 | X014 | 彩灯 LD1 | Y014 |
| | | 彩灯 LD2 | Y015 |
| | | 彩灯 LD3 | Y016 |

量指令、减量指令等运算都用 BIN（二进制）码运行，因此可编程序控制器获取拨码盘 BCD 的数字开关信息时要使用 BIN 转换传送指令，另外向 BCD 的七段显示器输出时应使用 BCD 转换传送指令。变换指令的使用如图 5-22 所示。

使用变换指令，可以很方便地将拨码盘的输入信号送入 PLC 中进行时间的设定，并将 PLC 的信号送到输出端通过数码管进行显示，其控制程序如图 5-23 所示。

上述程序中的时间 $n$ 根据工艺要求不同可由外部的拨码盘设定时间，$n$ 的设定时间为 0～99.9 s，若提高控制要求，将 $n$ 的设定时间改为 0～99.99 s。则必须使用 0.01 s 的定时器，三菱 FX2N 系列 PLC 中的 T200～T245 为 10 ms 定时器，设定值为 0.01～327.67 s，因此可采用 T200 来替代图 5-23 中的 T0 进行控制。

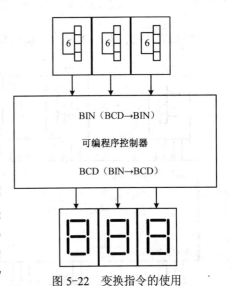

图 5-22　变换指令的使用

由于增加了一位控制输入，因此必须增加一位拨码盘和一位数码管。若不想改变原有的输入、输出接线，只分配增加的拨码盘和数码管 I/O 地址，如表 5-3 所示。

**PLC 编程技术与应用**

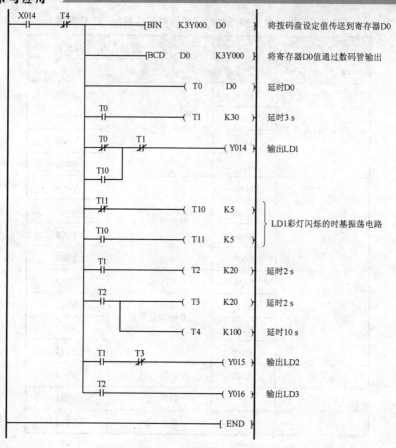

图 5-23　拨码盘作为外部输入、采用数码管进行输出显示的控制程序

根据表 5-2、表 5-3 可知，拨码盘、数码管的 I/O 分配如图 5-24 所示。

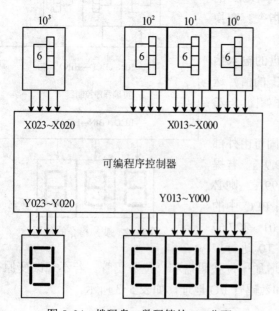

图 5-24　拨码盘、数码管的 I/O 分配

**表 5-3　增加的拨码盘和数码管的 I/O 分配表**

| 输　入 | |
|---|---|
| 输入设备 | 输入编号 |
| 拨码盘输入 4 | X020 |
| | X021 |
| | X022 |
| | X023 |
| 输　出 | |
| 输出设备 | 输出编号 |
| 数码管显示 4 | Y020 |
| | Y021 |
| | Y022 |
| | Y023 |

图 5-24 中采用拨码盘输入数据，但$10^3$位与$10^2$、$10^1$、$10^0$并不是从连续的输入端输入，应采用如图 5-25 的移位传送指令，需使用 SMOV 将 D1 转换值从其第 1 位（m1=1）起的 1 位部分（m2=1）的内容传送到 D2 的第四位（n=4），然后将其转换为 BIN 码。传送后 D2 中的数据即为外部设定的数据。

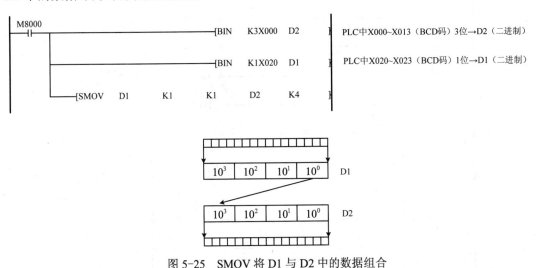

图 5-25　SMOV 将 D1 与 D2 中的数据组合

要将数据传送到数码管显示，数码管显示程序如图 5-26 所示。可将 D2 数据的低 12 位直接用 BCD 指令转换输出至 Y000～Y013，而 D1 数据则通过 BCD 指令转换输出至 Y020～Y023。

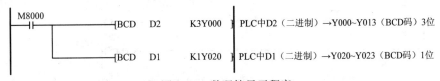

图 5-26　数码管显示程序

必须指出，由于此程序中的输入、输出均为 BCD 码，且输出信号与输入信号完全一致，因此也可直接用传送指令实现数码管显示程序，如图 5-27 所示。但如果输出是输入信号经过运算后得出的，则不能采用此方法。

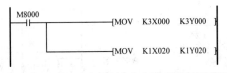

图 5-27　直接用传送指令实现数码管显示程序

整理上述分析，完整控制程序梯形图，如图 5-28 所示。

由以上分析可知，采用拨码盘输入、数码管输出需占用大量的 I/O 端口，以上述例子中四位拨码盘输入需占用 16 个输入端口，而四位数码管输出，则占用 16 个输出端口。这对显示数据较大的系统有较多的端口要求。实际应用中，三菱 PLC 提供了读取数字开关设定值的 DSW 指令。DSW 指令硬件接线形式如图 5-29 所示，采用扫描形式输入。此时将所有拨码盘的输入按 8421BCD 的形式分别接在一起，但公共端分别接 Y010～Y013，将 COM3 端与输入的公共端相连，即由 Y010～Y013 来选通不同的拨码盘，这样 16 个输入端口，只需用 4 个输入和 4 个输出（即共 8 个端口取代）。

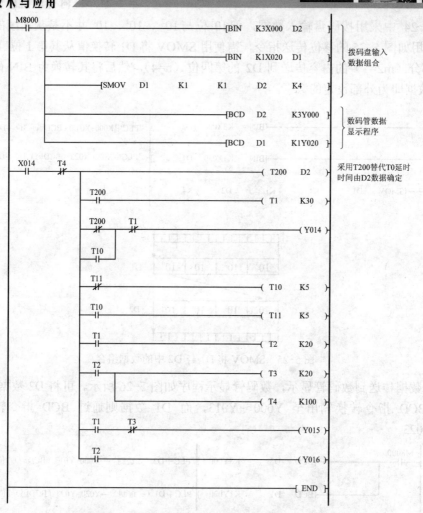

图 5-28 增加一位输入、输出后完整控制程序梯形图

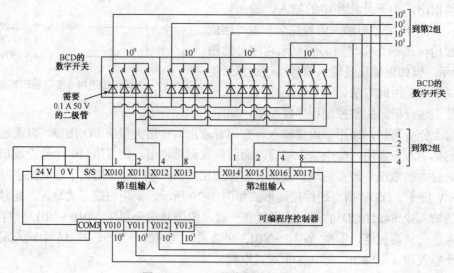

图 5-29 DSW 指令硬件接线形式

DSW 指令扫描输入的控制梯形图如图 5-30 所示，DSW 指令对应的时序图如图 5-31 所示。从时序图可知，当接通 X000 时，置位 M0，M0 接通后 Y010～Y013 彼此间隔 0.1 s 顺序接通，分别扫描四个拨码盘的输入信号，并组合输入信号放入数据寄存器 D0。此时 D0 中的数据就是拨码盘设定的数据。

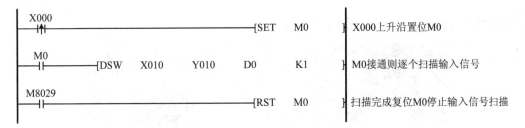

图 5-30　DSW 指令扫描输入的控制梯形图

### 5.1.7　长延时信号的处理

由于 T0～T199 为 100 ms 定时器，设定值为 0.1～3276.7 s；T200～T245 为 10 ms 定时器，设定值为 0.01～327.67 s。可见三菱 FX2N 系列 PLC 提供的定时器最长延时时间为 3276.7 s，而 1 h 为 3600 s，也就是说，最长延时时间还不到 1 h。若要超过 3276.7 s 的延时，可考虑采用定时器级联的形式完成。例如在彩灯控制要求中，提出开关接通后，工作 1 h 后系统自动停止。可采用图 5-32 的梯形图实现 1 h 的延时。图中当开关 X014 接通后，T20 开始延时 1800 s（即 0.5 h），当延时时间到后，T20 常开触点接通，启动 T21 再延时

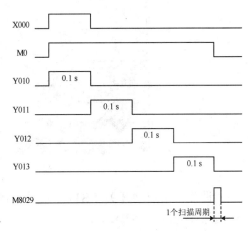

图 5-31　DSW 指令扫描输入的时序图

1800 s（即 0.5 h），当延时时间到时，T21 触点动作，可在图 5-28 的 X014 之前串接 T21 常闭触点来停止彩灯的工作。

定时器级联进行长延时的形式方便使用，但若延时时间特别长，则需要级联的定时器个数非常多，且容易出错。例如要延时 24 h，采用图 5-32 的方法就需要 48 个定时器，显然此方法有较大的弊端。通常对于这类非常长的延时，人们采用定时器与计数器级联的方式进行延时，如图 5-33 所示。图中每半小时，T20 接通一次，计数器计数一次，当计数器记到 48 次（即 48 个 0.5 h=24 h），可采用计数器 C0 的常闭触点去切断彩灯闪烁电路。

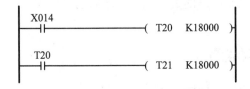

图 5-32　定时器级联进行长延时

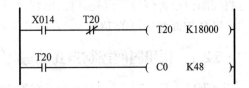

图 5-33　定时器与计数器组合进行长延时

若延时时间进一步增加，还可考虑再图 5-33 基础上再采用计数器级联的形式以实现更长时间的延时，此处不再赘述。

## 5.2 PLC 控制红绿灯

PLC 控制红绿灯示意图如图 5-34 所示。

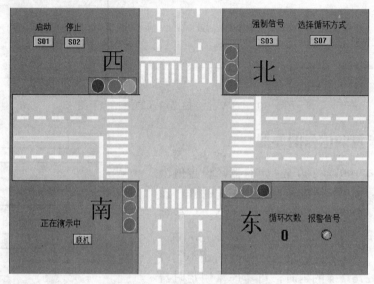

图 5-34　PLC 控制红绿灯示意图

设置一个启动开关 SB1，当它接通时，信号灯控制系统开始工作，且先南北红灯亮，东西绿灯亮。

PLC 控制红绿灯的控制要求如下。

（1）按下启动按钮 SB1 后，南北红灯亮并保持 15 s，同时东西绿灯亮，但保持 10 s，到 10 s 时东西绿灯闪亮 3 次（每周期 1 s）后熄灭；继而东西黄灯亮，并保持 2 s，2 s 后，东西黄灯熄灭，东西红灯亮，同时南北红灯熄灭和南北绿灯亮。

（2）东西红灯亮并保持 10 s。同时南北绿灯亮，但保持 5 s，到 5 s 时南北绿灯闪亮 3 次（每周期 1 s）后熄灭；继而南北黄灯亮，并保持 2 s，2 s 后，南北黄灯熄灭，南北红灯亮，同时东西红灯熄灭和东西绿灯亮。

（3）上述过程作一次循环；按启动按钮后，红绿灯连续循环，按停止按钮 SB2 红绿灯立即停止。

（4）当强制按钮 SB3 接通时，南北黄灯和东西黄灯同时亮，并不断闪烁，周期为 2 s 同时将控制台报警信号灯点亮。控制台报警信号灯及强制闪烁的黄灯在下一次启动时熄灭。

PLC 控制红绿灯的 I/O 分配表如表 5-4 所示。

### 5.2.1　采用时间控制方式编写红绿灯控制程序

根据以上控制要求绘制出红绿灯控制电路的时序图，如图 5-35 所示。

表 5-4　PLC 控制红绿灯的 I/O 分配表

| 输　入 | | 输　出 | |
| --- | --- | --- | --- |
| 输入设备 | 输入编号 | 输出设备 | 输出编号 |
| 启动按钮 SB1 | X000 | 南北红灯 | Y000 |
| 停止按钮 SB2 | X001 | 东西绿灯 | Y001 |
| 强制按钮 SB3 | X002 | 东西黄灯 | Y002 |
| | | 东西红灯 | Y003 |
| | | 南北绿灯 | Y004 |
| | | 南北黄灯 | Y005 |
| | | 报警信号灯 | Y006 |

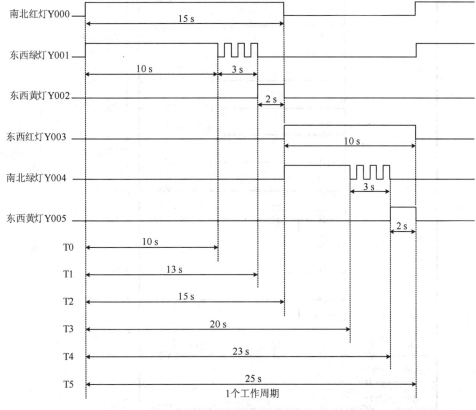

图 5-35　红绿灯控制电路的时序图

　　由时序图可知，程序控制的关键主要是绿灯的闪烁问题。而处理绿灯的闪烁问题与上节中的彩灯闪烁问题相同，可考虑采用标准的振荡电路形式、特殊辅助继电器 M8013、使用特殊定时器指令等方法解决振荡电路，其闪烁次数也可采用计数方法或时间控制的方式解决。采用时间控制方式控制红绿灯的梯形图如图 5-36 所示。

　　图 5-36 中，两次用到振荡电路：一次是采用 T10、T11 构成 1 s 的振荡电路，用以满足绿灯的闪烁，另一次是采用 T12、T13 构成 2 s 的振荡电路，用以满足报警时黄灯的闪烁。

但实际上，由于报警时黄灯闪烁的周期是正常工作时绿灯闪烁周期的 2 倍，因此可采用二分频电路直接获取黄灯闪烁的信号，省略采用 T12、T13 构成 2 s 的振荡电路。

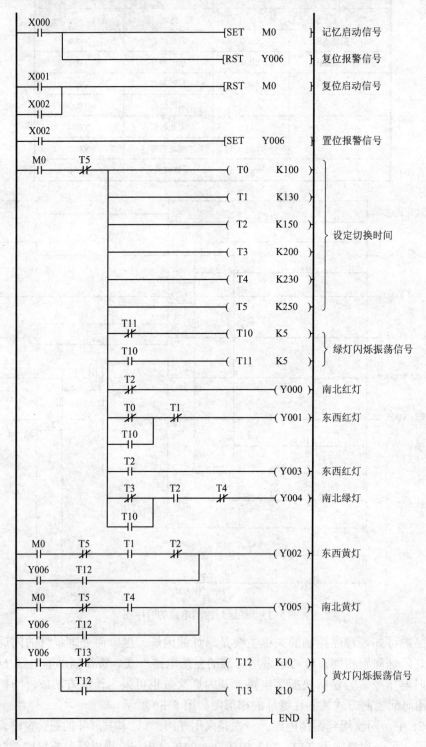

图 5-36 采用时间控制方式控制红绿灯的梯形图

## 5.2.2　二分频电路的处理

形成二分频电路的方法有很多，如采用基本常开常闭触点处理二分频电路、采用跳沿指令处理二分频电路、采用计数器处理二分频电路、采用交替输出指令（ALT）处理二分频电路等。

二分频电路的基本来源是用一个按钮 X000 控制一个输出 Y000，第一次按下按钮 X000，输出 Y000 为"1"，第二次按下按钮 X000 输出 Y000 为"0"，第三次按下按钮 X000 输出 Y000 为"1"，……，如此不断循环，二分频电路时序图如图 5-37 所示。

采用基本常开、常闭触点形成的二分频电路如图 5-38 所示。图 5-38 中，按下 X000，由于 M1 常闭触点闭合，因此 M0 线圈输出信号，但 M1 线圈在 M0 输出信号后立即闭合，其常闭触点在下一个扫描周期起作用，断开 M0 线圈，所以 M0 输出为一个扫描周期宽度的脉冲。当 M0 第一次接通时，Y000 常闭触点闭合，线圈 Y000 输出，在下一扫描周期时 Y000 常闭断开，常开闭合，由于此时 M0 已断开，因此 M0 常闭触点与 Y000 常开触点电路串联后形成自锁，保证 Y000 继续输出"1"。第二次按下 X000，M0 再次输出一个扫描周期的脉冲，此时由于 Y000 常闭触点处于断开，M0 常开触点闭合，但不影响 Y000 的输出，而 M0 常闭动作切断 Y000 的自锁电路，Y000 输出为"0"。

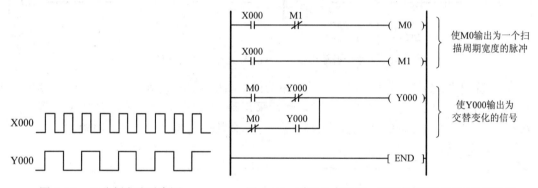

图 5-37　二分频电路时序图　　　　图 5-38　采用基本常开、常闭触点形成的二分频电路

采用跳沿指令处理二分频电路的控制梯形图如图 5-39 所示，其基本原理与图 5-38 中采用基本常开、常闭触点形成的二分频电路相同，只是采用了 PLS 指令，直接产生一个扫描周期的脉冲。

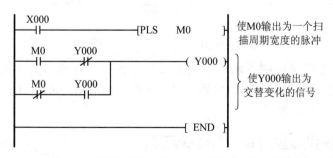

图 5-39　采用跳沿指令处理二分频电路的控制梯形图

采用计数器处理二分频电路的梯形图如图 5-40 所示。该程序对输入信号 X000 进行计

数，当计数值为"1"时输出 Y000，计数值为"2"时复位计数器当前值（即将当前值设定为"0"），以此实现交替输出。

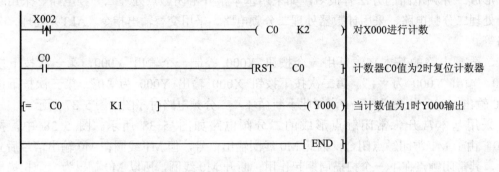

图 5-40　采用计数器处理二分频电路的梯形图

采用交替输出指令（ALT）处理二分频电路的梯形图如图 5-41 所示。

（a）采用 ALTP 取交替输出　　　　　　（b）采用 ALT 取交替输出

图 5-41　采用交替输出指令（ALT）处理二分频电路的梯形图

使用除 2 取余数的方式实现二分频电路的梯形图如图 5-42 所示。其实质是对 X000 接通次数进行累计（也可采用计数方式），然后采用除 2 取余数的方式，判断是奇数次按下 X000 还是偶数次按下 X000，若为奇数次按下，其余数一定为"1"，则此时输出 Y000。

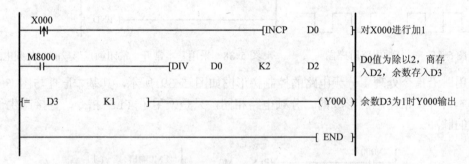

图 5-42　使用除 2 取余数的方式实现二分频电路的梯形图

实现二分频电路可采用的方法还有很多，此处仅举一些典型的方式，供读者开拓思路。采用二分频的方法可节省一对定时器，以简化控制梯形图，采用 ALT 指令构成二分频电路后的梯形图如图 5-43 所示。

### 5.2.3　采用步进顺控方式编写红绿灯程序

根据控制要求可采用不同的方法绘制对应的状态转移图，此处提供一种供参考的状态转移图形式，如图 5-44、图 5-45 所示，其对应的完整控制梯形图如图 5-46。

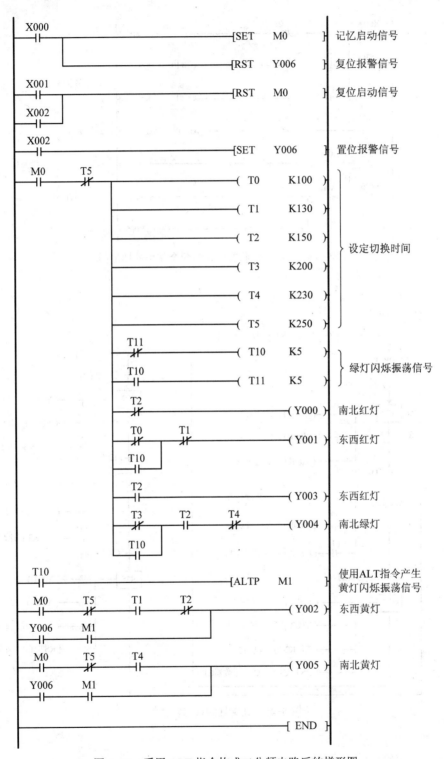

图 5-43　采用 ALT 指令构成二分频电路后的梯形图

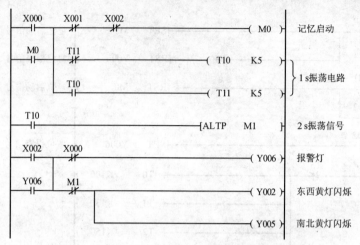

图 5-44  与红绿灯状态转移图配合使用的梯形图

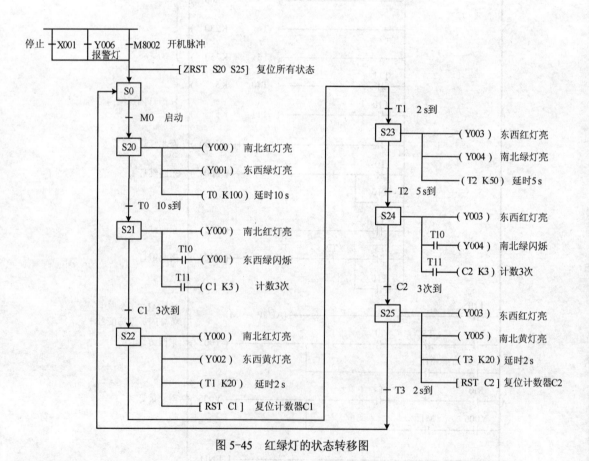

图 5-45  红绿灯的状态转移图

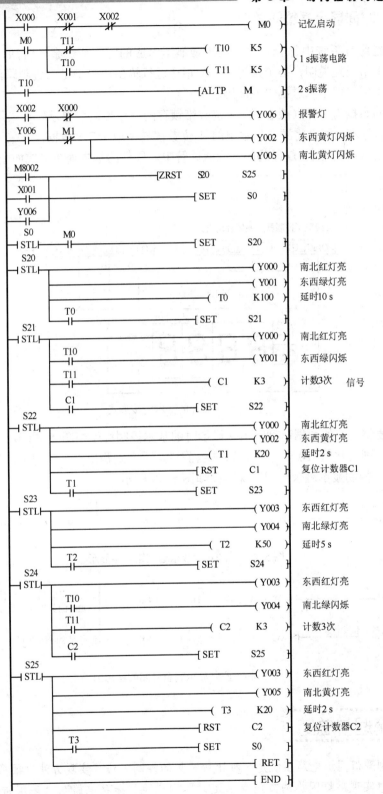

图 5-46　红绿灯状态转移图对应的梯形图

### 5.2.4 时间显示系统的处理

通常在红绿灯系统中都会有要求数码管显示对应的时间或剩余的时间，对于数码管输出的数据在上节已经说明，必须采用 BCD 指令进行输出，以满足二进制码转换成 BCD 码输出，否则可能出现十六进制码或乱码。

若显示的数据为 1 组（或 2 组）4 位数带锁存的 7 段数码管显示，可采用 SEGL 指令。SEGL 指令的基本功能是将源操作数中的 4 位数值转换成 BCD 数据，并采用分时的方式依次将每位数据输出到带 BCD 译码的 7 段数码管中。硬件的基本连接形式如图 5-47 所示。

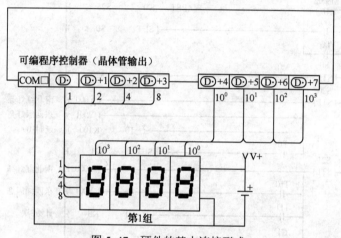

图 5-47　硬件的基本连接形式

例如，要将 T0 的数据送到输出端显示时的基本控制程序如图 5-48 所示。如果要显示剩余的时间，则通常用 T0 的设定值减去当前值，再送到输出端显示即可。例如，T0 的设定值为 1500，控制显示剩余时间的梯形图如图 5-49 所示。

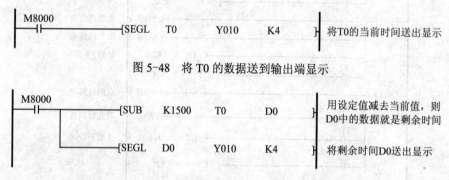

图 5-48　将 T0 的数据送到输出端显示

图 5-49　控制显示剩余时间的梯形图

## 知识梳理与总结

PLC 控制彩灯闪烁电路系统是一种比较常见的控制方法，实现方法也很多，在 5.1 节中介绍的内容中实现小灯闪烁的方法有"定时器构成典型振荡电路"、"采用特殊辅助继电器 M8013 实现彩灯闪烁"和"使用特殊定时器指令处理振荡电路"三种。彩灯的闪烁次数可

以用计数器处理，也可以用定时器来实现；在彩灯控制过程中会经常碰到需要改变控制时间，或者是要求控制时间可以随机设定，有时还会有设定时间显示的要求，通过拨码盘进行时间设定是一种常用的方法；在时间控制过程中经常会碰到时间长度超过了 PLC 提供的定时器最长延时时间，这样就要考虑采用定时器级联的形式完成长延时信号的处理。

红绿灯的控制采用了时间控制和步进顺控两种控制方式实现控制功能。在时间控制方式程序设计中通过对时间段的分析，需要采用 9 个时间继电器实现了整个循环的时间控制；在控制黄灯闪烁的控制中进行了二分频电路控制的分析，二分频电路处理方法包括采用基本常开常闭触点处理二分频电路、采用跳沿指令处理二分频电路、采用计数器处理二分频电路、采用交替输出指令（ALT）等方法；在步进顺控实现红绿灯控制方法中，需要将每个工作时段按照 PLC 的要求划分为不同的状态，然后列出状态转移的条件和方向，根据状态转移图就可以完成相应程序的编写；在红绿灯系统中对应的时间或剩余的时间显示采用的是数码管显示，数码管输出的数据必须采用 BCD 指令进行输出，以满足二进制转换成 BCD 码输出。

## 思考与练习 5

1．用 PLC 实现彩灯闪烁的控制。

**控制要求**：当开关 SB1 接通时彩灯 LD1 和 LD2 按照循环要求工作，SB1 断开后彩灯都熄灭。彩灯循环工作方式：当彩灯 LD1 亮，延时 5 s 后，闪烁 3 次，闪烁周期为亮 1 s 熄 1 s；之后彩灯 LD1 熄灭，LD2 彩灯亮，延时 8 s 后熄灭，如此循环工作。

**实现要求**：按照工艺控制要求完成 PLC 控制的端口分配；完成程序编写，并通过 PLC 的运行验证程序是否符合控制要求。

**再试试**：请用不同的编程方法来实现上面的控制功能。

2．智力竞赛抢答装置控制系统示意图如图 5-50 所示。主持人位置上有一个总停止按钮 SB6 控制 3 个抢答桌。主持人说出题目并按动启动按钮 SB7 后，谁先按按钮，谁的桌子上的灯即亮。当主持人再按总停止 SB6 后，灯才灭（否则一直亮着）。三个抢答桌的按钮安排：一是儿童组，抢答桌上有两只按钮 SB1 和 SB2，并联形式连接，无论按哪一只，桌上的灯 LD1 即亮；二是中学生组，抢答桌上只有一只按钮 SB3，且只有一个人，一按灯 LD2 即亮；三是大人组，抢答桌上有两只按钮 SB4 和 SB2，串联形式连接，只有两只按钮都按

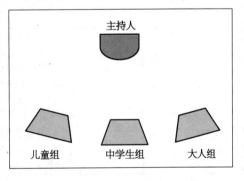

图 5-50　智力竞赛抢答装置控制系统示意图

下，抢答桌上的灯 LD3 才亮。当主持人将启动按钮 SB7 按下之后，10 s 之内有人按抢答按钮，电铃 DL 即响。

**实现要求**：按照工艺控制要求完成 PLC 控制的端口分配；完成程序编写，并通过 PLC 的运行验证程序是否符合控制要求。

# 第6章

## 顺序控制问题的 PLC 编程应用

运料小车系统和花式喷泉系统两个控制机构是学生在日常的工作和学习过程中比较常见的机构，学生对其控制运行过程和工艺都有一定的感性认识，授课教师可以根据学生对以往知识的学习掌握情况安排"先讲后练"或"先做后讲"。教学的场所建议安排在实验室或者实训室；建议适当增加以学生为主导的翻转课堂的教学。各部分学习章节、参考课时及教学建议如下所示。

| 章　节 | 参考课时 | 教学建议 |
|---|---|---|
| 6.1 PLC 控制运料小车 | 4 | 6.1.1 节的部分内容可以启发学生在以往知识的基础上独立完成，授课教师仅仅强调一下相关的注意事项便可；6.1.2 节～6.1.6 节可以启发学生逐步深入的进行学习，学习过程中可以组织学生对某些特殊工艺的处理进行讨论；6.1.7 节的内容对于初学的学生来说有一定难度，也可根据学生接受能力和教学需要将这部分内容作为选学内容，鼓励学有余力的学生深入探索 |
| 6.2 PLC 控制花式喷泉系统 | 4 | 6.2.1 节的部分内容对于大部分学生来说是完全可以自己完成了，建议教师只要强调一下注意事项就可以了；6.2.2 节和 6.2.3 节内容有一定的承接性，希望能够在一定程度上启发学生独立思考和应用；6.2.4 节和 6.2.5 节的内容有一定难度，需要教师进行分析讲解，也可以考虑让这部分内容作为选学内容 |
| 课题讨论（翻转课堂） | 2 | 可以选择思考与练习里面的一道题，让学生在课前以小组的形式进行学习，然后让学生在课堂上讲授学习的内容，启发引导学生进行互动学习 |

在实际的生产工业现场，很多的设备或系统是在各输入信号的作用下使内部元件状态按照时间有步骤地一个阶段接一个阶段顺序变化，使得在生产过程中的各个执行机构能够自动、有序地进行工作，这就是所谓顺序控制。顺序控制设计方法的基本思想是：将一个完整的工作周期划分为若干顺序相连的阶段，这些阶段称为状态；代表各步的内部编程元件（如辅助继电器 M、状态继电器 S 等）的工作状态由转换条件控制，最终控制输出至各执行机构。顺序控制设计方法非常直观、易懂、规范、通用，可以轻松地解决经验设计中存在的记忆和联锁等问题，大大缩短程序设计周期。

## 6.1　PLC 控制运料小车

PLC 控制运料小车的示意图如图 6-1 所示，其控制要求如下：

启动按钮 SB1 用来开启运料小车，停止按钮 SB2 用来手动停止运料小车。按 SB1 小车从原点启动，KM1 接触器吸合使小车向前运行直到碰到 SQ2 开关停，KM2 接触器吸合使甲料斗装料 5 s，然后小车继续向前运行直到碰到 SQ3 开关停，此时，KM3 接触器吸合使乙料斗装料 3 s，随后 KM4 接触器吸合小车返回原点直到碰到 SQ1 开关停止，KM5 接触器吸合使小车卸料 5 s 后完成一次循环工作过程。小车连续循环，按停止按钮 SB2 小车立即停止。将小车放回原点后，再次按启动按钮 SB1 小车重新运行。

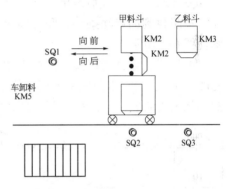

图 6-1　PLC 控制运料小车的示意图

设定输入/输出（I/O）分配表，如表 6-1 所示。

表 6-1　PLC 控制运料小车的 I/O 分配表

| 输入 | | 输出 | |
|---|---|---|---|
| 输入设备 | 输入编号 | 输出设备 | 输出编号 |
| 启动按钮 SB1 | X000 | 向前接触器 KM1 | Y000 |
| 停止按钮 SB2 | X001 | 甲卸料接触器 KM2 | Y001 |
| 开关 SQ1 | X002 | 乙卸料接触器 KM3 | Y002 |
| 开关 SQ2 | X003 | 向后接触器 KM4 | Y003 |
| 开关 SQ3 | X004 | 车卸料接触器 KM5 | Y004 |

### 6.1.1　采用启、保、停方式编程控制运料小车

传统的继电控制中，通常可采用启、保、停方式进行控制。所谓启、保、停方式是指每一个输出信号只考虑三个问题，即什么条件下启动，是否需要保持，什么条件下停止。

上述工艺控制要求总共涉及 5 个输出 Y000～Y004，因此可根据控制要求分别找出其

**PLC 编程技术与应用**

控制的启动条件、是否需要保持及停止条件。为更好地找到启、保、停条件，设定小车在 SQ2 处 KM2 接触器吸合使甲料斗装料 5 s 由 T0 延时，小车在 SQ3 处 KM3 接触器吸合使乙料斗装料 3 s 由 T1 延时，小车返回原点 SQ1 处 KM5 接触器吸合使小车卸料 5 s 由 T2 延时。

根据控制要求小车向前接触器 KM1（Y000）接通的条件有两个：一是按 SB1（X000）小车从原点启动，KM1（Y000）接触器吸合使小车向前运行，二是甲料斗装料 5 s，然后小车继续向前运行，即启动条件为 X000 接通或 T0 接通。由于 KM1（Y000）接触器吸合后一直接通，因此需要保持，即需要自锁信号。

小车向前的停止信号也有两个：一是小车从原点启动，KM1 接触器吸合使小车向前运行直到碰到 SQ2（X003）开关后停止，二是甲料斗装料 5 s，然后小车继续向前运行直到碰到 SQ3（X004）开关后停止。

按照找到的启动条件并联，停止条件串联，需要保持的则加自锁的方式，可得到梯形图如图 6-2 所示。

但只要稍作分析可知，该梯形图在小车在甲料斗装料后无法再继续前进，主要原因是 X003 断开。其根本原因是采用了停止优先式的启、保、停形式，可将小车从原点启动改为启动优先式的启、保、停形式，如图 6-3 所示即可实现控制要求。

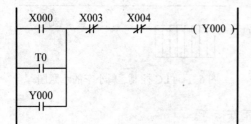
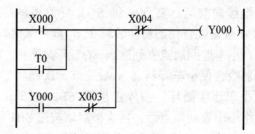

图 6-2　根据启、保、停条件绘制的梯形图　　图 6-3　将小车从原点启动改为启动优先式的启、保、停形式

按照 PLC 编程的基本规则，串联触点多的应放在梯形图的上方，将梯形图更改为如图 6-4 所示的形式。

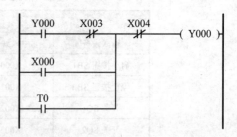

小车在甲料斗装料的启动条件是碰到 SQ2（X003）停，KM2（Y001）接触器吸合使甲料斗装料，停止条件是装料 5 s 后停。由于碰到 SQ2（X003）停说明 SQ2（X003）一直接通，因此无须自锁保持。但应指出小车返回时仍会碰到 SQ2（X003），而此时不装料，因此加入小车停止（即小

图 6-4　整理后的小车向前控制的梯形图

车既不向前也不向后）时才装料。小车在甲料斗装料的控制梯形图如图 6-5 所示。

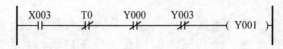

图 6-5　小车在甲料斗装料的控制梯形图

小车在乙料斗装料的启动条件是碰到 SQ3（X004）停，KM3（Y003）接触器吸合使乙

料斗装料，停止条件是装料 3 s 后停。由于碰到 SQ3（X004）停说明 SQ3（X004）一直接通，因此无须自锁保持。小车在乙料斗装料的控制梯形图如图 6-6 所示。

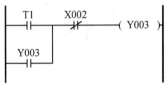

图 6-6　小车在乙料斗装料的控制梯形图

小车返回的启动条件是乙料斗装料 3 s 钟（T1）时间到，停止条件是小车返回原点直到碰到 SQ1 开关停止。由于定时器输入断开后就复位，因此要保持。小车返回的控制梯形图如图 6-7 所示。

图 6-7　小车返回的控制梯形图

小车卸料的启动条件是小车返回原点直到碰到 SQ1（X002）开关停止，KM5（Y004）接触器吸合使小车卸料，停止条件是 5 s（T2）后完成一次循环。但由于启动时小车在原点压合 SQ1（X002），此时并不卸料，因此必须区分小车是否处于工作状态。简单的方法可采用小车是否向前运动来区分。小车卸料的控制梯形图如图 6-8 所示，图中采用 M1 记忆小车是否向前运动过。

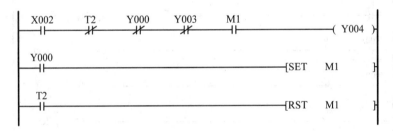

图 6-8　小车卸料的控制梯形图

各定时器的控制梯形图如图 6-9 所示。

控制要求中提出的按停止按钮后小车立即停止，可采用自锁电路记忆停止信号，然后在所有输出中串接记忆的停止信号即可。记忆停止信号的梯形图如图 6-10 所示。

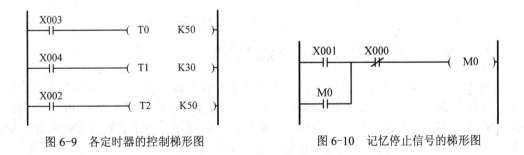

图 6-9　各定时器的控制梯形图　　　　图 6-10　记忆停止信号的梯形图

整理上述控制梯形图，PLC 控制运料小车的完整控制梯形图如图 6-11 所示。

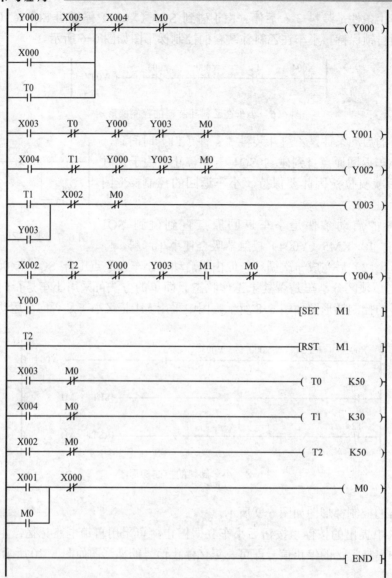

图 6-11   PLC 控制运料小车的完整控制梯形图

### 6.1.2   采用步进顺控方式编程控制运料小车

采用上述启、保、停方式进行编程，当控制条件较少时，比较方便，但若控制条件较多时，分析复杂，通常可考虑采用步进顺控方式编写程序。三菱 FX2N 系列 PLC 提供有步进顺控指令，可采用状态转移图的方式进行编程。上述程序采用步进顺控方式编程的状态转移图如图 6-12 所示，其对应的控制梯形图如图 6-13 所示。

### 6.1.3   运料小车的急停与开机复位的处理

在运料小车的控制要求中提出小车连续循环，按停止按钮 SB2 小车立即停止。将小车放回原点后，再次按启动按钮 SB1 小车重新运行。这种停止实际是一种急停的方式，在实

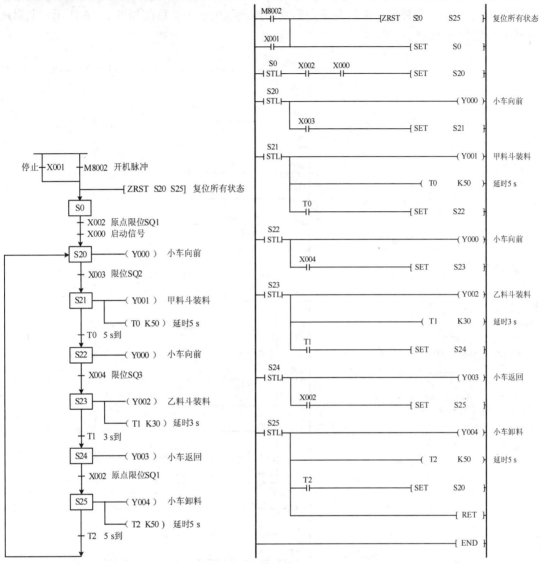

图 6-12　步进顺控方式编程的状态转移图　　　图 6-13　步进顺控方式编程的控制梯形图

际的使用中采用这种方式停车的小车通常是采用手动方式复位或采用开机复位方式。下面就两种复位方式进行讨论。

　　手动复位方式较为简单，通常采用点动或自锁电路控制就可以了，如采用按钮控制 X005 作为手动复位。实际上只要将小车返回原点即可。小车手动复位的梯形图如图 6-14 所示。

图 6-14　小车手动复位的梯形图

　　但在原有的自动程序中已有 Y003 的线圈，如再次使用 Y003 则出现双线圈输出的问题。通常采用两种方式来解决这类手动控制问题。

　　一种是用不同编号辅助继电器来替代原有的输出 Y003，然后在程序的最后输出 Y003 时分别用不同的辅助继电器来驱动。例如，在自动程序中的 Y003 用 M10 替代，手动程序

中的 Y003 用 M11 来替代，则具有手动返回的控制程序状态转移图如图 6-15 所示，其对应的梯形图如图 6-16 所示。

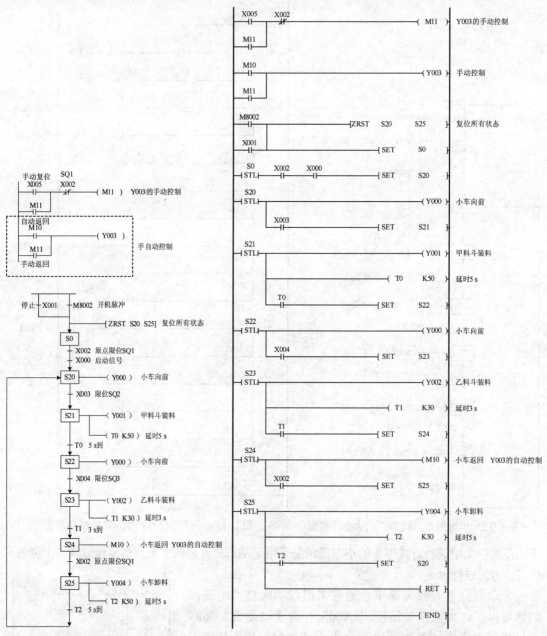

图 6-15　具有手动返回的控制程序状态转移图　　图 6-16　具有手动返回的控制程序梯形图

另一种是采用跳步指令 CJ 来实现，此时可不考虑双线圈输出的问题。根据工艺要求画出手动、自动控制程序结构，如图 6-17 所示。

根据控制要求的自动控制对应的状态转移图如图 6-12 所示，手动复位与自动运行合并后的梯形图如图 6-18 所示。

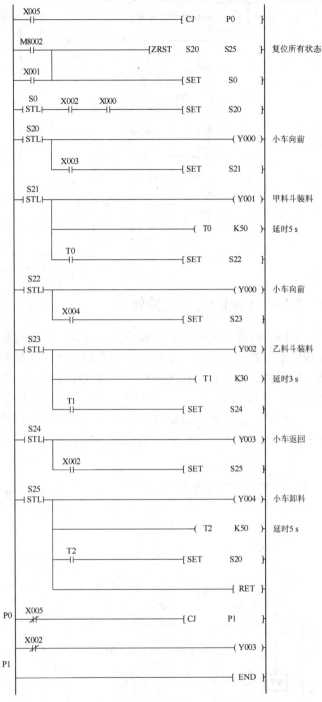

图 6-17　手动、自动程序结构　　　　图 6-18　手动复位与自动运行合并后的梯形图

　　自动复位的形式通常采用启动自动复位的形式，这是一种安全程度较高的方法，其基本思路是增加一个复位的状态，如图 6-19 所示，由 S10 状态来完成复位工作。

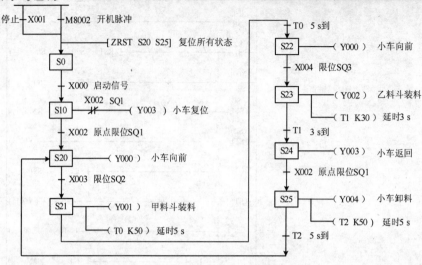

图 6-19　启动自动复位的状态转移图

### 6.1.4　运料小车的暂停处理

上例中的停止采用的是立即停止的方式，但实际使用中经常出现需要暂停的情况。如控制要求中的停止改为按下停止按钮立即停止，再按启动按钮小车继续运行，则此类停止属于暂停的工作方式。作为暂停工作方式中最简单的处理方式就是将所有状态中驱动的元件都断开。但此时必须采用积算型的定时器，若采用非积算型定时器，一旦断开驱动信号，非积算型定时器就自动复位，则前面累计的时间信息会全部丢失。采用积算型定时器的暂停控制状态转移图如图 6-20 所示。注意，使用了积算型定时器必须进行复位。

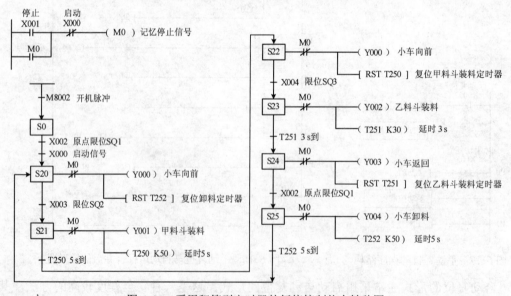

图 6-20　采用积算型定时器的暂停控制状态转移图

采用将所有状态中驱动的元件都断开的方式原理较简单，但程序较麻烦。除了采用这

种方法之外，也可考虑使用特殊辅助继电器的方式来实现该控制功能。三菱 PLC 提供了 M8034 禁止输出的特殊辅助继电器。但必须指出，此时仅是输出端的 Y 信号被禁止输出，其内部信号仍存在，若使用监控软件、组态软件或触摸屏显示时可能会与实际输出不符。此时只需停止积算型定时器的计时即可。采用 M8034 特殊辅助继电器暂停控制状态转移图如图 6-21 所示。从状态转移图中也可看出 M8034 特殊辅助继电器是不能停止定时器的。

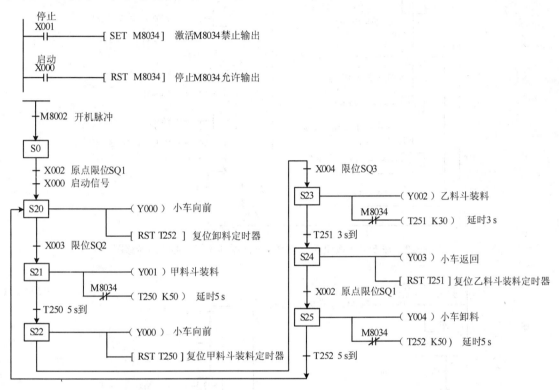

图 6-21　采用 M8034 特殊辅助继电器暂停控制状态转移图

## 6.1.5　运料小车循环完的停止处理

前面的控制程序都采用了手动方式的停止，通常作为控制来说，有时要求按下停止按钮后小车完成一次循环才停止，即完成整个工艺流程后再停止，其状态转移图如图 6-22 所示。从状态转移图的形式可以看出，当小车完成循环后若返回 S20 状态，则小车自动进入下一次循环，返回 S0 状态则必须有启动信号，小车才能进入前进状态。

当然也可以换一种方法，即记忆小车的启动信号，一旦启动，必须运行完成后才能退出，即始终返回 S0 状态，是否继续下一次的运行，则由记忆的启动信号是否存在来决定。若停止按钮按下，则记忆的启动信号被取消，程序就停在 S0 状态等待启动信号。其状态转移图如图 6-23 所示，此方法状态转移图的结构会更简单。

通常控制程序中除了小车完成循环后停止，通常还有一些特殊的停止方式。例如上例中增加停止的特殊要求：小车连续循环，按停止按钮 SB2 小车完成当前运行环节后，立即返回原点，直到碰到 SQ1 开关立即停止，再次按启动按钮 SB1 小车重新运行。

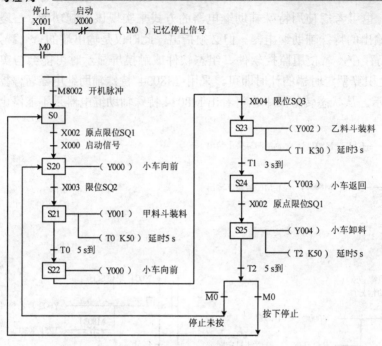

图 6-22　按下停止按钮后小车完成一次循环才停止的状态转移图

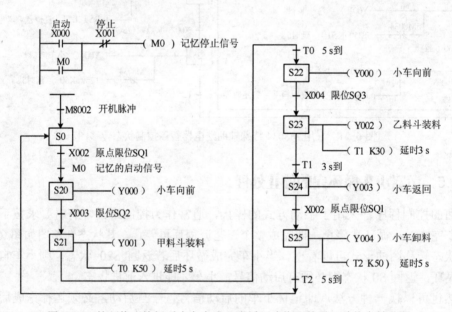

图 6-23　按下停止按钮后小车完成一次循环才停止的另一种状态转移图

　　根据以上要求可知，关键性的问题有两个：一是按下停止按钮要完成当前环节；二是完成当前环节后停止。对于完成后停止只要转入 S0 状态即可，而完成当前环节，则是该状态要进入下一状态的条件满足。采用步进顺控的形式根据工艺要求画出状态转移图，如图 6-24 所示。

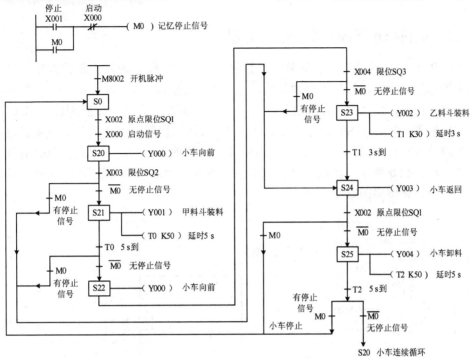

图 6-24　PLC 控制运料小车的状态转移图

根据状态转移图画出梯形图，如图 6-25 所示。

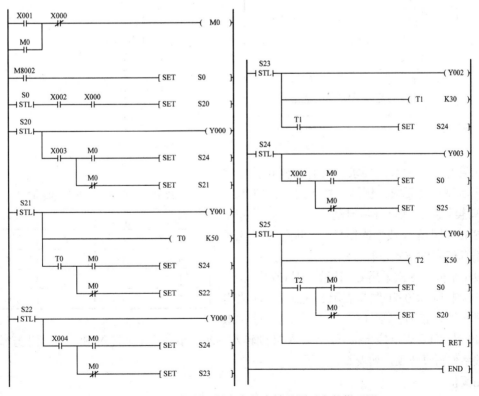

图 6-25　PLC 控制运料小车状态转移图对应的梯形图

### 6.1.6　运料小车循环 *n* 次的停止处理

在实际生产中，通常还会涉及循环次数的问题。解决此类的停止比较方便，只需加入计数器来控制停止即可，其基本原理与循环完停止处理的原理完全一致。要求小车连续做 *n* 次循环后自动停止，只要用计数器进行计数 *n* 次，然后按计数次数未到则转入 S20 进行循环，计数次数到了就转入 S0 等待下次启动即可。其计数次数 *n* 若为定值则只需设定其数值即可，若由外部拨码盘输入，则可采用 BIN 指令转换输入，与前面时间控制时的外部设定时间方式一样，只是将定时器改为计数器而已。例如，要求小车连续做 5 次循环后自动停止，其控制的状态转移图如图 6-26 所示。

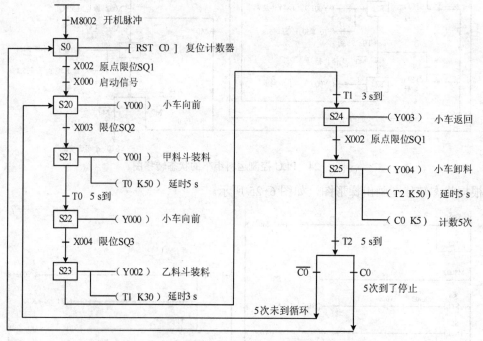

图 6-26　小车连续做 5 次循环后自动停止的状态转移图

如果有循环次数的要求，又有按停止按钮完成循环后停止的要求，例如，按了启动按钮 SB1 后小车连续做 5 次循环后自动停止，中途按停止按钮 SB2 则小车完成一次循环后才能停止，此时可采用真值表的方式进行分析。

设小车循环 5 次采用 C0 计数，则 C0 为 "0" 表示 5 次未到，C0 为 "1" 表示 5 次到了；仍采用 M0 记忆停止信号，则 M0 为 "0" 表示停止未

**表 6-2　根据条件列写的真值表**

| C0 | M0 | S0 | S20 |
|----|----|----|-----|
| 0  | 0  | 0  | 1   |
| 0  | 1  | 1  | 0   |
| 1  | 0  | 1  | 0   |
| 1  | 1  | 1  | 0   |

按，M0 为 "1" 表示停止按下。小车循环则转入 S20，小车停止则转入 S0。根据上述输入、输出关系列写真值表，如表 6-2 所示。

由真值表可得

$$S0 = M0 + C0$$

$$S20=\overline{C0}\cdot\overline{M0}$$

与的关系反映在电路中为串联,或的关系反映在电路中为并联,非的关系反映在电路中为取用常闭触点,绘出该控制要求的状态转移图,如图 6-27 所示。

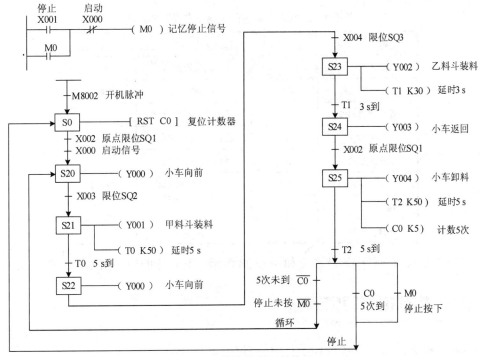

图 6-27 带计数循环的停止

### 6.1.7 工作方式可选的运料小车

启动按钮 SB1 用来开启运料小车,停止按钮 SB2 用来手动停止运料小车,按 S07、S08 选择工作方式按钮(程序每次只读小车到达 SQ2 以前的值),工作方式如表 6-3 所示。

表 6-3 选择工作方式

| 工 作 方 式 | S07 | S08 |
|---|---|---|
| 第一方式 | 0 | 0 |
| 第二方式 | 1 | 0 |
| 第三方式 | 0 | 1 |
| 第四方式 | 1 | 1 |

按启动按钮 SB1 小车从原点启动,KM1 接触器吸合使小车向前直到碰 SQ2 开关。

第一方式:小车停,KM2 接触器吸合使甲料斗装料 5 s,然后小车继续向前运行直到碰 SQ3 开关停,此时 KM3 接触器吸合使乙料斗装料 3 s;

第二方式:小车停,KM2 接触器吸合使甲料斗装料 7 s,小车不再前行;

第三方式:小车停,KM2 接触器吸合使甲料斗装料 3 s,然后小车继续向前运行直到碰 SQ3 开关停,此时 KM3 接触器吸合使乙料斗装料 5 s;

第四方式:小车继续向前运行直到碰 SQ3 开关停,此时 KM3 接触器吸合使乙料斗装料 8 s。

完成以上任何一种方式后,KM4 接触器吸合小车返回原点,直到碰 SQ1 开关停止,

KM5 接触器吸合使小车卸料 5 s 后完成一次循环。在此循环过程中按下 SB2 按钮，小车完成一次循环后停止运行，不然小车完成 3 次循环后自动停止。

设定输入/输出（I/O）分配表，如表 6-4 所示。

表 6-4　工作方式可选的运料小车 I/O 分配表

| 输　　入 | | 输　　出 | |
| --- | --- | --- | --- |
| 输入设备 | 输入编号 | 输出设备 | 输出编号 |
| 启动按钮 SB1 | X000 | 向前接触器 KM1 | Y000 |
| 停止按钮 SB2 | X001 | 甲装料接触器 KM2 | Y001 |
| 开关 SQ1 | X002 | 乙装料接触器 KM3 | Y002 |
| 开关 SQ2 | X003 | 向后接触器 KM4 | Y003 |
| 开关 SQ3 | X004 | 车卸料接触器 KM5 | Y004 |
| 选择按钮 S07 | X005 | | |
| 选择按钮 S08 | X006 | | |

根据工艺要求画出状态转移图，如图 6-28 所示，其对应的梯形图如图 6-29 所示。

# 6.2　PLC 控制花式喷泉系统

某一花式喷泉系统的工作过程示意图如图 6-30 所示。

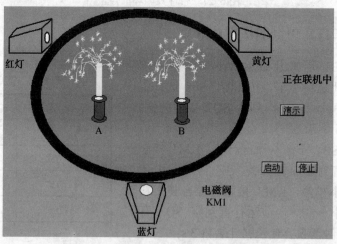

图 6-30　花式喷泉系统的工作过程示意图

花式喷泉系统控制要求如下。

喷水池中有红、黄、蓝三色灯，两个喷水龙头和一个带动龙头移动的电磁阀，按 SB1 启动按钮开始动作，喷水池的动作以 45 s 为一个循环，每 5 s 为一个节拍，如此不断循环，直到按下 SB2 停止按钮后停止。

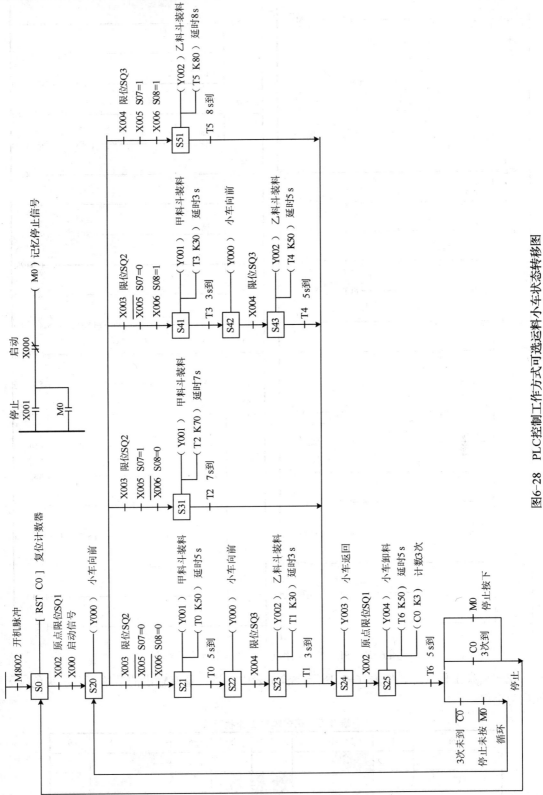

图6-28　PLC控制工作方式可选运料小车状态转移图

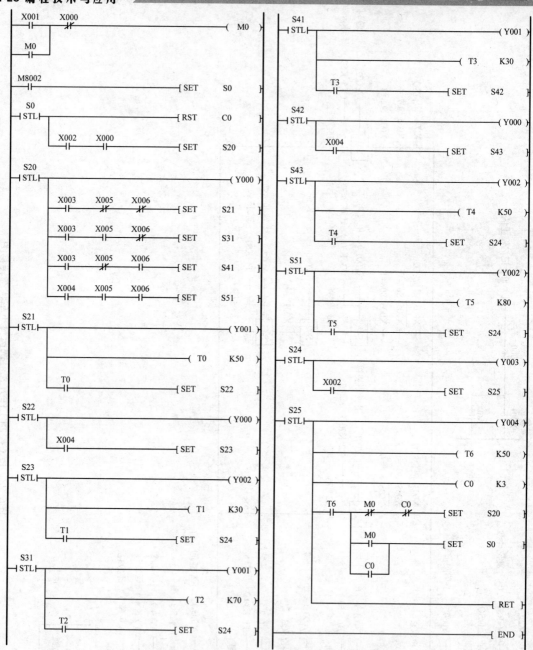

图 6-29　PLC 控制工作方式可选运料小车梯形图

花式喷泉工作状态表如表 6-5 所示，状态表中在该设备有输出的节拍下显示灰色，无输出为空白。

表 6-5　花式喷泉工作状态表

| 设备 | 1 | 2 | 3 | 4 | 5 | 6 | 7 | 8 | 9 |
|---|---|---|---|---|---|---|---|---|---|
| 红灯 | | ■ | | | | | ■ | | |
| 黄灯 | | | | ■ | ■ | | | ■ | |
| | | ■ | ■ | ■ | ■ | | | | |

续表

| 设备 | 1 | 2 | 3 | 4 | 5 | 6 | 7 | 8 | 9 |
|---|---|---|---|---|---|---|---|---|---|
| 喷水龙头 A | | | | | ■ | ■ | ■ | ■ | ■ |
| 喷水龙头 B | | ■ | ■ | | ■ | ■ | ■ | ■ | |
| 电磁阀 | | ■ | ■ | ■ | ■ | ■ | ■ | ■ | |

设定输入/输出（I/O）分配表，如表 6-6 所示。

## 6.2.1　采用时序方式编写喷水池程序

根据表 6-5 画出喷水池控制的时序图，如图 6-31 所示。

表 6-6　花式喷泉系统 I/O 分配表

| 输　入 | |
|---|---|
| 输入设备 | 输入编号 |
| 启动按钮 SB1 | X000 |
| 停止按钮 SB2 | X001 |
| | |
| | |
| | |
| | |
| 输　出 | |
| 输出设备 | 输出编号 |
| 红灯 | Y000 |
| 黄灯 | Y001 |
| 蓝灯 | Y002 |
| 喷水龙头 A | Y003 |
| 喷水龙头 B | Y004 |
| 电磁阀 | Y005 |

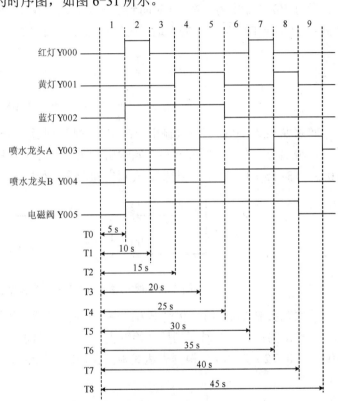

图 6-31　喷水池控制的时序图

由图 6-31 可知，只采用 9 个定时器来进行计时，然后分段找出 Y000～Y005 的通断条件即可。例如，红灯 Y000 第一次输出为：在 T0 时间到后开始输出，在 T1 时间到后停止输出；第二次输出为：在 T5 时间到后开始输出，在 T6 时间到后停止输出。写出其控制表达式：$Y000 = T0 \cdot \overline{T1} + T5 \cdot \overline{T6}$。根据表达式画出梯形图，如图 6-32 所示。

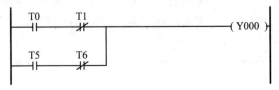

图 6-32　红灯 Y000 的控制程序梯形图

黄灯 Y001 第一次输出为：在 T2 时间到后开始输出，在 T4 时间到后停止输出；第二次输出为：在 T6 时间到后开始输出，在 T7 时间到后停止输出。写出其控制表达式：$Y001 = T2 \cdot \overline{T4} + T6 \cdot \overline{T7}$。根据表达式画出梯形图，如图 6-33 所示。

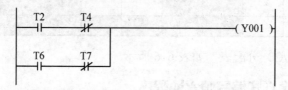

图 6-33  黄灯 Y001 的控制程序梯形图

蓝灯 Y002 输出为：在 T0 时间到后开始输出，在 T4 时间到后停止输出。写出其控制表达式：$Y002 = T0 \cdot \overline{T4}$。根据表达式画出梯形图，如图 6-34 所示。

图 6-34  蓝灯 Y002 的控制程序梯形图

喷水龙头 A Y003 第一次输出为：在 T3 时间到后开始输出，在 T5 时间到后停止输出；第二次输出为：在 T6 时间到后开始输出，在 T8 时间到后停止输出。写出其控制表达式：$Y003 = T3 \cdot \overline{T5} + T6 \cdot \overline{T8}$。根据表达式画出梯形图，如图 6-35 所示。

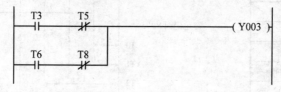

图 6-35  喷水龙头 A Y003 的控制程序梯形图

喷水龙头 B Y004 第一次输出为：在 T0 时间到后开始输出，在 T2 时间到后停止输出；第二次输出为：在 T4 时间到后开始输出，在 T7 时间到后停止输出。写出其控制表达式：$Y004 = T0 \cdot \overline{T2} + T4 \cdot \overline{T7}$。根据表达式画出梯形图，如图 6-36 所示。

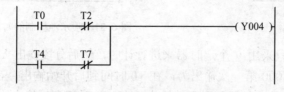

图 6-36  喷水龙头 B Y004 的控制程序梯形图

电磁阀 Y005 输出为：在 T0 时间到后开始输出，在 T8 时间到后停止输出。写出其控制表达式：$Y005 = T0 \cdot \overline{T7}$。根据表达式画出梯形图，如图 6-37 所示。

图 6-37  电磁阀 Y005 的控制程序梯形图

整理上述各输入/输出之间关系，补充定时器的定时电路，可得完整的控制梯形图，如图 6-38 所示。

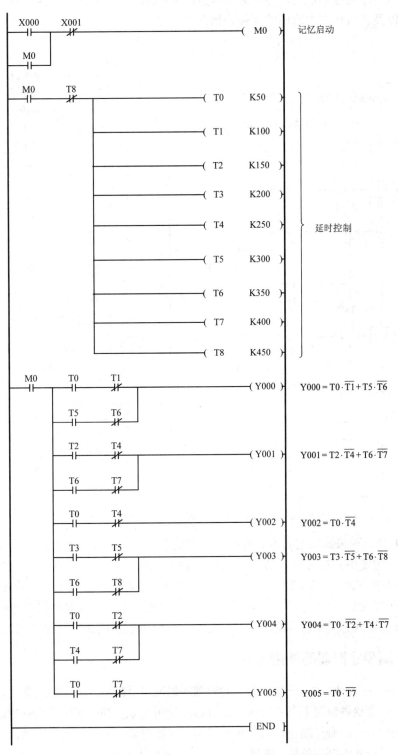

图 6-38　采用时序方式编程的喷水池控制梯形图

### 6.2.2 采用步进顺控方式编写喷水池程序

除了采用时序的控制形式，也可采用步进顺控的形式进行编程，此时只考虑每 5 s 切换一个状态，以及各自状态中输出的元件，如图 6-39 所示。

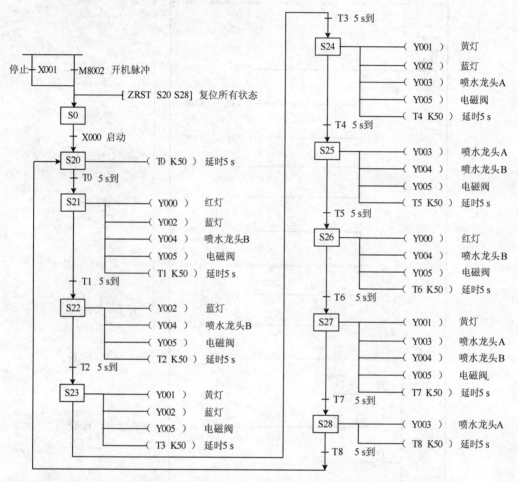

图 6-39 采用步进顺控方式编写喷水池状态转移图

图 6-39 是一种最原始的状态转移图，通常情况下对于连续几个状态都输出同一个元件的情况，可考虑使用置位指令，等到不需要再输出该元件时，再用复位指令将其断开。例如，图 6-39 中的 Y005，从 S21～S27 状态均有输出，则可在 S21 状态中置位 Y005，到 S28 状态中再复位 Y005，而当中的状态自动有 Y005 输出，这样可以简化状态转移图，使输出更简洁一些，如图 6-40 所示。注意，停止时除了复位状态，还必须复位输出。

### 6.2.3 减少定时器的使用个数

在图 6-39、图 6-40 中，采用了多个定时器对时间进行控制，但实际上这些定时器所设定的时间都相同，在这种情况下可考虑减少定时器的使用个数，利用通用非积算型定时器自复位来实现时间的控制。但必须指出，由于采用了同一个定时器，当转换条件相同，会造成程序出错，因此必须采用其他制约条件。如图 6-41 所示，采用上升沿微分的形式来防止转移出错。

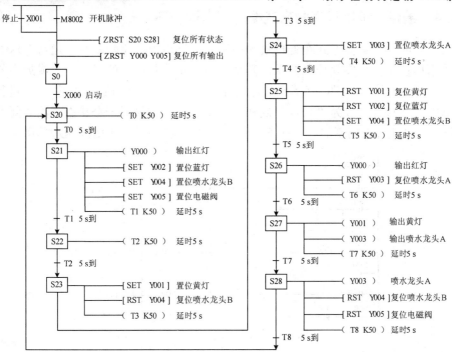

图 6-40　采用步进顺控方式和置位、复位指令配合的喷水池状态转移图

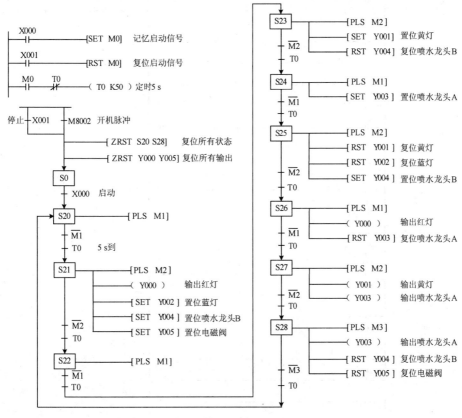

图 6-41　使用单个定时器完成控制的喷水池程序状态转移图

### 6.2.4 采用移位指令控制方式编写喷水池程序

以上分析的几种编程方式在处理喷水池程序的过程中都比较麻烦，通常在这类程序中可考虑采用移位指令来实现控制要求。其基本原理是在数据中的最低位（或最高位）存放一个 "1"，其他位均为 "0"，然后在满足条件的情况下，依次将数据中的 "1" 进行移位，由于数据中始终只有一位为 "1"，每次移位后就相当于转移了一个状态。因此此方法与状态转移图的方法是异曲同工的。根据工艺要求画出控制梯形图，如图 6-42 所示。

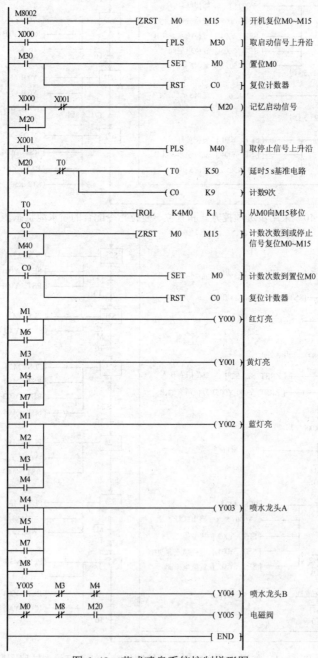

图 6-42 花式喷泉系统控制梯形图

### 6.2.5　采用功能指令数据传送方式编写喷水池程序

在编写 PLC 的程序时，处理程序使用功能指令往往会使程序更加简洁、清楚。例如，喷水池的程序，可换个角度考虑将列表 6-5 转置一下并整理对应的数据，如表 6-7 所示。

表 6-7　节拍与输出的对应关系及数据

| 节拍 | 电磁阀 Y005 | 喷水龙头 B Y004 | 喷水龙头 A Y003 | 蓝灯 Y002 | 黄灯 Y001 | 红灯 Y000 | 转换成 对应数据 |
|---|---|---|---|---|---|---|---|
| 1 | 0 | 0 | 0 | 0 | 0 | 0 | K0 |
| 2 | 1 | 1 | 0 | 1 | 0 | 1 | K53 |
| 3 | 1 | 1 | 0 | 1 | 0 | 0 | K52 |
| 4 | 1 | 0 | 0 | 1 | 1 | 0 | K38 |
| 5 | 1 | 0 | 1 | 1 | 1 | 0 | K46 |
| 6 | 1 | 1 | 1 | 0 | 0 | 0 | K56 |
| 7 | 1 | 1 | 0 | 0 | 0 | 1 | K49 |
| 8 | 1 | 1 | 1 | 0 | 1 | 0 | K58 |
| 9 | 0 | 0 | 1 | 0 | 0 | 0 | K8 |

根据换算的对应数据，可采用 MOV 指令将数据传送到输出端 Y0～Y7，直接进行驱动，其控制梯形图如图 6-43 所示。

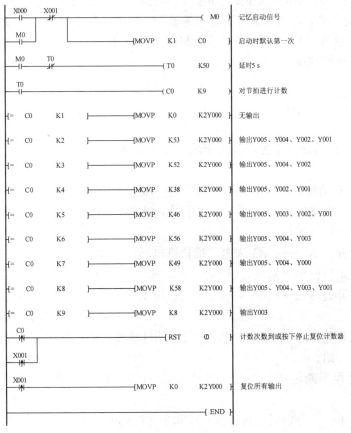

图 6-43　采用功能指令数据传送方式编写喷水池程序控制梯形图

## 知识梳理与总结

本章节中针对两个较为常见的控制系统——运料小车系统和花式喷泉系统进行了分析。

运料小车的控制既可以用启、保、停方式实现，也可以用步进顺控的方式实现。采用启、保、停的控制方式时，需要注意的是每一个输出信号都要认真分析 3 个问题——"启动条件"、"是否需要保持"和"停止条件"。当控制条件较少时，采用启、保、停方式进行编程是比较方便的，但若控制条件较多时，通常采用步进顺控方式编写程序。对实际的控制机构进行控制的时候要充分考虑运行机构的急停、复位、暂停、循环次数和结束运行等方面问题的处理。此外，作为一个典型的控制运行系统，运料小车还可以实现多种运行控制方式，并可以通过选择性分支的程序结构实现在这些工作方式之间的选择控制。

在花式喷泉系统的控制程序设计过程中除了按照工艺分配相应的输入/输出端口外，还要进行控制时序图的分解，并确定相应的定时器和参数设定。也可以将每个时序段划分为独立的状态，然后按照步进顺控的方式完成程序的编写。由于实际控制过程中会涉及很多定时器的使用，当控制过程中出现多个定时器所设定的时间都相同的情况，可考虑减少定时器的使用个数，利用通用非积算型定时器自复位来实现时间的控制。但必须指出，由于采用了同一个定时器，当转换条件相同，会造成程序出错，可以采用上升沿微分的形式来防止转移出错。此外，还可以在程序中采用移位指令，其基本原理是在数据中的最低位（或最高位）存放一个"1"，其他位均为"0"，然后在满足条件的情况下，依次将数据中的"1"进行移位，由于数据中始终只有一位为"1"，每次移位后就相当于转移了一个状态；也可以数据传送方式来实现花式喷泉系统的控制功能。

## 思考与练习6

1. 某加热炉自动送料装置，其工作示意图如图 6-44 所示。加热炉自动送料装置的控制工艺要求如下。

（1）按 SB1 启动按钮→KM1 得电，炉门电动机正转→炉门开。

（2）压限位开关 ST1→KM1 失电，炉门电动机停转；KM3 得电，推料机电动机正转→推料机进，送料入炉到料位。

（3）压限位开关 ST2→KM3 失电，推料机电动机停转，延时 3 s 后，KM4 得电，推料机电动机反转→推料机退到原位。

（4）压限位开关 ST3→KM4 失电，推料机电动机停转；KM2 得电，炉门电动机反转→炉门闭。

（5）压限位开关 ST4→KM2 失电，炉门电动机停转；ST4 常开触点闭合，并延时 3 s 后才允许下次循环开始。

（6）上述过程不断运行，若按下停止按钮 SB2 后，立即停止，再按启动按钮继续运行。

**程序设计要求**：请分别采用启、保、停和步进顺控两种方式实现工艺控制要求。

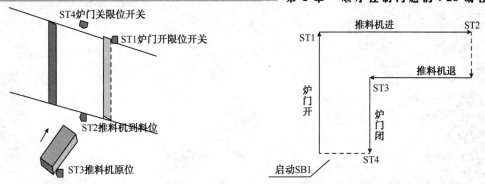

图 6-44　加热炉自动送料装置的工作示意图

2. 某一运输带的工作过程示意图如图 6-45 所示，其控制要求如下。

本系统具有自动工作方式与手动点动工作方式，具体由自动工作与手动点动工作转换开关 K1 选择。

当 K1=1 时为手动点动工作，系统可通过 3 个点动按钮对电磁阀和电动机进行控制，以便对设备进行调整、检修和事故处理。

在自动工作方式时，系统可进行以下控制。

（1）启动时，为了避免在后段运输皮带上造成物料堆积，要求以逆物料流动方向按一定时间间隔顺序启动。

启动顺序：按启动按钮 SB1，第二条输送带的接触器 KM3 吸合启动 M3 电动机，延时 3 s 后，第一条输送带的接触器 KM2 吸合启动 M2 电动机，延时 3 s 后，KM1 吸合，使卸料斗的电磁阀 YV1 吸合。

（2）停止时，卸料斗的电磁阀 YV1 尚未吸合时，皮带 KM2、KM3 可立即停止，当卸料斗的电磁阀 YV1 吸合时，为了使运输皮带上不残留物料，要求顺物料流动方向按一定时间间隔顺序停止。

停止顺序：按 SB2 停止按钮，卸料斗的电磁阀 KM1 断开，延时 6 s 后，第一条输送带的电磁阀 KM2 断开，此后再延时 6 s，第二条输送带的电磁阀 KM3 断开。

（3）故障停止：在正常运转中，当第二条输送带电动机故障时（热继电器 FR2 触点断开），卸料斗、第一条、第二条输送带同时停止。当第一条输送带电动机故障时（热继电器 FR1 触点断开），卸料斗、第一条输送带同时停止，经 6 s 延时后，第二条输送带再停止。

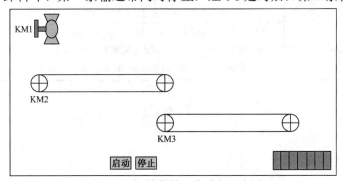

图 6-45　运输带的工作过程示意图

**程序设计要求**：请分别采用启、保、停和步进顺控两种方式实现工艺控制要求。

# 第7章

# 传感器应用与定位问题
# 的处理

## 教学导航

PLC 控制的输送带分拣装置和 PLC 控制机械手是工业控制系统中常见的控制机构，其中的很多检测信号是通过传感器进行采集和传输的。由于各专业教学计划安排的差异性，可能出现学习本章节内容时还没有学习过有关传感器的相关内容，教师授课过程中应适当考虑到这些方面的因素。此外，两个机构控制过程相对复杂，学生在以往知识结构的基础上可以独立完成基本控制（每节的第一部分内容），后续内容需要教师分析讲解，有条件的能够在实验或者实训设备上讲解验证。各部分学习章节、参考课时及教学建议如下所示。

| 章　节 | 参考课时 | 教学建议 |
|---|---|---|
| 7.1 PLC 控制分拣传送带 | 6 | 7.1.1 节、7.1.2 节的内容建议参考授课课时为 2 课时。学生基本上可以独立完成 7.1.1 节，7.1.2 节由教师适当启发讲解，并在实践装置上运行 |
| | | 7.1.3 节、7.1.4 节的内容建议参考授课课时为 2 课时。课前由教师预留资料查询和程序阅读的作业，课上请同学讨论对相关功能的理解，再进行讲解 |
| | | 7.1.5 节的内容建议参考授课课时为 2 课时。旋转编码器是学生日常难以接触到的工业检测器件，教师在讲授编程之前应当结合实物讲解一下旋转编码器的功能和用途；高速计数器是比较不好理解的内容，教师要结合实际的应用，由浅入深地讲解 |

续表

| 章　节 | 参考课时 | 教 学 建 议 |
|---|---|---|
| 7.2　PLC 控制机械手 | 6 | 7.2.1 节的内容建议授课课时为 2 课时。对于机械手的基本控制功能，学生可以独立完成步进顺控的程序编写。重点放在启发学生理解掌握急停的功能、应用原因及如何实现等 |
| | | 7.2.2 节的内容建议授课课时为 2 课时。课前应当预留步进电动机的功能结构和应用等内容的资料查询任务。课上主要讲解如何实现 PLC 控制步进电动机的实现，以及如何实现在暂停出现时存储已经发送的脉冲，等再次启动时，用设定脉冲减去已发送的脉冲之差，作为机械手新的控制脉冲 |
| | | 7.2.3 节的内容建议授课课时为 2 课时。这部分内容和 7.2.2 节有一定联系，对学生而言也有一定的难度，希望通过讲解与实践操作相结合的方式能够使学生建立一定的断电保持功能实现的设计思路 |

随着社会生产力的发展，PLC 技术与传感器技术的发展与融合已成为当代工业控制发展非常重要的标志。传感器是将各种自然科学和工程技术中的非电信号，包括物理、化学、生物、机械、土木、化工等信号转换成电信号的器件；PLC 则可以接收来自传感器传送的各种现场检测信号，并完成各种相应的生产操作与工艺流程。在实际的控制电路中，我们经常要用到传感器，常见的传感器有光电传感器、接近式传感器和磁感应传感器等。

# 7.1　PLC 控制分拣输送带

PLC 控制的分拣输送带装置如图 7-1 所示，其控制要求如下。

某生产线生产金属圆柱形和塑料圆柱形两种元件，该生产线的分拣设备的任务是将金属元件、白色塑料元件和黑色塑料元件进行分拣。

按下启动按钮 SB1，设备启动。当落料传感器检测到有元件投入落料口时，皮带输送机按由位置 A 向位置 C 的方向运行，拖动皮带输送机的三相交流电动机运行。

若投入的元件是金属元件，则送达位置 A 时，皮带输送机停止，由位置 A 的汽缸活塞杆伸出将金属元件推入出料斜槽 1，然后汽缸活塞杆自动缩回复位。

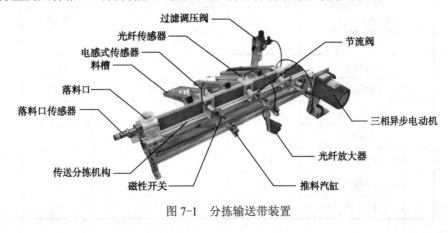

图 7-1　分拣输送带装置

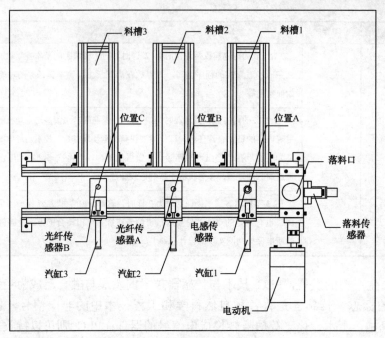

图 7-1　分拣输送带装置（续）

若投入的元件是白色塑料元件，则送达位置 B 时，皮带输送机停止，由位置 B 的汽缸活塞杆伸出将白色塑料元件推入出料斜槽 2，然后汽缸活塞杆自动缩回复位。

若投入的元件是黑色塑料元件，则送达位置 C 时，皮带输送机停止，由位置 C 的汽缸活塞杆伸出将黑色塑料元件推入出料斜槽 3，然后汽缸活塞杆自动缩回复位。

在位置 A、B 或 C 的汽缸活塞杆复位后，才可向皮带输送机上放入下一个待分拣的元件。按下停止按钮，则在元件分拣完成后自动停止。

设定输入/输出（I/O）分配表，如表 7-1 所示。

表 7-1　PLC 控制分拣输送带的 I/O 分配表

| 输　　入 | | 输　　出 | |
| --- | --- | --- | --- |
| 输入设备 | 输入编号 | 输出设备 | 输出编号 |
| 启动按钮 SB1 | X000 | 输送带电动机 | Y000 |
| 停止按钮 SB2 | X001 | 汽缸 1 推出 | Y001 |
| 落料传感器 | X002 | 汽缸 2 推出 | Y002 |
| 电感传感器 | X003 | 汽缸 3 推出 | Y003 |
| 光纤传感器 A | X004 | | |
| 光纤传感器 B | X005 | | |
| 汽缸 1 推出磁性开关 | X006 | | |
| 汽缸 1 缩回磁性开关 | X007 | | |
| 汽缸 2 推出磁性开关 | X010 | | |

| 输　　入 | | 输　　出 | |
|---|---|---|---|
| 输入设备 | 输入编号 | 输出设备 | 输出编号 |
| 汽缸 2 缩回磁性开关 | X011 | | |
| 汽缸 3 推出磁性开关 | X012 | | |
| 汽缸 3 缩回磁性开关 | X013 | | |

### 7.1.1　分拣输送带简单分拣处理程序

要实现上述分拣输送带的工作过程，首先要对传感器进行设定和调整，落料传感器通常采用电容式的接近开关，应调整为既能检测到金属元件，又能检测到白塑料元件和黑朔料元件的状态。通常这类传感器对上述三类元件的敏感程度依次为金属元件、白色塑料元件、黑色塑料元件，因此只需调整为投入黑色塑料元件能检测到即可。电感传感器只能用于检测金属元件，因此调整为检测到金属元件即可。

光纤传感器的放大器如图 7-2 所示，调节其中部的 8 旋转灵敏度高速旋钮可进行放大器灵敏度的调节。调节时可看到"入光量显示灯"发光情况的变化。当检测到物料时，"动作显示灯"会发光，用以提示检测到物料。

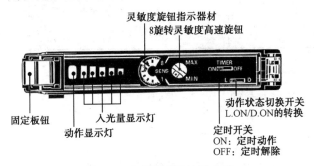

图 7-2　光纤传感器的放大器

光纤传感器 A 调整灵敏度为可检测白色塑料元件，注意此时光纤传感器 A 也能检测到金属元件。光纤传感器 B 调整灵敏度为可检测黑色塑料元件，注意此时光纤传感器 B 也能检测到金属元件和白色塑料元件。

调整好各类传感元件后，由于金属元件推入出料斜槽 1，则光纤传感器 A 只可能检测到白色塑料元件，同理光纤传感器 B 只可能检测到黑色塑料元件，因此编程较为简单。按照工艺控制要求编写状态转移图，如图 7-3 所示。

### 7.1.2　分拣输送带自检处理程序

将分拣输送带的控制要求改变如下。

按下启动按钮 SB1，设备启动。当落料传感器检测到有元件投入落料口时，皮带输送机按由位置 A 向位置 C 的方向运行，拖动皮带输送机的三相交流电动机的运行。

若投入元件的是金属元件，则送达位置 B 时，皮带输送机停止，由位置 B 的汽缸活塞杆伸出将金属元件推入出料斜槽 2，然后汽缸活塞杆自动缩回复位。

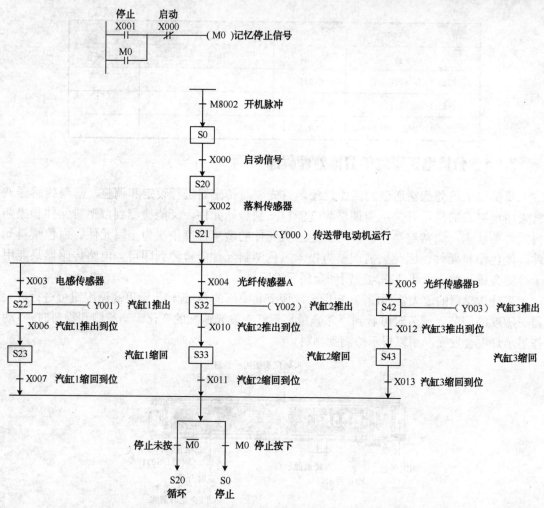

图 7-3　分拣输送带简单分拣处理程序的状态转移图

　　若投入元件是白色塑料元件，则送达位置 C 时，皮带输送机停止，由位置 C 的汽缸活塞杆伸出将白色塑料元件推入出料斜槽 3，然后汽缸活塞杆自动缩回复位。

　　若投入元件是黑色塑料元件，则送达位置 A 时，皮带输送机停止，由位置 A 的汽缸活塞杆伸出将黑色塑料元件推入出料斜槽 1，然后汽缸活塞杆自动缩回复位。

　　在位置 A、B 或 C 的汽缸活塞杆复位后，才可向皮带输送机上放入下一个待分拣的元件。按下停止按钮，则在元件分拣完成后自动停止。

　　根据上述工艺要求，可使用原有的 I/O 分配，但控制程序将麻烦很多。例如，由于黑色塑料元件要在 A 位置推入出料斜槽 1，则必须在 A 位置就判断出投入的元件是否是黑色塑料元件。

　　此时，可借用落料传感器和电感传感器在 A 位置判别元件的属性。落料传感器为电容传感器，它对金属元件与白色塑料元件的敏感度差不多，但对黑色塑料元件的灵敏度明显低于金属元件与白色塑料元件。即黑色塑料元件、白色塑料元件、金属元件分别投入落料口后，随分拣输送带转动而远离最先电容传感器时，最先消失信号的就是黑色塑料元件，

其他为金属元件或白色塑料元件。当元件进入电感传感器的下方，若电感传感器检测出有信号，此时即为金属元件，若检测不到，则此时的元件为白色塑料元件。根据此规则，在 A 位置就可判断出投入的元件属性。

假设分拣输送带转动后，黑色塑料元件在 0.4 s 后落料传感器就检测不到，而元件在 0.9 s 后一定会运行到电感传感器下方，编写控制梯形图如图 7-4 所示。图 7-4 中，当落料传感器检测到投入元件时置位 M0，利用 M0 保持进行计时，分别用 T0 计时 0.4 s、T1 计时 0.9 s、T2 计时 1.3 s，0.4 s 到的瞬间，落料传感器检测不到元件，则该元件为黑色塑料元件，落料传感器仍检测到元件，则该元件为白色塑料元件或金属元件。0.9 s 到的瞬间，对白色塑料元件或金属元件用电感传感器检测，检测不到，则为白色塑料元件；检测到，则为金属元件。1.3 s 到时复位记忆元件 M0。

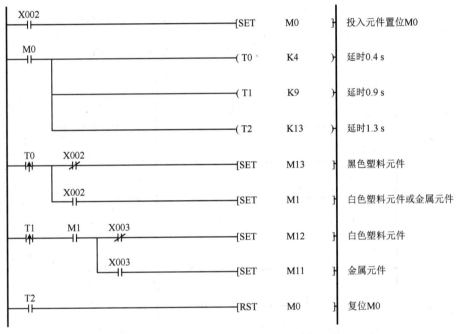

图 7-4　在位置 A 判断元件属性的梯形图

图 7-4 的检测使用了三个定时器，也可采用如图 7-5 所示的形式，用一个定时器解决问题。

检测的方式多种多样，可换个角度考虑，认为投入元件后，落料传感器检测到的元件假定为黑色塑料元件，0.4 s 后仍能被落料传感器检测的话，则认为是白色元件，0.9 s 时被电感传感器检测到的话，则为金属元件。用排除假设的方法在位置 A 判断元件属性的梯形图如图 7-6 所示。当落料传感器检测到投入元件时置位 M0，利用 M0 保持进行计时，分别用 T0 计时 0.4 s、T1 计时 0.9 s、T2 计时 1.3 s，直接设定该元件为黑色塑料元件，0.4 s 到的瞬间，落料传感器仍检测到元件，则该元件为白色塑料元件，清除原有黑色塑料元件的设定，检测不到说明设定正确。0.9 s 到的瞬间，电感传感器检测，检测到则为金属元件，清除原有白色塑料元件的设定，检测不到说明设定正确。1.3 s 到时复位记忆元件 M0。

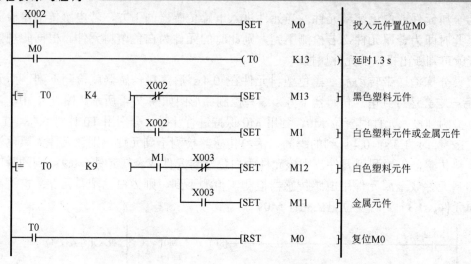

图 7-5　用一个定时器在位置 A 判断元件属性的梯形图

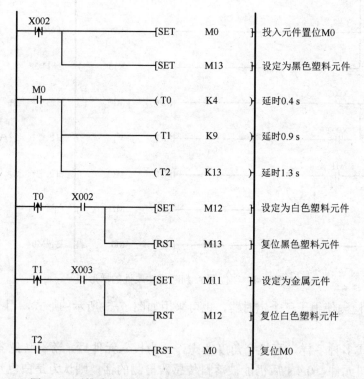

图 7-6　用排除假设的方法在位置 A 判断元件属性的梯形图

　　上述程序中的两个时间 0.4 s、0.9 s 是预先假定的，以上的检测方式其准确性来源于时间，而该时间跟传感器的安装位置、调整的灵敏度都有关，想要得到准确的时间值须反复调试、测试。在实际控制程序中，人们通常采用的自检方式是用机器来测试时间，调整时间，可采用两次投料检测时间。时间自检梯形图如图 7-7 所示。只要依次投入金属元件一次，黑色塑料元件一次，即可获取 D0、D1 两个时间数据，将图 7-4～图 7-6 中 K4 用 D0 替代，K9 用 D1 替代，即可以实现时间的自动检测设定。另外，若输送带运行速度太快，

则可考虑用 0.01 s 的定时器完成该工作。

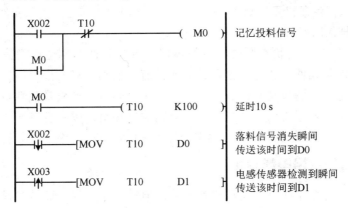

图 7-7 时间自检梯形图

将自检程序、元件识别程序用 X020 输入进行隔离，按下 X020 输入进行自检，松开 X020 输入进行元件识别。带自检处理程序的在位置 A 判断元件属性的梯形图如图 7-8 所示。注意，自检时必须依次投入金属元件一次，黑色塑料元件一次，顺序不可颠倒，否则会出错。

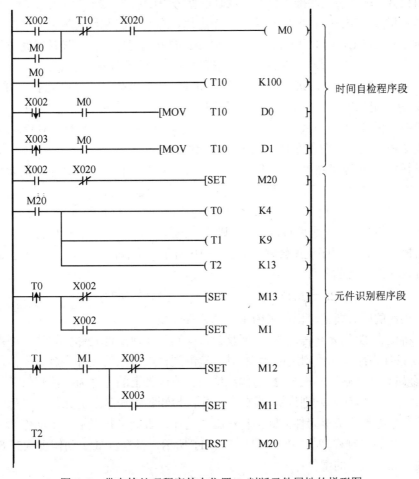

图 7-8 带自检处理程序的在位置 A 判断元件属性的梯形图

图 7-8 配合图 7-9 所示的分拣状态转移图，即可实现：投入金属元件送达位置 B，推入出料斜槽 2；投入白色塑料元件则送达位置 C，推入出料斜槽 3；投入元件是黑色塑料元件则送达位置 A，推入出料斜槽 1。

必须指出，图 7-9 的状态图中，只是体现了各类元件的到位检测信号。但实际应用中，传感器检测的是元件的边缘，因此各类元件若要准确的推入出料斜槽，在各元件进入推料状态后还要进一步调整延时控制电动机的停止。同时电动机是惯性负载，停止信号发出后是否立即停止，还跟驱动电动机的变频器的输出频率，以及变频器的下降时间参数有关。图 7-9 中，假定 1 s 电动机运行，输送元件到达位置出料斜槽 1 的位置。

### 7.1.3 分拣输送带单料仓包装

输送带的单一属性元件分拣通常较为简单，但实际生产中，通常对料仓组合包装提出如下要求。

通过皮带输送机位置的进料口到达输送带上的元件，分拣的方式为：放入输送带上金属、白色塑料或黑色塑料中每种元件的第一个，由位置 A 的汽缸 1 推入出料斜槽 1；每种元件第二个由位置 B 的汽缸 2 推入出料斜槽 2；每种元件第二个以后的则由位置 C 的汽缸 3 推入出料斜槽 3。每次将元件推入斜槽，汽缸活塞杆缩回后，从进料口放入下一个元件。

当出料斜槽 1 和出料斜槽 2 中各有 1 个金属、白色塑料和黑色塑料元件时，设备停止运行，此时指示灯 HL1（Y004）按亮 1 s、灭 1 s 的方式闪烁，指示设备正在进行包装。包装时间规定为 5 s，完成包装后，设备继续运行进行下一轮的分拣与包装。

按照该控制要求则必须进一步知道每根出料斜槽中放入了哪些元件。采用 M11、M12、M13 分别记忆输送带上的金属、白色塑料、黑色塑料元件；采用 M21、M22、M23 分别记忆出料斜槽 1 中的金属、白色塑料、黑色塑料元件；采用 M31、M32、M33 分别记忆出料斜槽 2 中的金属、白色塑料、黑色塑料元件。

则出料斜槽 1 的驱动条件为：当元件到达位置 A 时，检测到输送带上的元件为金属元件，当出料斜槽 1 中无金属元件，则推料汽缸 1 动作；检测到输送带上的元件为白色塑料元件，当出料斜槽 1 中无白色塑料元件，则推料汽缸 1 动作；检测到输送带上的元件为黑色塑料元件，当出料斜槽 1 中无黑色塑料元件，则推料汽缸 1 动作；否则推料汽缸 1 不动作。

出料斜槽 1 的控制程序状态转移图如图 7-10 所示，推料汽缸 1 动作由状态 S22 控制，则可得出进入 S22 状态的条件：

$$S22 = (M11 \cdot \overline{M21} + M12 \cdot \overline{M22} + M13 \cdot \overline{M23}) \cdot T3$$

驱动汽缸 1 动作的同时要记忆出料斜槽 1 中的元件性质。

此时，将位置 B 的光纤传感器 A 调整为可检测到任何属性元件。同理，可得出出料斜槽 2 的驱动条件为：当元件到达位置 B 时，检测到输送带上的元件为金属元件，当出料斜槽 2 中无金属元件，则推料汽缸 2 动作；检测到输送带上的元件为白色塑料元件，当出料斜槽 2 中无白色塑料元件，则推料汽缸 2 动作；检测到输送带上的元件为黑色塑料元件，当出料斜槽 2 中无黑色塑料元件，则推料汽缸 2 动作；否则推料汽缸 2 不动作。

出料斜槽 2 的控制程序状态转移图如图 7-11 所示，推料汽缸 2 动作由状态 S32 控制，则可得出进入 S32 状态的条件：

$$S32 = (M11 \cdot \overline{M31} + M12 \cdot \overline{M32} + M13 \cdot \overline{M33}) \cdot X004$$

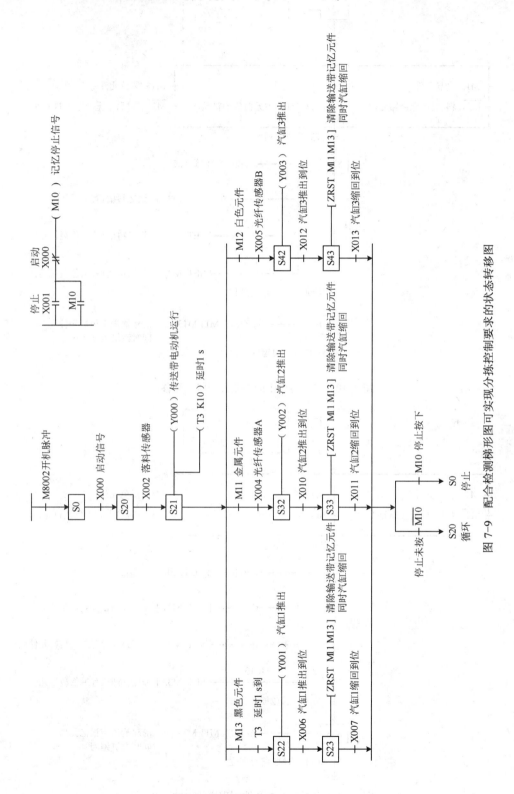

图 7-9　配合检测梯形图可实现分拣控制要求的状态转移图

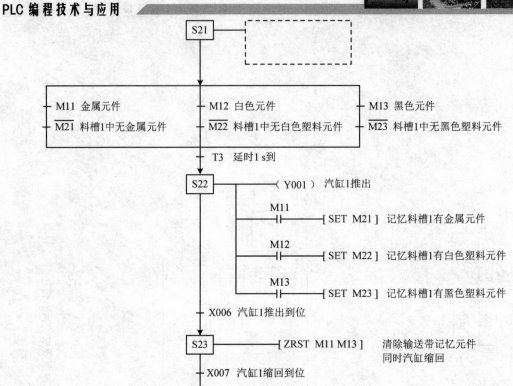

图 7-10　出料斜槽 1 的控制程序状态转移图

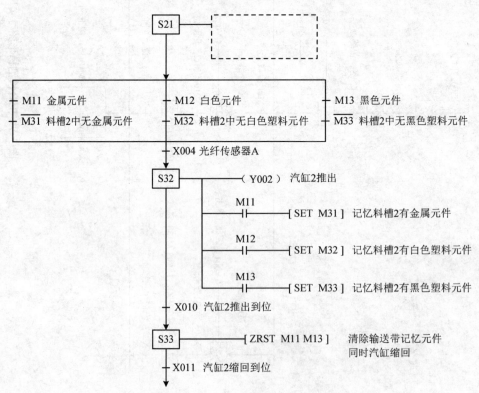

图 7-11　出料斜槽 2 的控制程序状态转移图

驱动汽缸 2 动作的同时要记忆出料斜槽 2 中的元件性质。

此时，将位置 C 的光纤传感器 B 调整为可检测到任何属性元件，则出料斜槽 3 的驱动条件很简单，只要检测到有元件就可推出，同时也无须记忆元件的属性。出料斜槽 3 的控制程序状态转移图如图 7-12 所示。

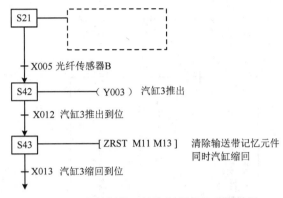

图 7-12 出料斜槽 3 的控制程序状态转移图

将自检程序、元件识别程序仍按图 7-8 所示梯形图控制，配合检测梯形图，将上述 3 个出料斜槽控制状态转移图合并，完成的状态转移图如图 7-13 所示。

## 7.1.4 分拣输送带多料仓包装与报警

在实际生产中，除了采用上述单出料斜槽包装，为了提高包装的效率，通常还采用多料仓组合包装，其控制要求如下。

通过皮带输送机位置的进料口到达输送带上的元件，分拣的方式：白色塑料元件由位置 A 的汽缸 1 推入出料斜槽 1；黑色塑料元件由位置 B 的汽缸 2 推入出料斜槽 2；金属元件由位置 C 的汽缸 3 推入出料斜槽 3。每次将元件推入斜槽，汽缸活塞杆缩回后，从进料口放入下一个元件。

当出料斜槽 1~3 中各有 2 个元件时，设备停止运行，此时指示灯 HL1（Y004）按亮 1 s、灭 1 s 的方式闪烁，指示设备正在进行包装。包装时间规定为 5 s，完成包装后，设备继续运行进行下一轮的分拣与包装。当一个出料斜槽中元件达到 6 个时，报警灯 HL2（Y005）亮，提醒操作人员观察出料斜槽元件，投放其他元件。

按控制要求分析，出料斜槽 1 的驱动条件：当元件到达位置 A 时，检测到输送带上的元件为白色塑料元件，则推料汽缸 1 动作；否则，推料汽缸 1 不动作。

出料斜槽 1 的控制程序状态转移图如图 7-14 所示，推料汽缸 1 动作由状态 S22 控制，则可得出进入 S22 状态的条件：

$$S22 = M12 \cdot T3$$

驱动汽缸 1 动作的同时，用数据寄存器 D22 记忆出料斜槽 1 中的元件个数。

此时，将位置 B 的光纤传感器 A 调整为可检测到任何属性元件，同理可得出出料斜槽 2 的驱动条件：当元件到达位置 B 时，检测到输送带上的元件为黑色塑料元件，则推料汽缸 2 动作；否则，推料汽缸 2 不动作。

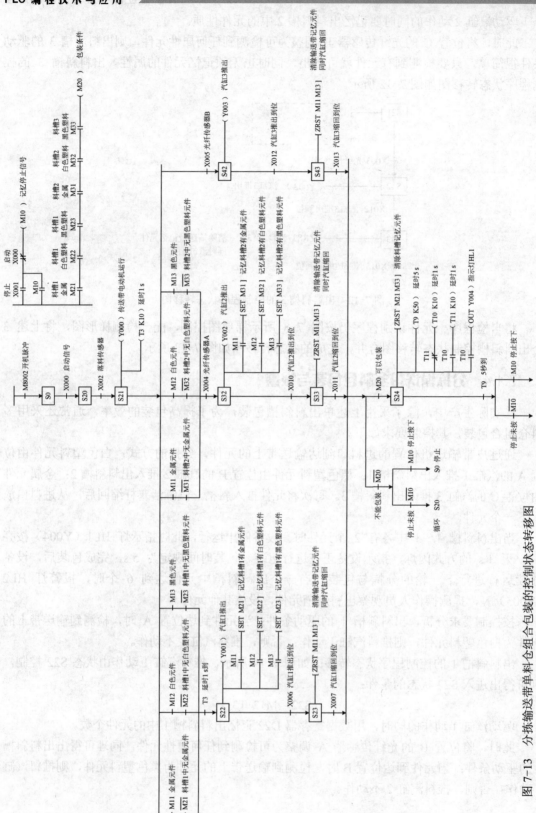

图 7-13　分拣输送带单料仓组合包装的控制状态转移图

出料斜槽 2 的控制程序状态转移图如图 7-15 所示，推料汽缸 2 动作由状态 S32 控制，则可得出进入 S32 状态的条件：

$$S32 = M13 \cdot X004$$

驱动汽缸 2 动作的同时，用数据寄存器 D23 记忆出料斜槽 2 中的元件个数。

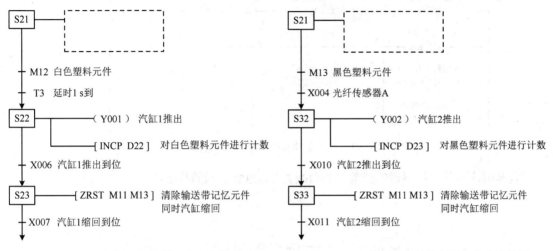

图 7-14　出料斜槽 1 的控制程序状态转移图　　　图 7-15　出料斜槽 2 的控制程序状态转移图

此时，将位置 C 的光纤传感器 B 调整为可检测到任何属性元件，则出料斜槽 3 的驱动条件：当元件到达位置 C 时，检测到输送带上的元件为金属元件，则推料汽缸 3 动作；否则，推料汽缸 3 不动作。

出料斜槽 3 的控制程序状态转移图如图 7-16 所示，推料汽缸 3 动作由状态 S42 控制，则可得出进入 S42 状态的条件：

$$S42 = M11 \cdot X005$$

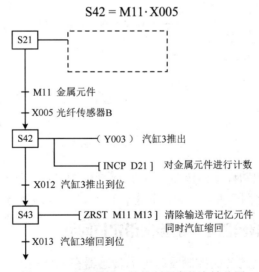

图 7-16　出料斜槽 3 的控制程序状态转移图

驱动汽缸 3 动作的同时，用数据寄存器 D21 记忆出料斜槽 3 中的元件个数。

这种控制要求实际是要求编程人员对各出料斜槽中的元件进行计数处理，当各出料斜槽有满足要求时，再进行包装。当某根出料斜槽计数值达到 6 时，产生报警信号，其控制梯形图如图 7-17 所示。

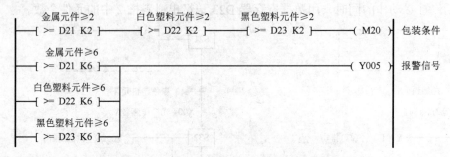

图 7-17　判别包装条件与产生报警信号的控制梯形图

包装时应将各出料斜槽的计数值各自减去 2。包装控制的状态转移图如图 7-18 所示。

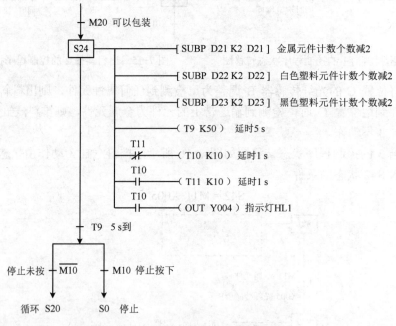

图 7-18　包装控制的状态转移图

将自检程序、元件识别程序仍按图 7-8 所示梯形图控制，配合检测梯形图，将上述三个出料斜槽控制状态转移图合并，完成的状态转移图如图 7-19 所示。

### 7.1.5　采用旋转编码器定位的输送带定位问题

必须指出，前面提到的各类控制没有考虑传感器在元件边缘就检测到信号的问题，如要保证推料准确，还要根据实际应用中电动机的制动时间进行适当的延时。若要实现准确的控制，在工业上均采用旋转编码器发高速脉冲，通过 PLC 的高速计数器进行计数定位控制，带有旋转编码器的输送带如图 7-20 所示。

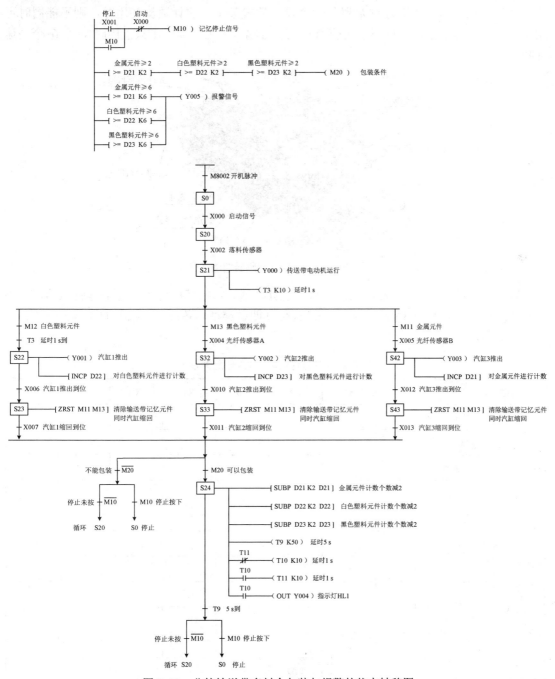

图 7-19 分拣输送带多料仓包装与报警的状态转移图

旋转光电编码器用于检测角度位置，也可通过机械传动转换成直线运动来检测线性位置。按脉冲与对应位置（角度）的关系，旋转光电编码器通常分为增量式光电旋转编码器、绝对式光电旋转编码器及混合式光电编码器。

高速计数器采用独立于扫描周期的中断方式工作。三菱 FX2N 系列 PLC 提供了 21 个高速计数器，元件编号为 C235～C255。这 21 个高速计数器在 PLC 中共享 X0～X5 这 6 个高速计数器的输入端。当高速计数器的一个输入端被某个高速计数器使用时，则不能同时再用于另一个高速计数器，也不能再作为其他信号输入使用，即最多只能同时使用 6 个高速计数器。

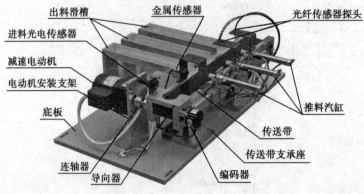

图 7-20　带有旋转编码器的输送带

高速计数器分为 1 相无启动/复位型高速计数器、1 相带启动/复位型高速计数器、2 相双向型高速计数器和 2 相 A-B 相型高速计数器四种类型。各高速计数器的输入分配关系，如表 7-2 所示。

表 7-2　高速计数器的输入分配关系表

| 输入端 | | X0 | X1 | X2 | X3 | X4 | X5 | X6 | X7 |
|---|---|---|---|---|---|---|---|---|---|
| 1 相无启动/复位 | C235 | U/D | | | | | | | |
| | C236 | | U/D | | | | | | |
| | C237 | | | U/D | | | | | |
| | C238 | | | | U/D | | | | |
| | C239 | | | | | U/D | | | |
| | C240 | | | | | | U/D | | |
| 1 相带启动/复位 | C241 | U/D | R | | | | | | |
| | C242 | | | U/D | R | | | | |
| | C243 | | | | | U/D | R | | |
| | C244 | U/D | R | | | | | S | |
| | C245 | | | U/D | R | | | | S |
| 2 相双向 | C246 | U | D | | | | | | |
| | C247 | U | D | R | | | | | |
| | C248 | | | | U | D | R | | |
| | C249 | U | D | R | | | | S | |
| | C250 | | | | U | D | R | | S |

| | | | | | | | | |
|---|---|---|---|---|---|---|---|---|
| 2 相 A-B 相型 | C251 | A | B | | | | | |
| | C252 | A | B | R | | | | |
| | C253 | | | | A | B | R | |
| | C254 | A | B | R | | | | S |
| | C255 | | | | A | B | R | S |

注意：U 表示增计数器，D 表示减计数器，R 表示复位输入，S 表示启动输入，A 表示 A 相输入，B 表示 B 相输入。X6 与 X7 也是高速输入端，但只能用于启动或复位，不能用于高速输入信号。

以 1 相无启动/复位型高速计数器为例，如图 7-21 所示，其包含 C235～C240 共 6 点，均为 32 位高速双向计数器，计数信号输入做增计数与减计数由特殊辅助继电器 M8235～M8240 对应设置。例如，M8235 为 ON，则设置 C235 减计数，M8235 为 OFF，则设置 C235 加计数。增计数时，当计数器达到设定值时其触点动作并保持；减计数时，当计数器达到设定值时其触点复位。注意，此时 X000 作为计数的输入端接旋转编码器，不能再做其他用途。

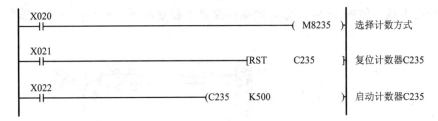

图 7-21　1 相无启动/复位型高速计数器应用

三菱 FX2N 系列 PLC 中有关高速计数处理的指令主要有三条，即比较置位指令 HSCS、比较复位指令 HSCR、区间比较指令 HSZ。

以比较置位指令 HSCS 为例，高速计数器是根据计数输入的 OFF→ON 以中断方式计数。计数器的当前值等于设定值时，计数器的输出触点立即工作。受扫描周期影响的高速计数如图 7-22 所示，向外部输出与顺控有关，受扫描周期的影响。

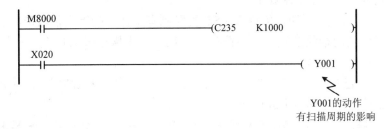

图 7-22　受扫描周期影响的高速计数

使用 HSCS 指令，能中断处理比较、外部输出。所以 HSCS 指令的当前值变为 999→1000 或 1001→1000 时，Y001 立即置位，如图 7-23 所示。

在希望立即向外部输出高数计数器的当前值比较结果时，使用 HSCS。但是，梯形图指

定的软元件向外部输出若依靠程序，就与最初的情况一样，受扫描周期的影响，在 END 处理后驱动输出。

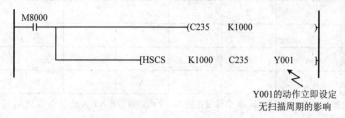

图 7-23　立即输出的高速计数方式

这些指令在脉冲输入时比较结果动作。比较置位指令 HSCS、比较复位指令 HSCR、区间比较指令 HSZ 与普通指令一样可以多次使用，但这些指令同时驱动的个数限制在 6 个指令以下。

## 7.2　PLC 控制机械手

PLC 控制机械手如图 7-24 所示，根据控制要求和输入/输出端口配置表来编制 PLC 控制程序。

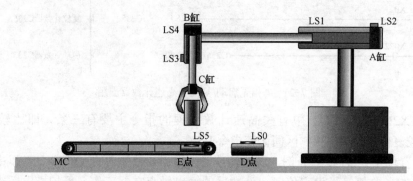

图 7-24　PLC 控制机械手

PLC 控制机械手的控制要求如下。

传送带将工件输送至 E 处，传感器 LS5 检测到有工件，则停止传送带，由机械手从原点（为右上方所达到的极限位置，其右限位开关闭合，上限位开关闭合，机械手处于夹紧状态）把工件从 E 处搬到 D 处。

当工件处于 D 处上方准备下放时，为确保安全，用光电开关 LS0 检测 D 处有无工件。只有在 B 处无工件时才能发出下放信号。

机械手工作过程：启动机械手左移到 E 处上方—下降到 E 处位置—夹紧工件—夹住工件上升到顶端—机械手横向移动到右端，进行光电检测—下降到 D 处位置—机械手放松，把工件放到 D 处—机械手上升到顶端—机械手横向移动返回到左端原点处。

### 7.2.1　简单机械手（单作用汽缸）的急停

要求按启动按钮 SB1 后，机械手连续做循环；中途按停止按钮 SB2，机械手完成本次循

环后停止。为保证操作安全设定急停按钮 SB3，按下急停按钮机械手立即停止运行，处理完不安全因素，再松开急停按钮 SB3，机械手继续将工件搬运至 D 处，回到原点后停止。

设定输入/输出分配表，如表 7-3 所示。

**表 7-3　PLC 控制机械手的 I/O 分配表**

| 输　入 | | 输　出 | |
| --- | --- | --- | --- |
| 输入设备 | 输入编号 | 输出设备 | 输出编号 |
| 启动按钮 SB1 | X010 | 传送带 | Y000 |
| 停止按钮 SB2 | X011 | 左移电磁阀 | Y001 |
| 急停按钮 SB3（常闭） | X012 | 下降电磁阀 | Y002 |
| 光电检测开关 LS0 | X000 | 放松电磁阀 | Y003 |
| 左移到位 LS1 | X001 | | |
| 右移到位 LS2 | X002 | | |
| 下降到位 LS3 | X003 | | |
| 上升到位 LS4 | X004 | | |
| 工件检测 LS5 | X005 | | |
| 夹紧到位 LS6 | X006 | | |
| 放松到位 LS7 | X007 | | |

由输入/输出分配表中输出部分可看出，该机械手采用的是单电控的电磁阀控制，根据控制要求中的急停要求，按下急停按钮 SB3，机械手立即停止运行，此时就造成了麻烦，即急停时必须保证原有的输出继续，而不能简单地将输出信号全部切除。

例如，原本 Y001 得电，机械手左移伸出，若 Y001 失电则机械手右移缩回，则不是立即停止。更典型的 Y003 控制放松，这是从安全的角度考虑，若在系统正在搬运工件，该系统突然断电，此时只要还有气压，机械手就不会放松物体。若采用的是初始状态放松，Y003 得电为夹紧动作，该系统突然断电，机械手松开将造成物体的下落。

可根据控制要求先编写基本工艺中的搬运过程，再重点考虑急停处理问题。按要求按下急停按钮，机械手立即停止，并保持原有的输出情况。再按复位，则运行完停止。实际就是要机械手的状态保留在原状态，而不再根据条件进行转移，可在每一个转移条件中加入急停信号，用来禁止转移。根据控制要求编写状态转移图，如图 7-25 所示。

在每一个转移条件中加入急停信号，用来禁止转移的方法较为烦琐。三菱 PLC 中提供 M8040 特殊辅助继电器用来禁止转移，当 M8040 驱动时状态间的转移被禁止。控制 M8034 实现急停的状态转移图如图 7-26 所示。

### 7.2.2　步进电动机驱动的机械手系统的暂停

采用步进电动机控制的机械手如图 7-27 所示。图 7-27（a）的机械手上升、下降、伸出、缩回均由步进电动机控制，图 7-27（b）的机械手左、右移动和转动均由步进电动机控制。两类机械手外形相差很大，但控制的实质都是一样的。

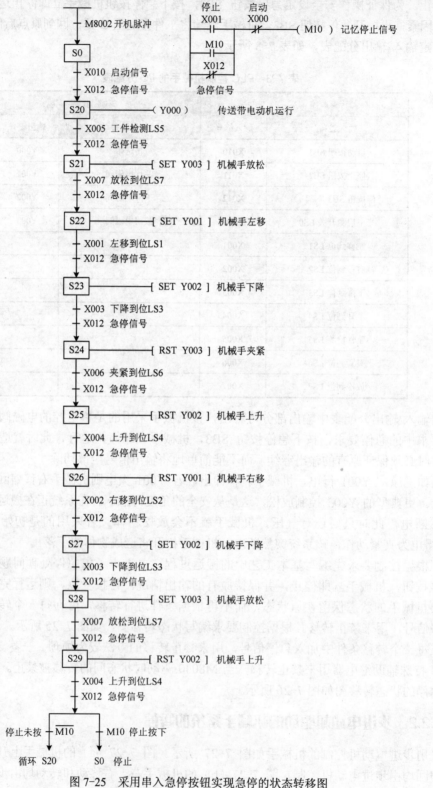

图 7-25　采用串入急停按钮实现急停的状态转移图

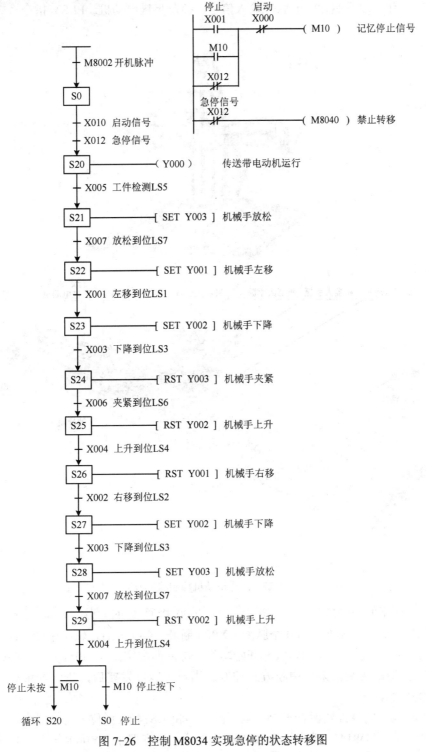

图 7-26  控制 M8034 实现急停的状态转移图

三菱 FX2N 系列 PLC 的高速处理指令中有两条可产生高速脉冲的输出指令，一条称为脉冲输出指令（PLSY），另一条称为带加减速脉冲输出指令（PLSR）。可以利用这两条指令产生的脉冲，作为步进驱动器的脉冲输入信号，控制步进电动机。PLSY 指令格式如图 7-28 所示。

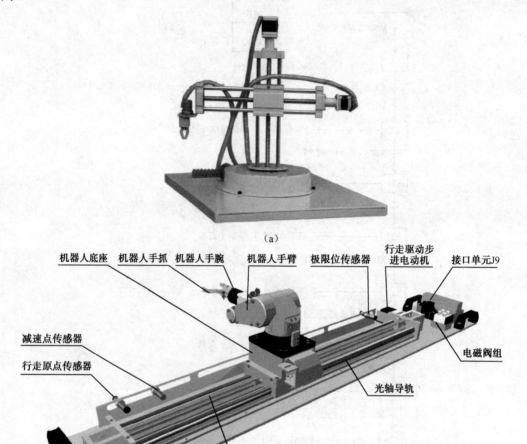

(a)

(b)

图 7-27　步进电动机控制的机械手

图 7-28 所示的 PLSY 指令在使用时，当 X000 接通（ON）后，Y000 开始输出频率为 1 000 Hz 的脉冲，其个数为 2 500 个脉冲。X000 断开（OFF）后，输出中断，即 Y000 也断开（OFF）。再次接通时，从初始状态开始动作。脉冲的占空比为 50%ON、50%OFF。输出控制不受扫描周期影响，采用中断方式控制。当设定脉冲发完后，执行结束标志，M8029 特殊辅助继电器动作。

从 Y000 输出的脉冲数保存于 D8141（高位）和 D8140（低位）寄存器中，从 Y001 输出的脉冲数保存于 D8143（高位）和 D8142（低位）寄存器中，Y000 与 Y001 输出的脉冲总数保存于 D8137（高位）和 D8136（低位）寄存器中。各寄存器内容可以采用 "DMOV K0 D81××" 进行清零。注意，使用 PLSY 指令时，PLC 必须使用晶体管输出方式。在编程过程中可同时使用两个 PLSY 指令，可在 Y000 和 Y001 上分别产生各自独立的脉冲输出。

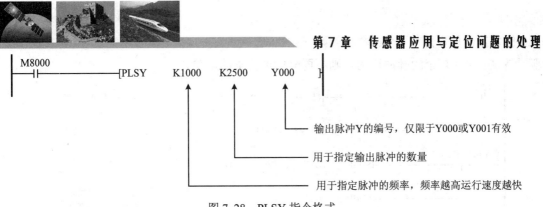

图 7-28　PLSY 指令格式

当控制要求为：按启动按钮 SB1 后，机械手连续做循环；中途按停止按钮 SB2，机械手立即停止运行，再按启动按钮 SB1，机械手继续运行。

设定输入/输出分配表，如表 7-4 所示。

表 7-4　PLC 控制机械手的 I/O 分配表

| 输　入 | | 输　出 | |
| --- | --- | --- | --- |
| 输 入 设 备 | 输 入 编 号 | 输 出 设 备 | 输 出 编 号 |
| 启动按钮 SB1 | X010 | 左、右移动步进电动机 | Y000 |
| 停止按钮 SB2 | X011 | 上、下移动步进电动机 | Y001 |
| 光电检测开关 LS0 | X000 | 左、右移动步进电动机方向信号 | Y002 |
| 左移极限到位 LS1 | X001 | 上、下移动步进电动机方向信号 | Y003 |
| 右移极限到位 LS2 | X002 | 传送带 | Y004 |
| 下降极限到位 LS3 | X003 | 放松电磁阀 | Y005 |
| 上升极限到位 LS4 | X004 | | |
| 工件检测 LS5 | X005 | | |
| 夹紧到位 LS6 | X006 | | |
| 放松到位 LS7 | X007 | | |

由输入/输出分配表中输出部分可看出，该机械手左、右移动与上、下移动均采用步进电动机控制。设左、右移动步进电动机的方向信号为"0"时，步进电动机控制左移，方向信号为"1"时，步进电动机控制右移。上、下移动步进电动机的方向信号为"0"时，步进电动机控制下降，方向信号为"1"时，步进电动机控制上升。此时左、右、上、下 4 个限位开关只起保护作用或原点定位作用。

机械手暂停与第 6 章中的小车暂停基本设计思路相同，但由于使用步进电动机，采用了 PLSY 指令，当控制信号断开后，输出中断，即 Y000 或 Y001 也断开。再次接通时，将从初始状态开始动作。这就造成了已经发送的脉冲被重复发送，导致了机械手走位不准。

要解决上述问题，可在控制信号断开瞬间将已经发送的脉冲存储下来，等再次启动时，用设定脉冲减去已发送的脉冲之差，作为机械手新的控制脉冲即可。当采用 16 位指令时，从 Y000 输出的脉冲数保存于 D8140 寄存器中，从 Y001 输出的脉冲数保存于 D8142 寄存器中。

设机械手左移脉冲为 D10，下降脉冲为 D12。脉冲保存与提取的控制梯形图如图 7-29 所示。此时，根据设定的 D10 脉冲驱动 Y000 完成剩余的脉冲输出，根据设定的 D12 脉冲驱动 Y001 完成剩余的脉冲输出，则不再会出现位置的偏差。

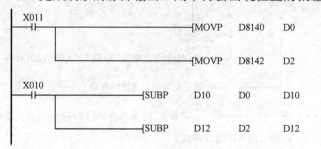

| | | | |
|---|---|---|---|
| X011 | [MOVP D8140 D0] | 按下停止瞬间记录Y000已发脉冲 |
| | [MOVP D8142 D2] | 按下停止瞬间记录Y001已发脉冲 |
| X010 | [SUBP D10 D0 D10] | 脉冲设定值D10减去已发脉冲值D0，差值作为新的脉冲设定值放入D10 |
| | [SUBP D12 D2 D12] | 脉冲设定值D12减去已发脉冲值D2，差值作为新的脉冲设定值放入D12 |

图 7-29  脉冲保存与提取的控制梯形图

根据控制工艺的要求，假定左移 5 000 个脉冲到达 E 点上方，下降 3 000 个脉冲可抓取工件，则控制的状态转移图如图 7-30 所示。

### 7.2.3  步进电动机驱动的机械手系统的断电

PLC 控制步进电动机驱动的机械手系统的断电问题实质与暂停问题相类似，断电后所有输出都复位，若上电后按启动按钮要继续运行（通常从安全角度考虑，上电后不允许立即运行，必须按启动按钮后才执行程序），则首先考虑的必须是使用保持型的元件。断电保持型的辅助继电器、状态元件和寄存器通常可通过软件设定，也可使用 PLC 默认的断电保持型元件范围，如表 7-5 所示。

表 7-5  PLC 默认的断电保持型元件

| 保持型元件名称 | 元件编号范围 |
|---|---|
| 辅助继电器 | M500～M1023 |
| 积算型定时器 | T246～T249 为 1 ms 积算定时器 |
| | T250～T255 为 100 ms 积算定时器 |
| 保持型计数器 | C100～C199 |
| 保持型状态元件 | S500～S999 |
| 保持型寄存器 | D200～D511 |

只要使用表 7-5 中的元件，即便 PLC 断电，其信号也不会丢失，只要 PLC 上电，即可立即继续执行原有的程序。

特别指出的是，对于步进电动机的脉冲控制指令 PLSY 或 PLSR，当断电后，输出中断，再次上电接通时，将从初始状态开始动作。这就造成了已经发送的脉冲被重复发送，导致了机械手走位不准。

三菱 FX2N 系列 PLC 提供了特殊辅助继电器 M8008 用于停电检测，电源关闭瞬间 M8008 接通。上电后只需设机械手左移脉冲为 D510，下降脉冲为 D512。采用 16 位控制时，可利用 M8008 接通的信号将 Y000 输出的脉冲数从 D8140 寄存器中传入保持型 D500 中，Y001 输出的脉冲数从 D8142 寄存器传入保持型 D502 中，以备上电后使用。断电时脉冲保存与按启动提取剩余脉冲的控制梯形图如图 7-31 所示。此时，根据设定的 D510 脉冲驱动 Y000 完成剩余的脉冲输出，根据设定的 D512 脉冲驱动 Y001 完成剩余的脉冲输出，则不再会出现

位置的偏差。

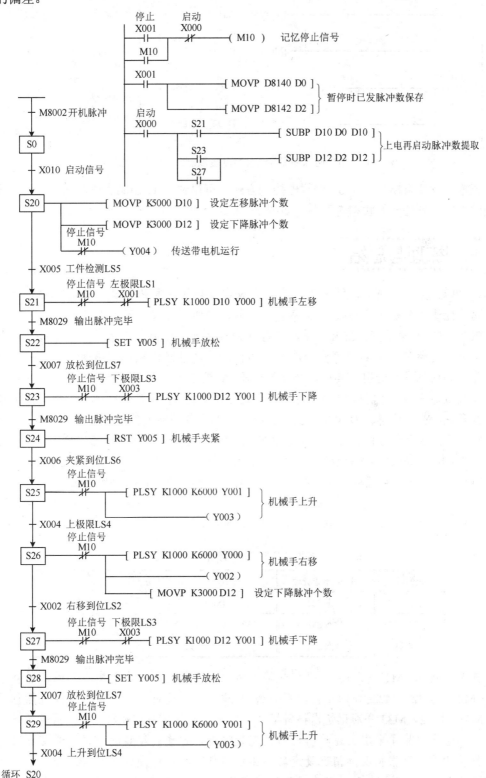

图 7-30　具有暂停功能的步进电动机控制机械手的状态转移图

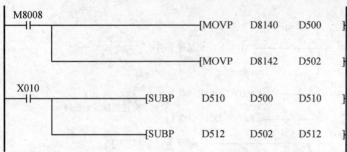

图 7-31    断电时脉冲保存与按启动提取剩余脉冲的控制梯形图

根据控制要求模仿图 7-30 的暂停控制方式，可得到 PLC 控制步进电动机驱动的机械手系统的断电问题处理的状态转移图，如图 7-32 所示。

## 知识梳理与总结

在 PLC 控制系统中，常利用传感器可以实现现场信号的采集和检测，实现对有无物品、物品性质（金属、塑料）、物品颜色、工作机构的位置检测等功能。

PLC 控制的输送带分拣装置采用电容式的接近开关作为落料信号采集，将其调整为投入黑色塑料元件能检测到即可；金属元件的检测采用电感传感器；用两个光纤传感器对物品的黑色和白色进行辨别，其中，光纤传感器 A 调整灵敏度为可检测白色塑料元件，注意此时光纤传感器 A 也能检测到金属元件；光纤传感器 B 调整灵敏度为可检测黑色塑料元件，注意此时光纤传感器 B 也能检测到金属元件和白色塑料元件。

在分拣传送带自检处理时，采用了 M0 作为记忆元件，当落料传感器检测到投入元件时置位 M0，利用 M0 保持进行计时，分别用 T0 计时 0.4 s、T1 计时 0.9 s、T2 计时 1.3 s，0.4 s 到的瞬间，确认是黑色塑料元件、白色塑料元件和金属元件，1.3 s 到时复位记忆元件 M0。

输送带的单一属性元件分拣通常较为简单，但实际生产中通常提出料仓组合包装的要求。各推料汽缸的状态元件及状态驱动条件如表 7-6 所示。

表 7-6    各推料汽缸的状态元件及状态驱动条件

| 汽缸号 | 对应的状态元件 | 状态驱动条件 |
|---|---|---|
| 推料汽缸 1 | 状态 S22 | $S22 = (M11 \cdot \overline{M21} + M12 \cdot \overline{M22} + M13 \cdot \overline{M23}) \cdot T3$ |
| 推料汽缸 2 | 状态 S32 | $S32 = (M11 \cdot \overline{M31} + M12 \cdot \overline{M32} + M13 \cdot \overline{M33}) \cdot X004$ |
| 推料汽缸 3 | 状态 S42 | 只要检测到有元件 |

其中，M11、M12、M13 分别记忆输送带上的金属元件、白色塑料元件、黑色塑料元件；M21、M22、M23 分别记忆出料斜槽 1 中的金属元件、白色塑料元件、黑色塑料元件；M31、M32、M33 分别记忆出料斜槽 2 中的金属元件、白色塑料元件、黑色塑料元件。

实际生产中除了采用上述单出料斜槽包装情况，为提高包装的效率，通常提出多料仓组合包装的要，可根据实际情况设定转移驱动条件。在本课题的多料仓组合包装的要求和报警要求下，各推料汽缸的的状态元件及状态驱动条件如表 7-7 所示。

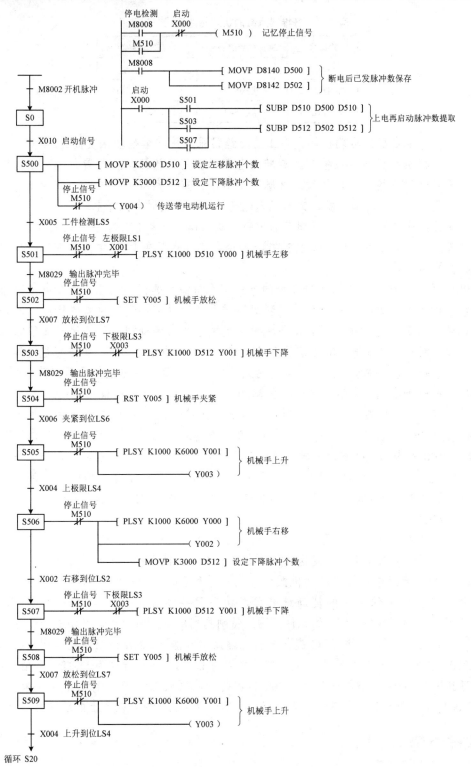

图 7-32　PLC 控制步进电动机驱动的机械手系统的断电问题处理的状态转移图

表 7-7　各推料汽缸的状态元件及状态驱动条件

| 汽缸号 | 对应的状态元件 | 状态驱动条件 |
|---|---|---|
| 推料汽缸 1 | 状态 S22 | $S22 = M12 \cdot T3$ |
| 推料汽缸 2 | 状态 S32 | $S32 = M13 \cdot X004$ |
| 推料汽缸 3 | 状态 S42 | $S42 = M11 \cdot X005$ |

为了实现电动机的准确控制，在工业上经常采用旋转编码器来发高速脉冲，通过 PLC 的高速计数器进行计数定位控制。旋转光电编码器用于检测角度位置，也可通过机械传动转换成直线运动来检测线性位置。按脉冲与对应位置（角度）的关系，旋转光电编码器通常分为增量式光电旋转编码器、绝对式光电旋转编码器及混合式光电编码器。

高速计数器采用独立于扫描周期的中断方式工作。三菱 FX2N 系列 PLC 提供了 21 个高速计数器，元件编号为 C235～C255。这 21 个高速计数器在 PLC 中共享 X0～X5 这 6 个高速计数器的输入端。

PLC 控制机械手可以用步进顺控的方式实现机械手的搬运功能，用光电传感器实现对物品放置位置的检测，用限位开关实现对机械手各运动部件运行位置的检测。此外，还要针对机械手的工作过程和实际工作环境考虑机械手的急停处理，即急停时必须保证原有的输出继续，而不能简单地将输出信号全部切除。第一种方法，用 M10 来记忆急停信号，然后在每一个转移条件中加入急停信号，用来禁止转移；第二种方法，采用三菱 PLC 中提供 M8040 特殊辅助继电器来禁止转移，当 M8040 驱动时状态间的转移被禁止。

采用步进电动机控制的机械手时，可以利用脉冲输出指令（PLSY）和带加减速脉冲输出指令（PLSR）来产生脉冲作为步进驱动器的脉冲输入信号，控制步进电动机。输出端为 Y000 和 Y001，从 Y000 输出的脉冲数保存于 D8141（高位）和 D8140（低位）寄存器中，从 Y001 输出的脉冲数保存于 D8143（高位）和 D8142（低位）寄存器中，Y000 与 Y001 输出的脉冲总数保存于 D8137（高位）和 D8136（低位）寄存器中。执行结束标志是特殊辅助继电器 M8029。

机械手暂停的基本设计思路是在控制信号断开瞬间将已经发送的脉冲存储下来，等再次启动时，用设定脉冲减去已发送的脉冲之差，作为机械手新的控制脉冲即可。

PLC 控制步进电动机驱动的机械手系统也要考虑断电问题。首先考虑的必须是使用保持型的元件，断电保持型的辅助继电器、状态元件和寄存器通常可通过软件设定，在表 7-5 已经列出了 PLC 默认的元件范围。特别指出的是，对于步进电动机的脉冲控制指令 PLSY 或 PLSR，可以采用 PLC 提供的特殊辅助继电器 M8008 进行停电检测，电源关闭瞬间 M8008 接通。上电后只需设机械手左移脉冲为 D510，下降脉冲为 D512。采用 16 位控制时，可利用 M8008 接通的信号将 Y000 输出的脉冲数从 D8140 寄存器中传入保持型 D500 中，Y001 输出的脉冲数从 D8142 寄存器传入保持型 D502 中，以备上电后使用。

# 思考与练习 7

1. 某一喷漆流水线系统的工作过程如图 7-33 所示，其控制要求如下。

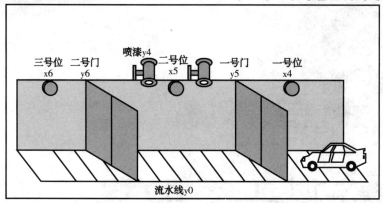

图 7-33　喷漆流水线系统的工作过程

（1）待加工的汽车台数在设备停止时，可根据需要用两个按钮设定（0～99），并通过另一个按钮切换显示设定数、已加工数和待加工数。

（2）按启动按钮 S01，传送带转动，轿车到一号位，发出一号位到位信号，传送带停止；延时 1 s，一号门打开；延时 2 s，传送带继续转动；轿车到二号位，发出二号位到位信号，传送带停止一号门关闭；延时 2 s 后，打开喷漆电动机，延时 6 s 后停止。同时打开二号门延时 2 s，传送带继续转动；轿车到三号位，发出三号位到位信号，传送带停止，同时二号门关闭，且计数一次，延时 4 s 后，再继续循环工作，直到完成所有代加工的汽车后工艺全部停止。

（3）按暂停按钮 X7 时，要等完成整个工艺时暂停加工，再按启动按钮继续运行。

2．某一步进电动机出料控制系统的工作过程示意图，如图 7-34 所示，其控制要求如下。系统设定 4 个出料槽选择按钮 SB1～SB4，当上料检测传感器检测到有物料放入推料槽，延时 3 s 后，步进电动机启动，根据所选料槽的设定将物料运送到对应的出料槽后，分拣汽缸活塞推出物料到相应的出料槽，然后分拣汽缸活塞缩回，步进电动机反转，回到原点后停止，等待下一次上料。

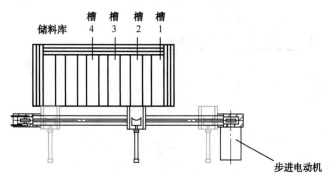

图 7-34　步进电动机出料控制系统的工作过程示意图

# 第8章

# 相类似工艺的程序缩减问题

**教学导航**

本章结合两个控制实例，介绍简化 PLC 程序的技巧与方法。在教学计划课时相对紧张时，也可以作为选学内容或实践拓展类课程教学。各部分学习章节、参考课时及教学建议如下所示。

| 章　节 | 参考课时 | 教 学 建 议 |
|---|---|---|
| 8.1　PLC 控制自动混料罐 | 8 | 建议将整个自动混料罐控制工艺分成相对较小的控制模块，从简单的控制要求开始让学生参与讨论和基本功能程序的编写。对于程序的缩减问题，建议讲解后学生要进行实践操作以验证系统功能 |
| 8.2　PLC 控制立体仓库系统 | 8 | 建议学生能够在实训室学习，分组进行各仓位的程序设置和编写，然后讨论程序缩减的必要性。由于仓库控制实现较为复杂，建议教师授课过程中能够结合实际的操作演示 |

对由 PLC 构成的工业应用控制系统进行设计时，首先应详细分析 PLC 应用系统的规划与设计；根据系统的控制要求选择 PLC 机型；进行控制系统的流程设计，画出较详细的程序流程图；对输入/输出端口进行合理安排。由于 PLC 所有的控制功能都是以程序的形式体现的，大量的工作将用在程序设计上。在进行程序设计的过程中，会遇到同一个系统在不同阶段的工艺要求下出现相同的工作状态，采用合理的方法可以将一些相同的工作状态对应的程序合并，以达到简化程序的目的，简化后的程序的可读性也会有所增强。

# 8.1　PLC 控制自动混料罐

PLC 控制自动混料罐如图 8-1 所示。

自动混料罐的控制要求如下。

在混料罐里，有两个进料泵控制两种液料的进罐，一个出料泵控制混合料出罐，另有一个混料泵用于搅拌液料，罐体上装有 3 个液位检测开关 SI1、SI4、SI6，分别送出罐内液位低、中、高的检测信号，罐内与检测开关对应处有一只装有磁钢的浮球作为液面指示器（浮球到达开关位置时开关吸合，离开时开关释放）。

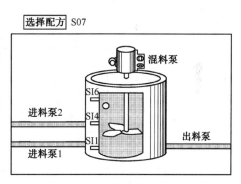

图 8-1　PLC 控制自动混料罐

初始状态所有泵均关闭。按下启动按钮 SB1 后进料泵 1 启动，当液位到达 SI4 时根据不同配方的工艺要求进行控制：如果按配方 1 则关闭进料泵 1，启动进料泵 2；如果按配方 2 则进料泵 1 和 2 均打开。当进料液位到达 SI6 时将进料泵 1 和 2 全部关闭，同时打开混料泵。混料泵持续运行 3 s 后再根据不同配方的工艺要求进行控制：如果按配方 1 则打开出料泵，等到液位下降到 SI4 时停止混料泵；如果按配方 2 则打开出料泵并立即停止混料泵。直到液位下降到 SI1 时关闭出料泵，完成一次循环。

在操作面板上设有一个启动按钮 SB1，当按动 SB1 后，混料罐首先按配方 1 连续循环，循环 3 次后，混料罐自动转为配方 2 做连续循环，循环 3 次后停止混料罐。设有一个停止按钮 SB2 作为流程的停止按钮，按停止按钮 SB2 混料罐完成本次循环停止工作，再按启动按钮重新启动运行。

设定输入/输出（I/O）分配表，如表 8-1 所示。

表 8-1　PLC 控制自动混料罐的 I/O 分配表

| 输　　入 | | 输　　出 | |
|---|---|---|---|
| 输入设备 | 输入编号 | 输出设备 | 输出编号 |
| 高液位检测开关 SI6 | X000 | 进料泵 1 | Y000 |
| 中液位检测开关 SI4 | X001 | 进料泵 2 | Y001 |
| 低液位检测开关 SI1 | X002 | 混料泵 | Y002 |
| 启动按钮 SB1 | X003 | 出料泵 | Y003 |
| 停止按钮 SB2 | X004 | | |

### 8.1.1 基本编程方法

根据控制要求，控制的实际是先按配方 1 工作 3 次，再按配方 2 工作 3 次。因此可分别进行分析，画出配方 1 的状态转移图，如图 8-2 所示，画出配方 2 的状态转移图，如图 8-3 所示。

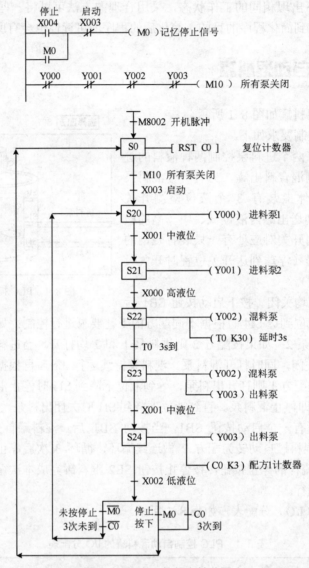

图 8-2　配方 1 的状态转移图

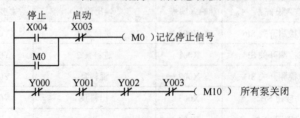

图 8-3　配方 2 的状态转移图

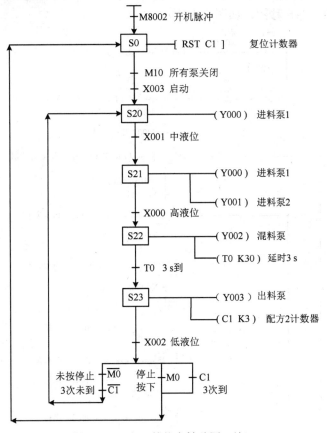

图 8-3 配方 2 的状态转移图（续）

根据工艺要求先按配方 1 工作 3 次，再按配方 2 工作 3 次，则配方 1 与配方 2 的关系如图 8-4 所示。

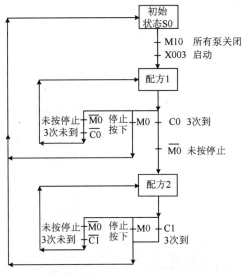

图 8-4 配方 1 与配方 2 的关系

整理上述配方 1、配方 2 状态转移图，根据配方 1 与配方 2 的关系图合并相同部分，得到整个控制要求的状态转移图，如图 8-5 所示。

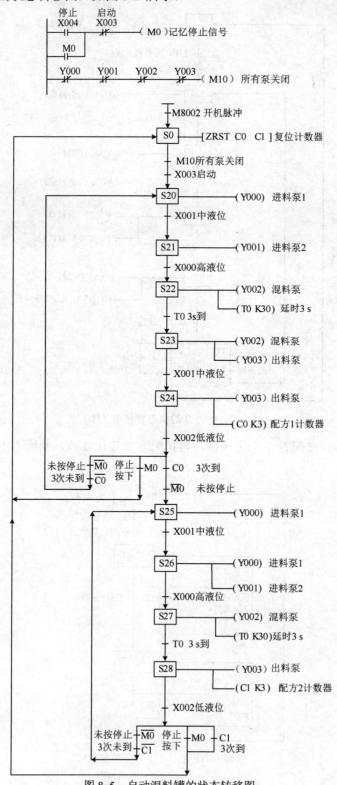

图 8-5  自动混料罐的状态转移图

## 8.1.2　程序缩减方法

图 8-5 的方式采用两种配方顺次连接的形式，这种方法程序较长，分析图 8-5 可知其状态 S20 与状态 S25 驱动的元件相同，可以考虑合并。同样，状态 S22 与 S27 也可考虑合并，以简化控制程序。

整理自动混料罐的工艺流程，如图 8-6 所示。

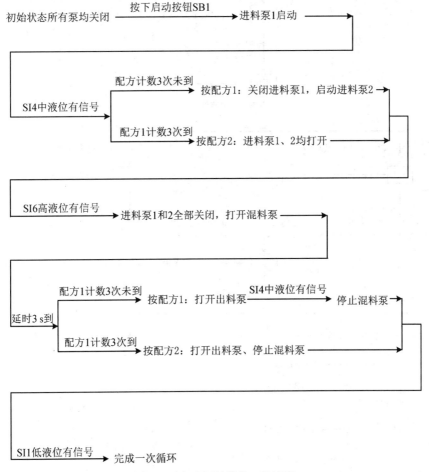

图 8-6　自动混料罐的工艺流程

根据以上工艺可知，实际上控制过程可在 SI4 中液位有信号时产生了一次分支，当混料罐延时 3 s 到时产生了第二次分支，因此考虑采用分支形式可简化原有的状态转移图。根据此思路画出的自动混料罐的控制的状态转移图如图 8-7 所示。

图 8-7 实际就是将上述的状态 S20 与状态 S25 合并，状态 S22 与 S27 合并，以减少控制状态转移图。

若仔细观察图 8-7 会发现状态 S24 与状态 S28 其输出驱动的元件均为 Y003，所不同的是计数器不同，而计数器可以调整至其他程序段计数，并不影响控制功能，因此进一步考虑将状态 S24 与状态 S28 合并使用跳步状态转移的结构简化控制状态转移图。

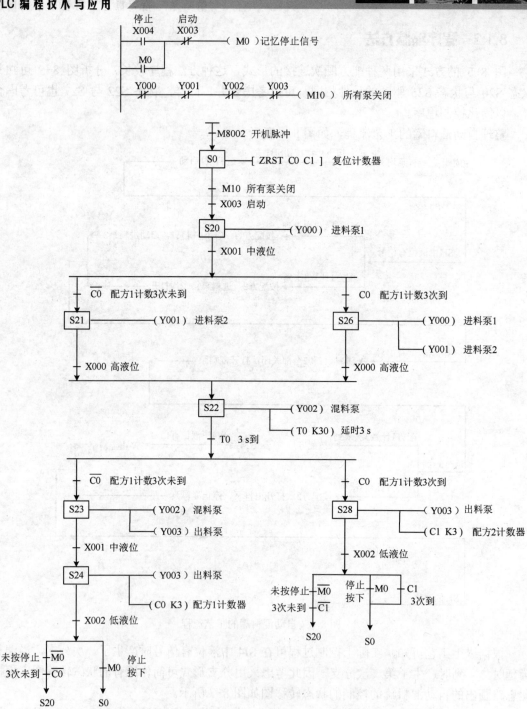

图 8-7　采用合并状态后的自动混料罐状态转移图

采用跳步方式简化后的自动混料罐状态转移图如图 8-8 所示。

从图 8-8 可见，其状态转移图已简化得较为简洁，但若进一步分析可知，选择配方实际是依靠 C0 计数器进行的。而比较状态 S21 与状态 S26 可知 Y001 始终输出，则可得 Y000 是否输出由 C0 是否接通来控制，只要重新考虑好计数器的摆放位置即可。合并状态

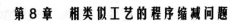

S21 与状态 S26 的状态转移图如图 8-9 所示。

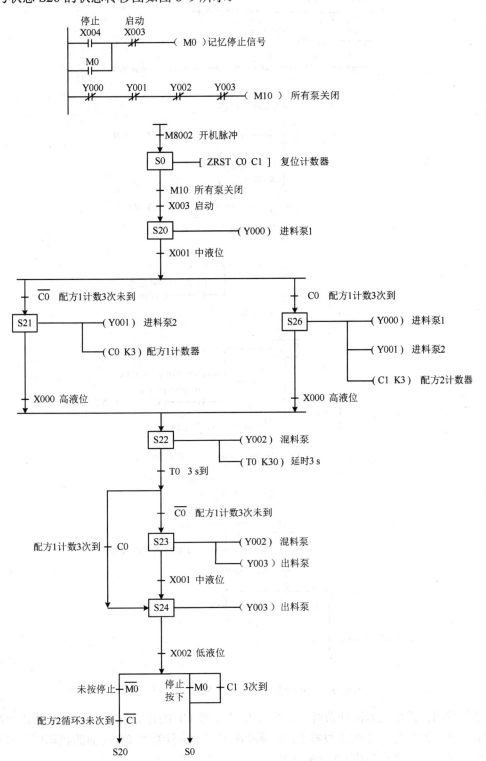

图 8-8  采用跳步方式简化后的自动混料罐状态转移图

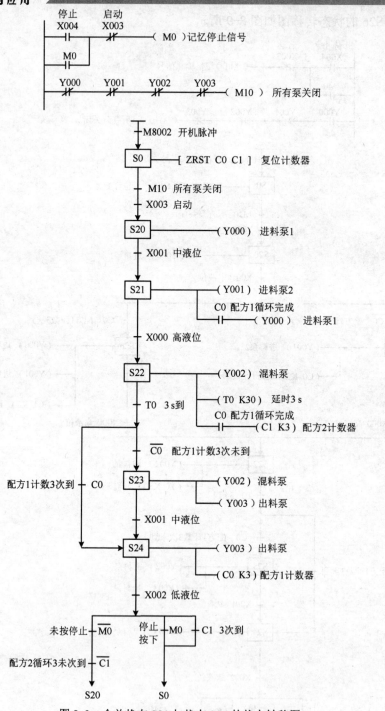

图 8-9 合并状态 S21 与状态 S26 的状态转移图

必须指出，采用此方法计数时，配方 2 的计数器 C1 的计数条件为配方 1 的计数器 C0 已计满 3 次，同时配方 2 的计数器 C1 必须放在配方 1 的计数器 C0 前面的状态中，否则 C0 计到 3 次时接通，就会造成 C1 计数出错。

当然，若比较图 8-9 的状态 S23 与状态 S24 可知，出料泵 Y003 始终输出，采用 C0 进

行实际跳步只是跳掉了混料泵 Y002 是否输出，换句话说 C0 控制了 Y002 是否输出。因此状态转移图可进一步简化去除跳步结构，变为简单流程控制的形式，如图 8-10 所示。

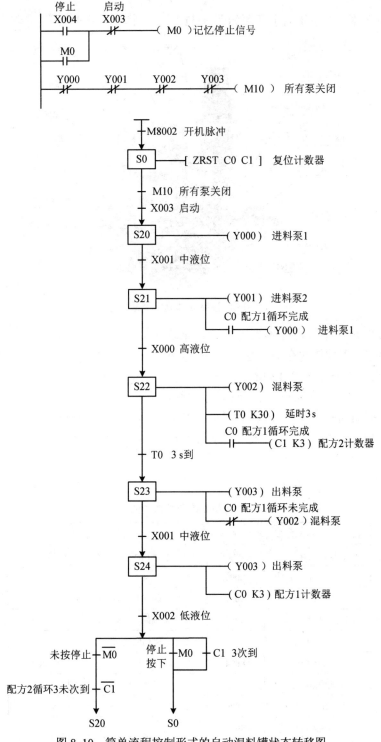

图 8-10　简单流程控制形式的自动混料罐状态转移图

## 8.2 PLC 控制立体仓库系统

PLC 控制立体仓库系统的示意图如图 8-11 所示，其控制要求如下。

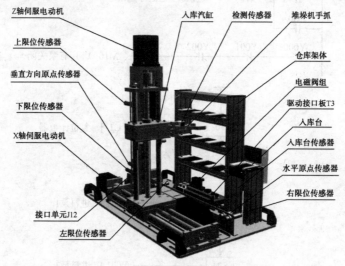

图 8-11　PLC 控制立体仓库系统的示意图

立体仓库单元入库平台检测到工件后，堆垛机开始进行入库操作。工件依次存放入仓位 1～仓位 9。仓位 1～仓位 9 分布位置如图 8-12 所示。

立体仓库存储单元堆垛机工作流程：手抓伸出—手抓夹紧—手抓缩回—堆垛机 X/Z 轴行走至指定仓格位置—手抓伸出—手抓松开—手抓缩回—堆垛机 X/Z 轴行走至原位。

设定输入/输出（I/O）分配表，如表 8-2 所示。

| 仓位9 | 仓位8 | 仓位7 |
|------|------|------|
| 仓位6 | 仓位5 | 仓位4 |
| 仓位3 | 仓位2 | 仓位1 |

图 8-12　仓位 1～仓位 9 分布位置

表 8-2　PLC 控制立体仓库系统的 I/O 分配表

| 输　　入 | | 输　　出 | |
|---|---|---|---|
| 输入设备 | 输入编号 | 输出设备 | 输出编号 |
| 启动按钮 SB1 | X000 | 水平 X 轴伺服电动机脉冲 | Y000 |
| 停止按钮 SB2 | X001 | 垂直 Z 轴伺服电动机脉冲 | Y001 |
| 入库平台检测传感器 | X002 | 水平 X 轴伺服电动机方向 | Y002 |
| 水平原点传感器 | X003 | 垂直 Z 轴伺服电动机方向 | Y003 |
| 垂直原点传感器 | X004 | 手抓伸出 | Y004 |
| 手抓伸出限位 | X005 | 手抓放松 | Y005 |
| 手抓缩回限位 | X006 | | |
| 手抓夹紧限位 | X007 | | |
| 手抓放松限位 | X010 | | |

### 8.2.1　基本编程方法

采用伺服电动机的定位控制与采用步进电动机的定位控制，从 PLC 控制程序角度来说并无差异，设定水平移动伺服电动机的方向信号为"0"时，水平伺服电动机控制左移；方向信号为"1"时，水平伺服电动机控制右移。控制垂直移动的伺服电动机的方向信号为"0"时，垂直伺服电动机控制下降；方向信号为"1"时，垂直伺服电动机控制上升。此时水平左限位传感器、水平右限位传感器、垂直下限位传感器、垂直上限位传感器 4 个限位只起保护作用。通常为从安全角度出发，将 4 个极限位置传感器接在外部，无须 PLC 程序，直接切断相关电路进行保护。

软件上进行保护的主要目的是为了防止机械手抓与仓库的碰撞，此时必须在 PLC 输出脉冲时随时检测手抓的缩回限位是否接通，若该限位未接通，则停发脉冲。

开机启动时为保证定位的准确性，首先考虑机械手抓在原位，若发现手抓不在原位，驱动机械手抓回原位后再开始工作。各仓位与取料平台及手抓原位脉冲关系如图 8-13 所示。

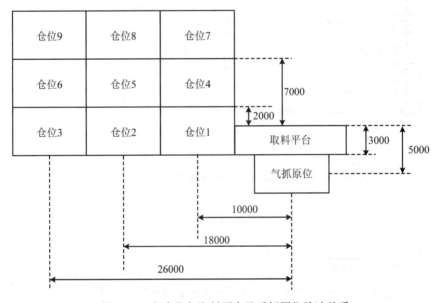

图 8-13　各仓位与取料平台及手抓原位脉冲关系

根据控制要求编写仓位 1 存放工件控制状态转移图，如图 8-14 所示。

同理，可根据控制要求编写仓位 2 存放工件控制状态转移图，如图 8-15 所示。

同理，可根据控制要求编写仓位 3 存放工件控制状态转移图，如图 8-16 所示。

比较图 8-14～图 8-16 可知，仓位 4～仓位 9 的状态转移图基本一致，只需在水平移动和垂直移动脉冲数量上改变一下，另外在 S45 对应的位置改为上升（即去除 Y003）即可。根据控制要求编写仓位 4 存放工件控制状态转移图，如图 8-17 所示，仓位 5～仓位 9 的状态转移图读者可模仿仓位 1～仓位 4 的状态转移图自行编写。

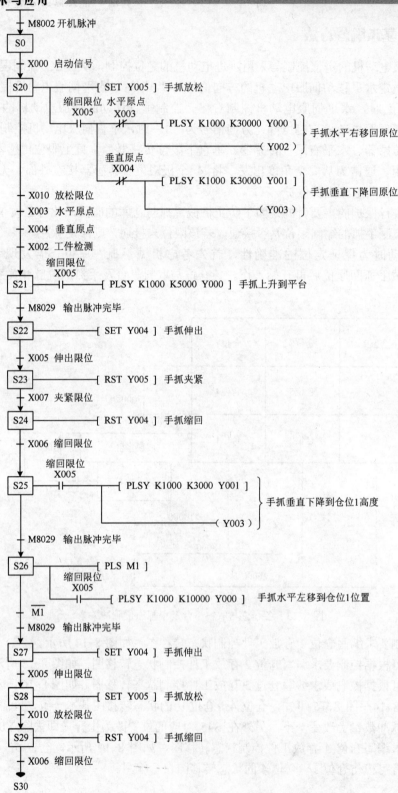

图 8-14　仓位 1 存放工件控制状态转移图

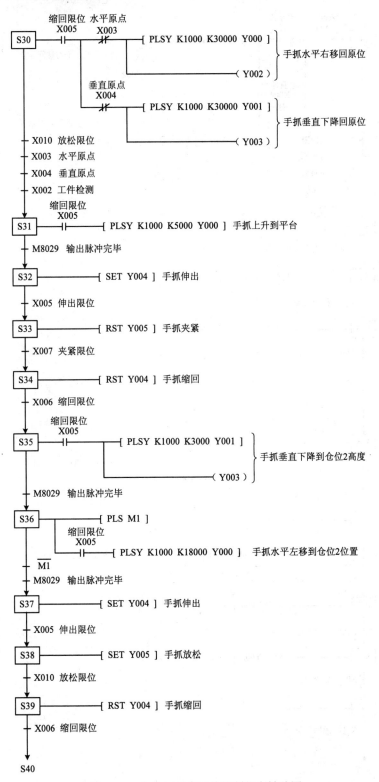

图 8-15　仓位 2 存放工件控制状态转移图

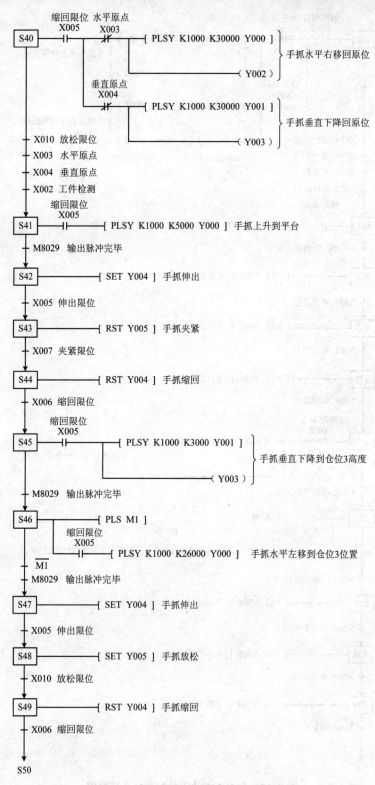

图 8-16　仓位 3 存放工件控制状态转移图

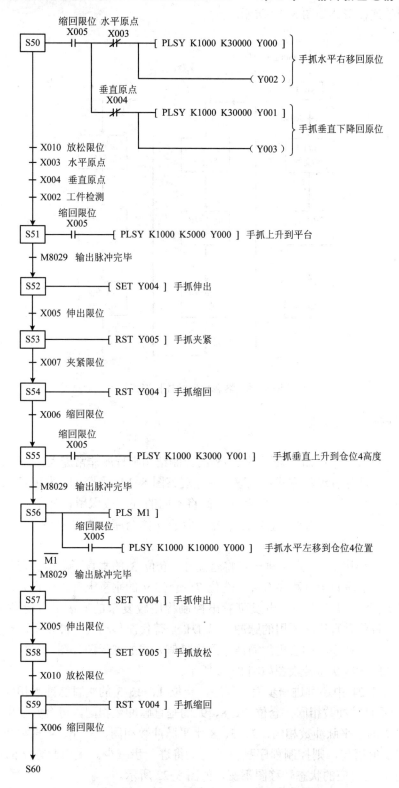

**图 8-17　仓位 4 存放工件控制状态转移图**

各程序段的连接形式如图 8-18 所示。

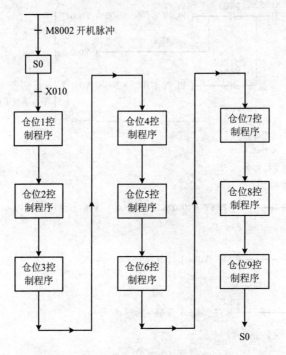

图 8-18　各程序段的连接形式

## 8.2.2　赋值处理程序

以以上的分析方式中可知若采用图 8-18 的控制结构则程序非常庞大，而这只是 9 个仓位的立体仓库，因此这种编程方式不可取。通过观察图 8-14～图 8-18 发现各程序段中有大量的重复程序，可考虑将各重复程序合并，而将不同的程序段保留，使用计数器进行各程序段的切换，可大量节省程序。重复程序合并后的立体仓库状态转移图形式如图 8-19、图 8-20 所示。

当然从图 8-20 中可知，还可进一步将仓位 1～仓位 3 的垂直下降程序合并，同理也可将仓位 4～仓位 6 的垂直上升程序合并，仓位 7～仓位 9 的垂直上升程序合并，使控制程序的结构进一步减少。但若从本质出发可看出控制程序较复杂的原因是各仓位的脉冲数不同，若以 D0 来替代垂直移动所用的脉冲，以 D1 来替代左移动的脉冲，采用赋值的方式来设定脉冲的数量，则程序结构会更加简洁。采用赋值方式的梯形图如图 8-21 所示。采用赋值方式的梯形图的对应状态转换图如图 8-22 所示。

当然，从图 8-21 中还可进一步简化程序，仓位 1、2、3 的垂直脉冲数相同，同理，仓位 4、5、6 的垂直脉冲数相同，仓位 7、8、9 的垂直脉冲数相同，可合并使用赋值语句。而仓位 1、4、7 的水平脉冲数相同，2、5、8 水平脉冲数相同，3、6、9 直脉冲数相同，也可使合并使用赋值语句，则控制程序赋值语句也将进一步减少。采用此方法的赋值梯形图如图 8-23 所示，其对应的状态转移图不变，如图 8-22 所示。

### 8.2.3　利用四则运算处理程序

从脉冲增量的角度分析各料仓与取料平台及手抓原位的脉冲关系，其基本关系如图 8-24 所示。

以取料平台为起点，分析图 8-24 可知：令 D4=仓位数，D6=D4÷3 的余数，此时 $X$ 轴水平移动的脉冲个数 = 2 000 + D6×8 000，当仓位数小于或等于 3 时，$Z$ 轴垂直移动的脉冲个数 = 3 000，当仓位数大于 3 时，$Z$ 轴垂直移动的脉冲个数 = (D6 - 1)×5 000 - 3 000。用程序进行赋值可画出梯形图如图 8-25 所示。

此时只需在图 8-22 所示状态转移图的 S20 状态中增加一步 INCP D4 即可记录当前仓位数，实现控制要求。

若仔细观察图 8-22 可发现其状态转移图可进一步缩减，状态 S21～状态 S24 与状态 S25～状态 S29 各状态极其相似，所不同的是 S21 垂直移动后不发送水平移动，考虑水平不移动与水平移动 1 个脉冲，在机械上几乎不发生位置改变，而手抓抓完工件总要回原点，以消除累计误差，因此采用赋值方式解决让手抓去平台抓取工件的移动。此外，S23 为手抓夹紧而 S28 为手抓放松，实际手抓的动作为夹紧→放松→夹紧→放松……的交替输出形式，因此可用交替输出来解决该问题。采用此方法的状态转移图如图 8-26 所示，其赋值梯形图如图 8-27 所示。

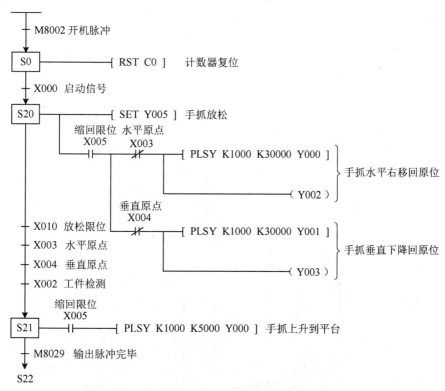

图 8-19　重复程序合并后的立体仓库状态转移图形式（一）

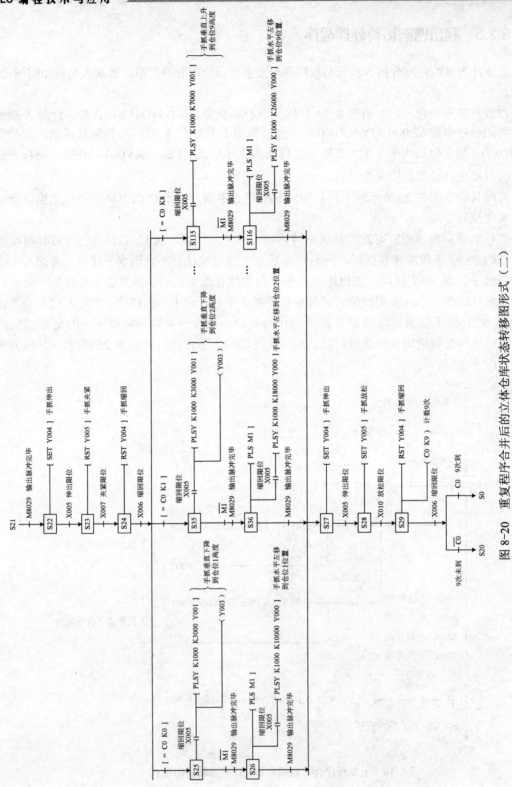

图 8-20　重复程序合并后的立体仓库状态转移图形式（二）

| | = | C0 | K0 | | | MOVP | K3000 | D0 | | 设定仓位1垂直移动脉冲个数 |
| | | | | | | MOVP | K10000 | D1 | | 设定仓位1左移脉冲个数 |
| | = | C0 | K1 | | | MOVP | K3000 | D0 | | 设定仓位2垂直移动脉冲个数 |
| | | | | | | MOVP | K18000 | D1 | | 设定仓位2左移脉冲个数 |
| | = | C0 | K2 | | | MOVP | K3000 | D0 | | 设定仓位3垂直移动脉冲个数 |
| | | | | | | MOVP | K26000 | D1 | | 设定仓位3左移脉冲个数 |
| | = | C0 | K4 | | | MOVP | K2000 | D0 | | 设定仓位4垂直移动脉冲个数 |
| | | | | | | MOVP | K10000 | D1 | | 设定仓位4左移脉冲个数 |
| | = | C0 | K5 | | | MOVP | K2000 | D0 | | 设定仓位5垂直移动脉冲个数 |
| | | | | | | MOVP | K18000 | D1 | | 设定仓位5左移脉冲个数 |
| | = | C0 | K6 | | | MOVP | K2000 | D0 | | 设定仓位6垂直移动脉冲个数 |
| | | | | | | MOVP | K26000 | D1 | | 设定仓位6左移脉冲个数 |
| | = | C0 | K7 | | | MOVP | K7000 | D0 | | 设定仓位7垂直移动脉冲个数 |
| | | | | | | MOVP | K10000 | D1 | | 设定仓位7左移脉冲个数 |
| | = | C0 | K8 | | | MOVP | K7000 | D0 | | 设定仓位8垂直移动脉冲个数 |
| | | | | | | MOVP | K18000 | D1 | | 设定仓位8左移脉冲个数 |
| | = | C0 | K9 | | | MOVP | K7000 | D0 | | 设定仓位9垂直移动脉冲个数 |
| | | | | | | MOVP | K26000 | D1 | | 设定仓位9左移脉冲个数 |

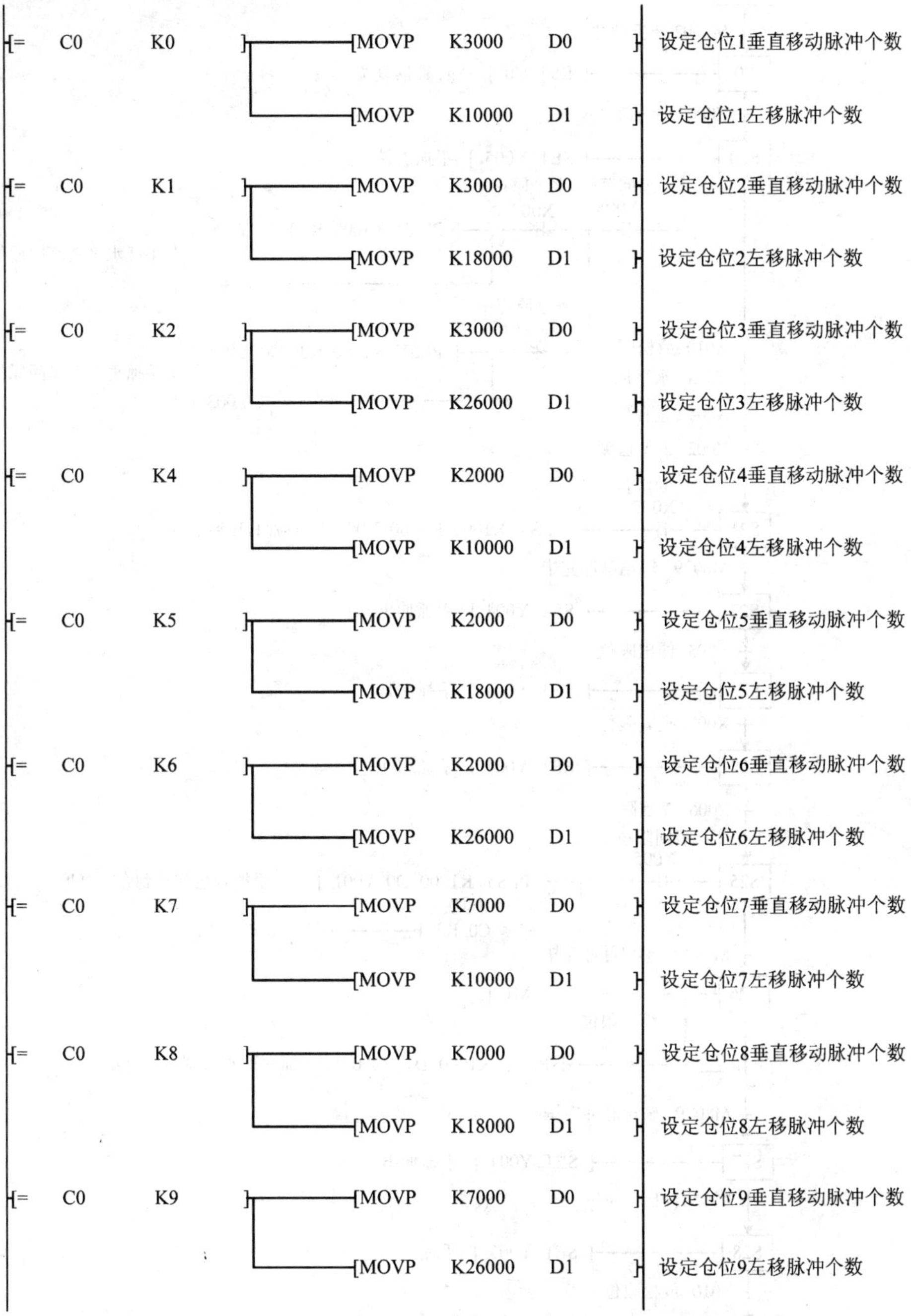

图8-21　采用赋值方式的梯形图

　　采用以上的程序结构，也许从 3×3 的立体仓库中并无非常明显的程序缩减，但随立体仓库的增大，越是大的仓库，其缩减越明显，且程序修改只要调整计数次数即可完成程序功能，使得程序具有通用性。总之，程序简化实质是一个很难学习的知识内容，因为程序本身就是编程人员的思路，只是换了一种语言来描述，这需要编程人员的长期积累，在此不再赘述。

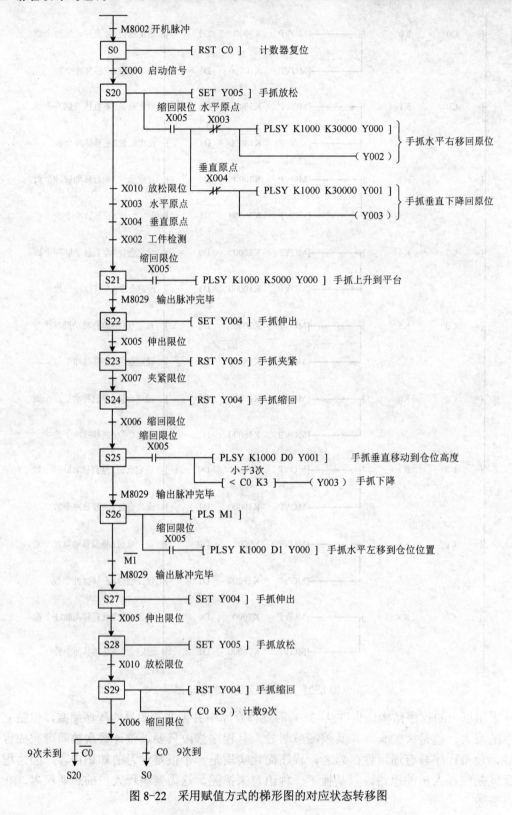

图 8-22  采用赋值方式的梯形图的对应状态转移图

```
─┤< C0 K3 ├────────────────────[MOVP K3000 D0]   设定仓位1、2、3垂直移动脉冲个数

─┤>= C0 K3 ├─┤< C0 K6 ├─────────[MOVP K2000 D0]   设定仓位4、5、6垂直移动脉冲个数

─┤>= C0 K6 ├─┤< C0 K9 ├─────────[MOVP K7000 D0]   设定仓位7、8、9垂直移动脉冲个数

  M8000
─┤├───────────────────────[DIV C0 K3 D2]   计数器除以3

─┤= D3 K0 ├────────────────────[MOVP K18000 D1]   设定仓位1、4、7左移脉冲个数

─┤= D3 K1 ├────────────────────[MOVP K18000 D1]   设定仓位2、5、8左移脉冲个数

─┤= D3 K2 ├────────────────────[MOVP K18000 D1]   设定仓位3、6、9左移脉冲个数
```

图 8-23　简化后的赋值语句梯形图

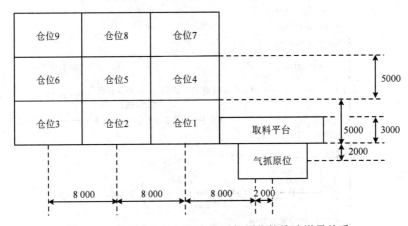

图 8-24　各料仓与取料平台及手抓原位的脉冲增量关系

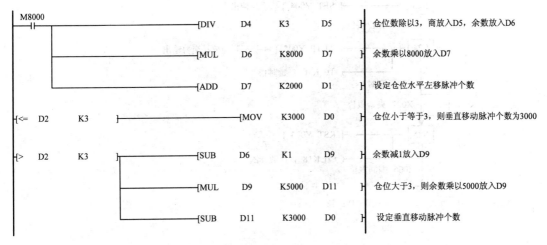

```
  M8000
─┤├──────────────────────[DIV D4 K3 D5]   仓位数除以3，商放入D5，余数放入D6

        ──────────────────[MUL D6 K8000 D7]   余数乘以8000放入D7

        ──────────────────[ADD D7 K2000 D1]   设定仓位水平左移脉冲个数

─┤<= D2 K3 ├──────────────[MOV K3000 D0]   仓位小于等于3，则垂直移动脉冲个数为3000

─┤> D2 K3 ├───────────────[SUB D6 K1 D9]   余数减1放入D9

        ──────────────────[MUL D9 K5000 D11]   仓位大于3，则余数乘以5000放入D9

        ──────────────────[SUB D11 K3000 D0]   设定垂直移动脉冲个数
```

图 8-25　各料仓与取料平台及手抓原位的脉冲增量控制程序梯形图

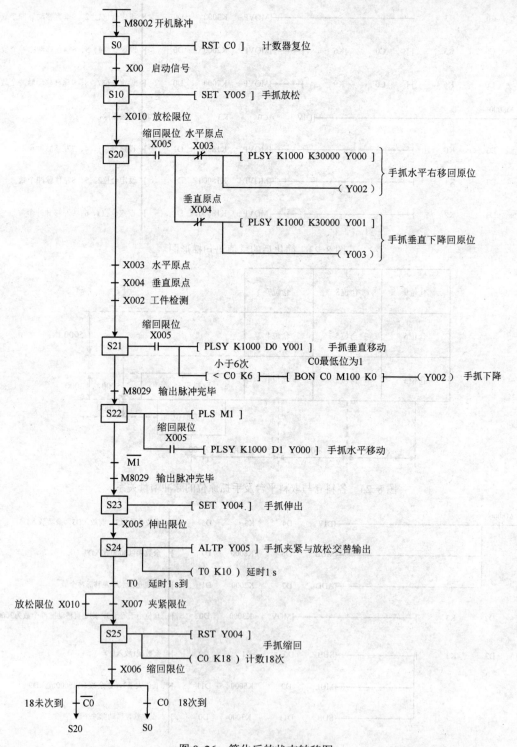

图 8-26  简化后的状态转移图

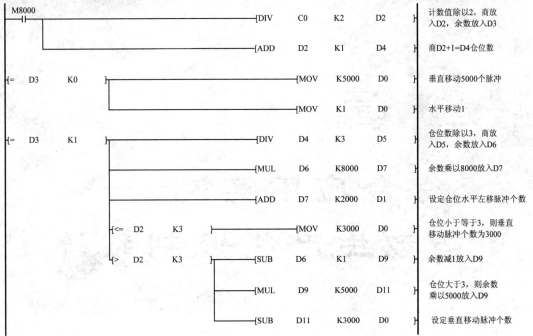

图 8-27 调整后的赋值梯形图

## 知识梳理与总结

　　本章介绍了 PLC 控制自动混料罐和立体仓库系统的程序编制和实现，其主要内容是在基本控制工艺实现的基础上进行有关程序缩减的控制，以达到简化程序和提高程序的可读性的目的。PLC 控制自动混料罐在进行程序缩减时采用了梯形图分支、跳步状态和合理使用计数器等方法简化原有的状态转移图。在 PLC 控制立体仓库系统中，各仓位控制程序存在大量的重复程序，采用将不同的程序段保留，使用计数器进行各程序段的切换，即采用赋值方式实现程序缩减；也可以用四则运算的方法通过计算脉冲增量的角度分析各料仓与取料平台及手抓原位的脉冲关系，从而缩减原有程序。

## 思考与练习 8

1. 完成"PLC 控制自动混料罐"课题实践报告。
2. 完成"PLC 控制立体仓库系统"课题的实践报告。

# 第9章

## 综合应用实例——自动生产线控制系统

### 教学导航

本章结合 3 个 PLC 自动生产线控制系统的综合实例，介绍实际综合应用系统的 PLC 程序编制方法与技巧。在教学计划课时相对紧张时，也可以作为选学内容或实践拓展类课程教学。各部分学习章节、参考课时及教学建议如下所示。

| 章　节 | 参考课时 | 教　学　建　议 |
|---|---|---|
| 9.1　PLC 传送、搬运与分拣控制系统——单机控制应用 | 4 | 建议在实训室授课，学生可以将整个系统分成小模块，学生分组学习编程，然后根据教师的分析进行操作实践。注意，在实践过程中强调各仓位与传感器的对应关系，以及传感器信号的调整 |
| 9.2　PLC 控制工件分拣、搬运、装配、仓储流水线——1:1 网络控制应用 | 6 | 建议在实训室授课，系统的工艺过程的分析与编程由学生分组讨论然后实施；教学重点放在 1:1 网络设置、链接和程序设定 |
| 9.3　PLC 控制供料、输送、加工、装配与分拣流水线——$N:N$ 网络控制应用 | 6 | 建议在实训室授课，系统的工艺过程的分析与编程由学生分组讨论然后实施；教学重点放在 $N:N$ 网络设置、链接和程序设定 |

自动生产线控制系统是伴随着现代制造工业的发展而逐渐发展起来的，具有综合性和系统性的特点，它运用 PLC 控制技术、变频调速技术、传感器检测技术、步进电动机和交流伺服电动机控制技术、网络技术、计算机监控技术及气动技术以实现生产设备的综合控制。PLC 是自动生产线系统中重要的控制器，可以将生产加工的工序、工艺过程和网络信息传输等要求编写成程序，构建硬件结构。自动生产线控制系统将按照预定程序完成既定工件装卸、工位检测与夹紧、工件输送、工件的分拣甚至包装等工作。

# 9.1 PLC 传送、搬运与分拣控制系统——单机控制应用

PLC 传送、搬运与分拣控制系统如图 9-1 所示。

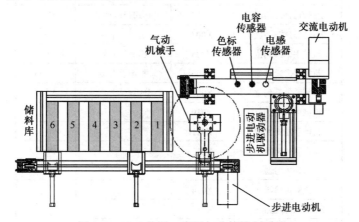

图 9-1 PLC 传送、搬运与分拣控制系统

PLC 传送、搬运与分拣控制系统的控制要求如下。

传送站的工件斗中有工件时，在工件入口处有一个光电传感器，检测到信号后，上料汽缸动作，将工件推出到传送带上，之后由电动机带动传送带运行。工件在传送带的带动下，依次经过电感传感器、电容传感器和色度可调的色标传感器。传送带运行 5 s 后，工件到达传送带终点并自动停止，电动机停止运行。

在工件到达终点后，机械手将工件从传送带上夹起，放到货运台上，机械手返回等待。机械手由单作用汽缸驱动，其工作顺序：机械手下降—手抓夹紧—机械手上升—机械手右转—机械手下降—手抓放松—机械手上升—机械手左转回到原位。

货运台得到机械手搬运过来的工件后，根据在传送带上 3 个传感器得到的特性参数，将工件运送到相应的仓位，并由分拣汽缸将工件推到仓位内，最后货运台回到等待位置。工件属性对应的仓储位置如表 9-1 所示。

表 9-1 工件属性对应的仓储位置

| 仓储位置 | 存放工件 | 仓储位置 | 存放工件 |
|---|---|---|---|
| 1 号仓 | 红色塑料工件 | 4 号仓 | 黄色铁质工件 |
| 2 号仓 | 黄色塑料工件 | 5 号仓 | 红色铝质工件 |
| 3 号仓 | 红色铁质工件 | 6 号仓 | 黄色铝质工件 |

为了提高生产效率，系统在运行过程中应尽可能保证传送带、机械手及分拣装置动作不相互制约。例如，传送带上没有工件，即可推入新工件。机械手上无工件，只要传送带终点有工件，就立即搬运。

设定输入/输出（I/O）分配表，如表 9-2 所示。

表 9-2　PLC 传送、搬运与分拣控制系统的 I/O 分配表

| 输　　入 | | 输　　出 | |
|---|---|---|---|
| 输入设备 | 输入编号 | 输出设备 | 输出编号 |
| 启动按钮 SB1 | X000 | 步进电动机脉冲 | Y000 |
| 停止按钮 SB2 | X001 | 步进电动机方向 | Y001 |
| 上料光电传感器 | X002 | 上料汽缸 | Y002 |
| 上料汽缸伸出到位 | X003 | 传送带电动机 | Y003 |
| 上料汽缸缩回到位 | X004 | 机械手下降 | Y004 |
| 机械手下降到位 | X005 | 机械手夹紧 | Y005 |
| 机械手夹紧到位 | X006 | 机械手右旋 | Y006 |
| 机械手上升到位 | X007 | 分拣汽缸伸出 | Y007 |
| 机械手右旋到位 | X010 | | |
| 机械手左旋到位 | X011 | | |
| 电容传感器 | X012 | | |
| 电感传感器 | X013 | | |
| 色标传感器 | X014 | | |
| 分拣汽缸伸出到位 | X015 | | |
| 分拣汽缸缩回到位 | X016 | | |
| 分拣货运台原位 | X017 | | |

根据工艺要求，设定传感器检测识别特性，将电容传感器调整为可检测金属（铝质或铁质）工件，但检测不到非金属工件。将电感传感器调整为可检测铁质工件，但检测不到铝质工件。色标传感器可检测到黄色工件，但检测不到红色工件。各仓位与传感器检测信号的对应关系如表 9-3 所示。

确定了该对应关系，则要解决的另一个问题是保存传送带上负责检测工件的属性，该属性等到分拣时才使用。但只要传送带上工件被机械手搬运后，传送带即可送入下一个工件，而此时检测到新的属性不能覆盖原有工件属性，否则系统分拣就会出错。

表 9-3　各仓位与传感器检测信号的对应关系

| 仓储位置 | 工件属性检测 | | |
|---|---|---|---|
| | 电容传感器 | 电感传感器 | 色标传感器 |
| | 金属 | 铁质金属 | 黄色 |
| 1 号仓 | 0 | 0 | 0 |
| 2 号仓 | 0 | 0 | 1 |
| 3 号仓 | 1 | 1 | 0 |
| 4 号仓 | 1 | 1 | 1 |
| 5 号仓 | 1 | 0 | 0 |
| 6 号仓 | 1 | 0 | 1 |

为保证原有的工件属性不被覆盖，可采用转存的方式保证数据不丢失，但采用该方式程序较为麻烦。此处采用功能指令中的移位写入 SFWR 和移位读出 SFRD 指令并按队列的方式进行数据的存取，如图 9-2 所示。这样只考虑何时将记忆的数据存入队列，何时将记忆的数据从队列中取出即可。

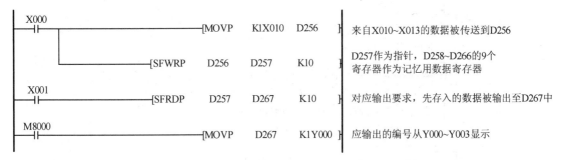

图 9-2　按队列方式进行数据存取

根据控制要求编写传送带工作的状态转移图，如图 9-3 所示，在 S23 状态，即传送带运行 5 s 停止后，等待机械手的原位信号，如果检测到机械手的原位信号就进入并行方式，一边从 S24 状态将检测信号传输进队列中，一边启动机械手进行搬运。此外，状态转移图旁边的梯形图用来记忆停止信号，当一次搬运结束后用来停止系统。

机械手搬运程序的状态转移图如图 9-4 所示。当在 S33 状态机械手右旋搬运到位后，必须检测到分拣工作台在原始位置，才允许下放工件。当下放完工件，在 S35 状态后进入并行方式，一边从 S36 状态走，让机械手回原位；一边分拣控制程序。特别要指出，机械手回原位左旋结束后，进入 S38 状态等待，而实际上 S38 状态就是结束状态。

分拣控制程序的状态转移图如图 9-5 所示。在 S40 状态将队列中的数据取出、机械手上升到位时，进入 S41 状态。根据不同的记忆信号，选择设定不同的脉冲数据，为保证数据可靠设置，在该状态延时 0.1 s。该程序状态转移图结束采用 S46 状态，其作用与图 9-4 中的 S38 状态作用相同。根据状态转移图，读者可自行画出梯形图及指令表。

## 9.2　PLC 控制工件分拣、搬运、装配、仓储流水线——1:1 网络控制应用

### 9.2.1　PLC 控制工件分拣、搬运、装配、仓储流水线的组成单元及功能

PLC 控制工件分拣、搬运、装配、仓储流水线的示意图如图 9-6 所示。该流水线由环形传送分拣单元、工件装配单元、立体仓库单元和机器人搬运单元四部分组成。其中，环形传送分拣单元与机器人搬运单元配置一台 PLC 以实现控制任务，工件装配单元与立体仓库单元配置一台 PLC 以实现控制任务，各 PLC 之间通过 FX2N-485-BD 采用 1:1 通信方式实现互联并构成控制系统。

环形传送分拣单元如图 9-7 所示，它在整个系统中起着向系统中的其他单元提供原料的作用。具体的功能是：按照需要将放置在料仓中待加工工件（原料）自动地推出到物料台上，然后按要求进行分拣输送，以便输送单元的机械手将其抓取，输送到其他单元上。

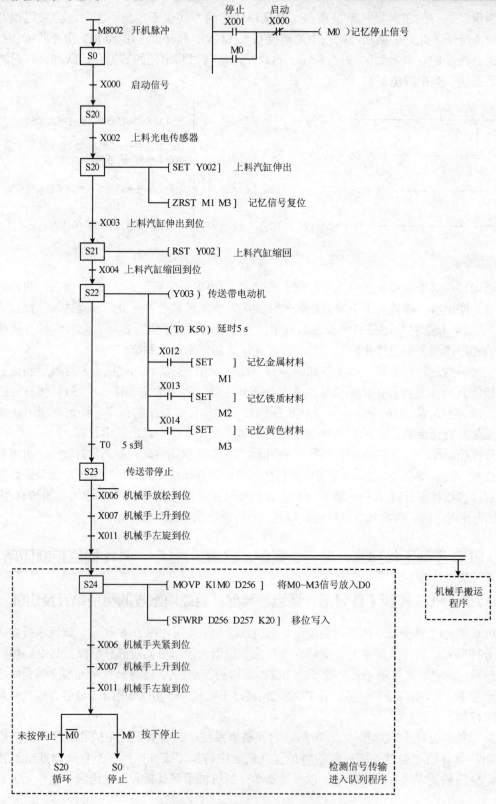

图 9-3  传送带工作的状态转移图

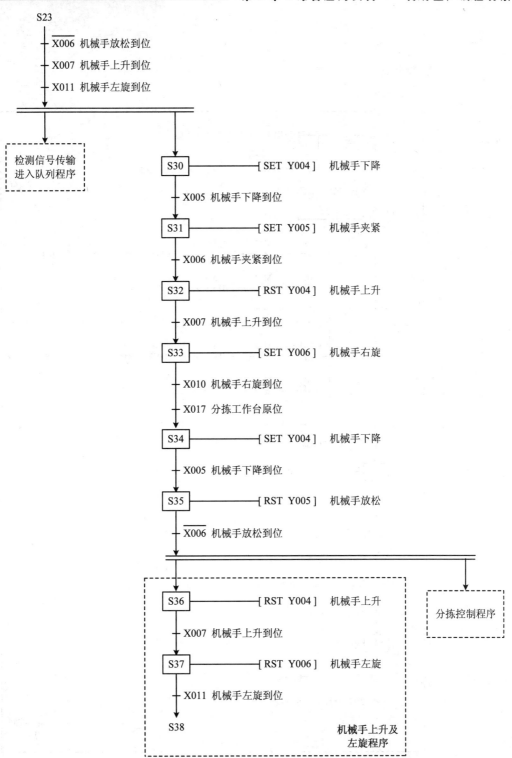

图 9-4  机械手搬运程序的状态转移图

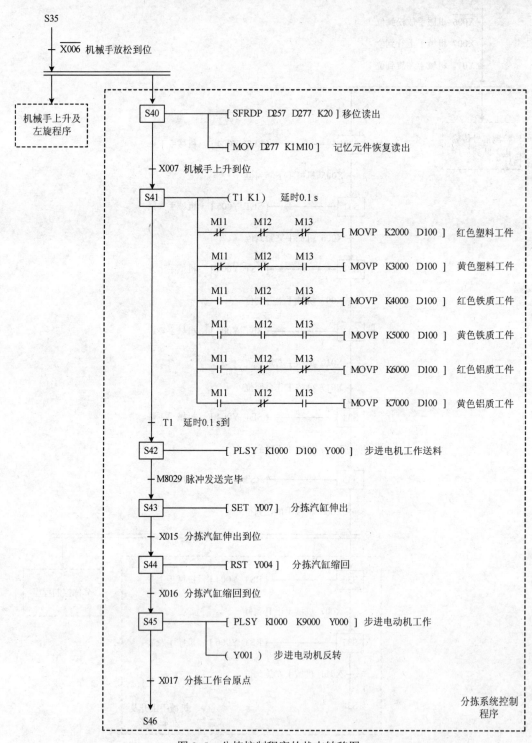

图 9-5　分拣控制程序的状态转移图

图 9-6 PLC 控制工件分拣、搬运、装配、仓储流水线的示意图

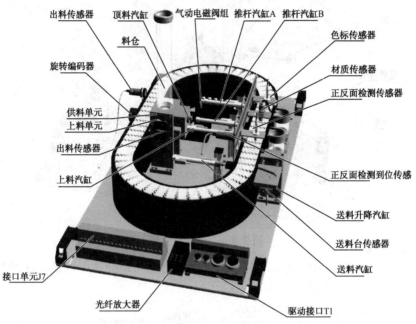

图 9-7 环形传送分拣单元

机器人搬运单元如图 9-8 所示，其基本功能是通过采用步进电动机控制机器人做旋转运动和直线运动，驱动手抓装置在指定单元的物料台上精确定位，并在该物料台上放置工件或抓取工件，把抓取到的工件搬运到指定地点放下，实现传送工件的功能。

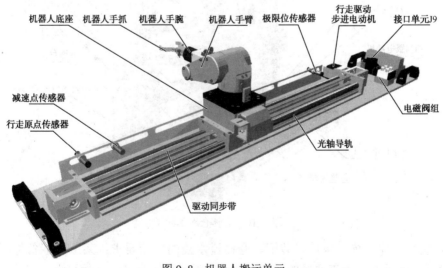

图 9-8 机器人搬运单元

**PLC 编程技术与应用**

　　工件装配单元如图 9-9 所示，其基本功能是将该单元料仓内的黑色或白色小圆柱工件嵌入已加工的工件中。

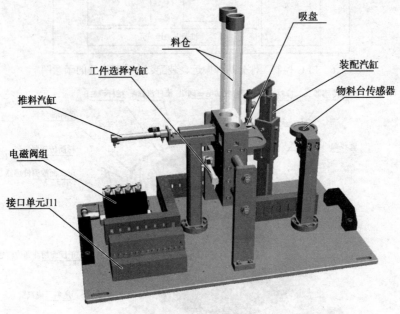

图 9-9　工件装配单元

　　立体仓库单元如图 9-10 所示，其基本功能是将上一单元送来的已装配的工件送入料仓，顺次从 1 号仓至 9 号仓放入工件。

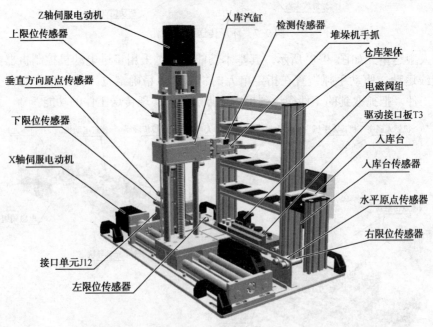

图 9-10　立体仓库单元

　　PLC 控制工件分拣、搬运、装配、仓储流水线的控制要求：某工厂准备生产一种产品，须设计出满足产品加工要求的系统程序，并通过联机调试、运行系统，将井式供料仓

内的大工件（三种：金属件、蓝色件、白色件）依次送往环形传送分拣单元的传送带上，根据分拣要求去掉金属工件和白色工件，剩余蓝颜色的大工件输出到平台，由机器人搬运至装配单元进行装配（装配件两种：黑色、白色可选择），完成装配后由机器人搬运至仓储单元入库，对装配不合格的工件按要求进行处理。

可根据以上的控制要求，先分配各工作站 PLC 的输入/输出（I/O）分配表，并确定其网络信号，然后分别编程调试。

### 9.2.2 三菱 PLC 的 1:1 网络

三菱 FX 系列 PLC 支持 1:1 网络，建立在 RS485 传输标准上，网络中允许两台 PLC 做并行链接通信。使用这种网络，通过 100 个辅助继电器和 10 个数据寄存器完成信息交换。如图 9-11 所示，设定 1:1 网络的硬件配置。

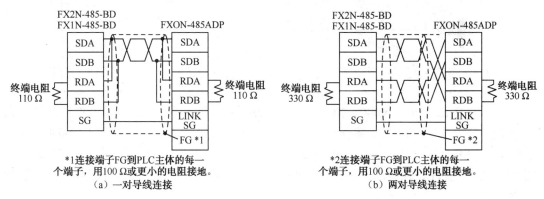

图 9-11　1:1 网络的硬件配置

FX 系列 PLC 1:1 通信网络的组建主要是对各站点 PLC 用编程方式设置网络参数来实现的。FX 系列 PLC 规定了与 1:1 网络相关的标志位（特殊辅助继电器）、存储网络参数和网络状态的特殊数据寄存器，如表 9-4 所示。

表 9-4　特殊辅助继电器

| 设　备 | 操　作　功　能 |
| --- | --- |
| M8070 | 驱动 M8070 成为并行链接的主站 |
| M8071 | 驱动 M8071 成为并行链接的从站 |
| M8072 | 当 PLC 处在并行链接操作中时为 ON |
| M8073 | 当 M8070/M8071 在并行链接操作中被错误设置时为 ON |
| M8162 | 高速并行链接模式 |
| D8070 | 并行链接错误判定时间（默认：500 ms） |

FX 系列 PLC 并行链接的 1:1 网络，其工作模式有两种，通过是否驱动特殊辅助继电器 M8162 来进行区分。特殊辅助继电器 M8162 关闭时，为普通模式，此时一台 PLC 为主站，一台 PLC 为从站，如图 9-12 所示。普通工作模式通信数据范围如表 9-5 所示。

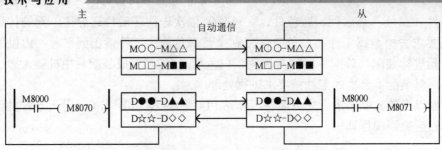

图 9-12　普通模式的并行链接

表 9-5　普通工作模式通信数据范围

| 机型 | | FX2N、FX2NC、FX1N、FX、FX2C | FX1S、FXON |
|---|---|---|---|
| 通信元件 | 主-从 | M800～M899（100 点） | M400～M449（50 点） |
| | | D490～D499（10 点） | D230～D239（10 点） |
| | 从-主 | M900～M999（100 点） | M450～M499（50 点） |
| | | D590～D599（10 点） | D240～D249（10 点） |
| 通信时间 | | 70（ms）+主扫描时间（ms）+从扫描时间（ms） | |

例如，将主站点输入 X000～X007 的 ON/OFF 状态输出到从站点的 Y000～Y007。当主站点的计算结果（D0+D2）是 100 或更小时，从站点的 Y010 接通。将从站点的 M0～M7 的 ON/OFF 状态输出到主站点的 Y000～Y007，从站点 D10 的值被用来设定主站点中的定时器 T0。实现该控制的主站点梯形图如图 9-13（a）所示，从站点梯形图如图 9-13（b）所示。

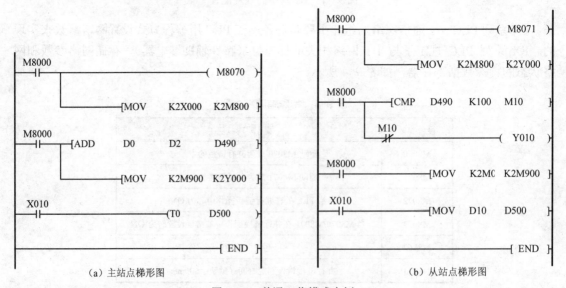

（a）主站点梯形图　　　　　　　　　　　　　　　（b）从站点梯形图

图 9-13　普通工作模式实例

特殊辅助继电器 M8162 接通时为高速模式，此时一台 PLC 为主站，一台 PLC 为从站，如图 9-14 所示。高速工作模式通信数据范围如表 9-6 所示。

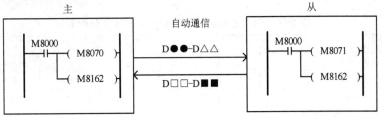

图9-14 高速模式的并行链接

表9-6 高速工作模式通信数据范围

| 机型 | | FX2N、FX2NC、FX1N、FX、FX2C | FX1S、FX0N |
|---|---|---|---|
| 通信元件 | 主-从 | D490、D491（2点） | D230、D231（2点） |
| | 从-主 | D500、D501（2点） | D240、D241（2点） |
| 通信时间 | | 20（ms）+主扫描时间（ms）+从扫描时间（ms） | |

### 9.2.3 控制功能与程序编制方法

环形皮带传送分拣与搬运的控制要求如下。

运行前应先随机在供料仓中放入大工件，按下启动按钮后，驱动环形皮带的电动机开始正向运行。上料机构送出一个大工件后，按以下情况分拣：若上料机构输出的大工件为金属工件，由 A 推拉杆剔除后重新等待供料；若上料机构输出的大工件为白色工件，由 B 推拉杆剔除后重新等待供料。

送料台传感器检测到工件送出到位时，升降汽缸提升到位，由机器人搬运至装配单元。待装配单元装配完成后，再由机器人搬运至立体仓库的仓储单元，将工件放置到立体仓库检测平台后，搬运机器人返回原点，继续搬运下一个工件。直至按下停止按钮后，搬运机器人完成当前搬运工作后停止。

为实现编程控制方便，可将 B 工件位的色标传感器与 A 工件位的材质传感器安装位置互换。设定环形皮带传送分拣与搬运控制输入/输出（I/O）分配表，如表 9-7 所示。采用普通模式的 1:1 网络并行链接网络模式进行通信。PLC 控制分拣与搬运单元的网络数据定义如表 9-8 所示。

根据控制要求，编写供料单元网络信号控制梯形图，如图 9-15 所示。

PLC 控制分拣与搬运单元中的升降台电磁阀控制梯形图如图 9-16 所示。

PLC 控制分拣与搬运单元的控制过程可采用状态转移图的方式进行编程，根据控制工艺编写状态转移图，其中环形分拣部分控制程序的状态转移图如图 9-17 所示，其中状态 S25 上方的 D0 数据为元件进入 A 位置范围脉冲数、D1 数据为元件离开 A 位置范围脉冲数，由这两个数据可确保元件在 A 位置范围内。同样状态 S35 上方的 D2 数据为元件进入 B 位置范围脉冲数、D3 数据为元件离开 B 位置范围脉冲数，由这两个数据可确保元件在 B 位置范围内。状态 S45 上方的 D4 数据为元件进入出料位置范围脉冲数，D5 数据为元件离开出料位置范围脉冲数，由这两个数据可确保元件在出料位置范围内。以上数据通过用户根据实际测试得到。测试得到的数据可通过在状态转移图上方增加 MOV 指令设定。

表 9-7　PLC 控制分拣与搬运单元的 I/O 分配表

| 输　入 | | 输　出 | |
|---|---|---|---|
| 输入设备 | 输入编号 | 输出设备 | 输出编号 |
| 传送带电动机编码器 | X000 | 机器人旋转步进电动机脉冲 | Y000 |
| 推料伸出限位 | X001 | 机器人直行步进电动机脉冲 | Y001 |
| 顶料伸出限位 | X002 | 机器人旋转步进电动机方向 | Y002 |
| 有料传感器 | X003 | 机器人直行步进电动机方向 | Y003 |
| 出料台传感器 | X004 | 顶料汽缸电磁阀 | Y004 |
| A 推料杆汽缸推出限位 | X005 | 推料汽缸电磁阀 | Y005 |
| A 工件位材质传感器 | X006 | A 推料杆汽缸电磁阀 | Y006 |
| B 推料杆汽缸推出限位 | X007 | B 推料杆汽缸电磁阀 | Y007 |
| B 工件位色标传感器 | X010 | 送料汽缸电磁阀 | Y010 |
| 送料汽缸伸出限位 | X011 | 升降汽缸电磁阀 | Y011 |
| 升降汽缸上升限位 | X012 | 机器人抓手电磁阀 | Y012 |
| 送料升降台传感器 | X013 | 机器人下摆电磁阀 | Y013 |
| 机械人旋转原点传感器 | X014 | 输送带电动机 | Y014 |
| 摆动汽缸上摆传感器 | X015 | | |
| 摆动汽缸下摆传感器 | X016 | | |
| 机械人直行终点限位传感器 | X017 | | |
| 机械人直行原点传感器 | X020 | | |
| 手抓夹紧 | X021 | | |
| 启动按钮 S01 | X022 | | |
| 停止按钮 SB2 | X023 | | |

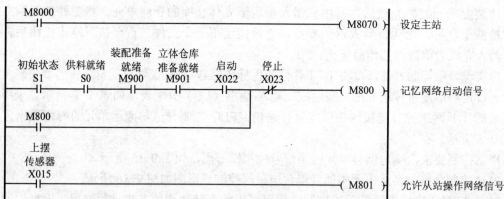

图 9-15　PLC 控制分拣与搬运单元的网络信号控制梯形图

表 9-8　PLC 控制分拣与搬运单元的网络数据定义

| 网络数据含义 | 供料站位地址 |
|---|---|
| 网络启动信号 | M800 |
| 机器人放料完毕允许从站操作 | M801 |

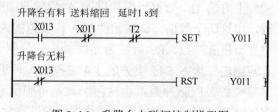

图 9-16　升降台电磁阀控制梯形图

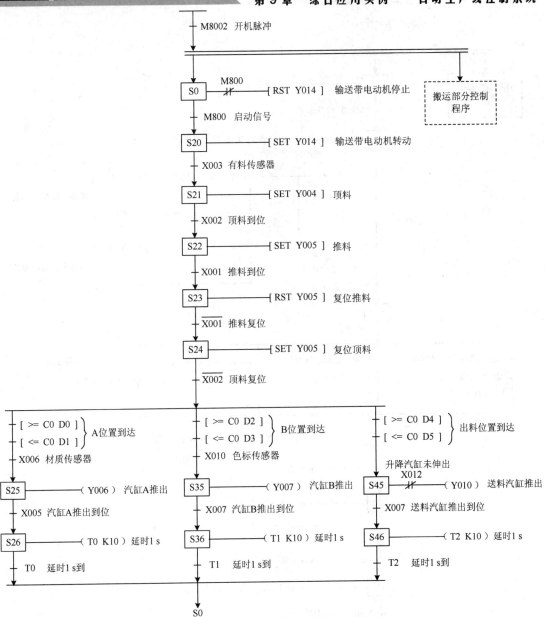

图 9-17 环形分拣部分控制程序的状态转移图

搬运部分控制程序的状态转移图如图 9-18 所示。根据状态转移图，读者可自行画出梯形图及指令表。

装配与仓储的控制要求如下。

装配单元物料台的传感器检测到有工件放入，待机器人手臂缩回后，装配单元进行黑色或白色小工件的装配操作。具体装配时，装配黑色小工件还是白色小工件由外部开关选择，装配结束后由机器人将其搬运至立体仓库单元入库平台。

装配单元装配工艺流程：吸盘摆出—推出小工件—吸盘摆回—吸料—吸盘摆出—装配小工件—吸盘摆回。

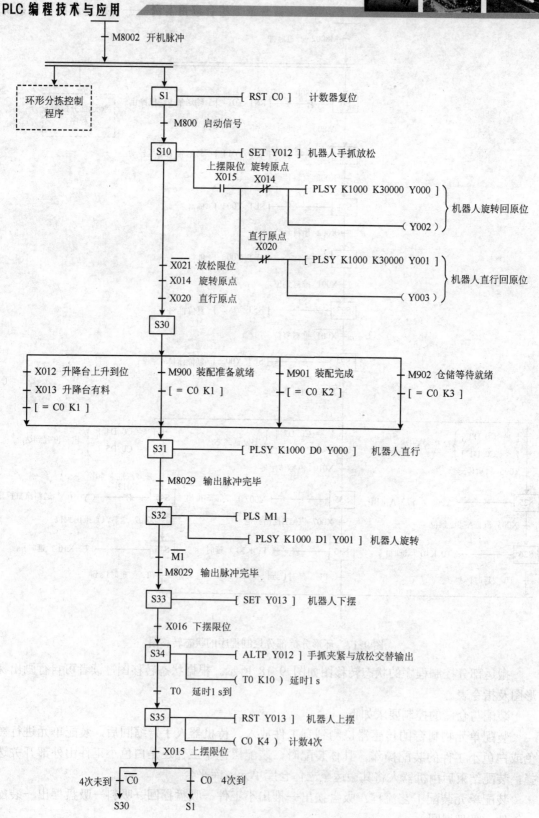

图 9-18  搬运部分控制程序的状态转移图

立体仓库单元入库平台检测到工件，且机器人手臂缩回后，堆垛机开始进行入库操作，顺次从 1 号仓至 9 号仓放入工件。

立体仓库存储单元堆垛机工作流程：手抓伸出—手抓夹紧—手抓缩回—堆垛机 X/Z 轴行走至指定仓格位置—手抓伸出—手抓松开—手抓缩回—堆垛机 X/Z 轴行走至原位。

设定装配与仓储控制输入/输出（I/O）分配表，如表 9-9 所示。PLC 控制装配与仓储单元的网络数据定义如表 9-10 所示。

表 9-9　PLC 控制装配与仓储单元的 I/O 分配表

| 输　入 | | 输　出 | |
| --- | --- | --- | --- |
| 输入设备 | 输入编号 | 输出设备 | 输出编号 |
| 入仓台传感器 | X000 | Z 轴脉冲 | Y000 |
| 入仓汽缸伸出限位 | X001 | X 轴脉冲 | Y001 |
| 入仓汽缸缩回限位 | X002 | Z 轴方向 | Y002 |
| X 轴原点传感器 | X003 | X 轴方向 | Y003 |
| Z 轴原点传感器 | X004 | 抓手汽缸电磁阀 | Y004 |
| 手抓夹紧限位 | X005 | 入仓汽缸伸出电磁阀 | Y005 |
| 装配台传感器 | X006 | 装配旋转汽缸电磁阀 | Y006 |
| 装配旋转汽缸左限位 | X007 | 装配吸盘汽缸电磁阀 | Y007 |
| 装配旋转汽缸右限位 | X010 | 料筒汽缸定位电磁阀 | Y010 |
| 装配检测传感器 | X011 | 配件推出汽缸电磁阀 | Y011 |
| 左料筒汽缸退回限位 | X012 | | |
| 配件推出汽缸伸出限位 | X013 | | |
| 外部选择开关 | X014 | | |

表 9-10　PLC 控制装配与仓储单元的网络数据定义

| 网络数据含义 | 供料站位地址 |
| --- | --- |
| 装配准备就绪 | M900 |
| 装配完成 | M901 |
| 仓储准备就绪 | M902 |

根据控制要求，编写供料单元网络信号控制梯形图，如图 9-19、图 9-20 所示。

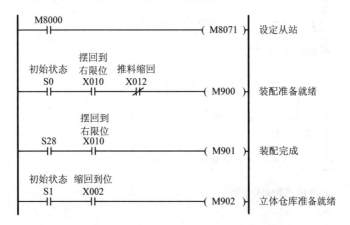

图 9-19　PLC 控制装配与仓储单元的网络信号控制梯形图

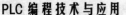

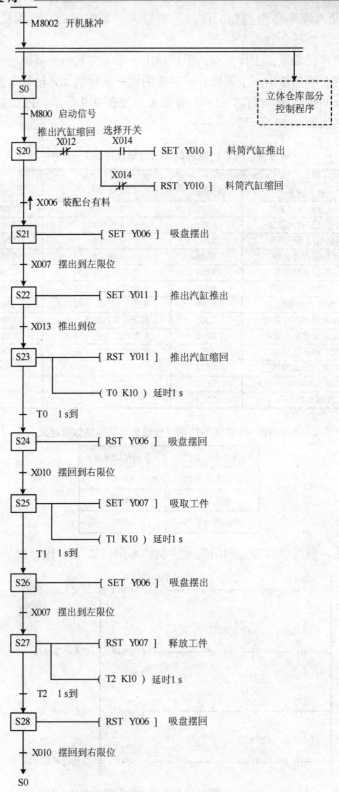

图 9-20 装配部分控制程序状态转移图

从脉冲增量的角度分析各料仓与取料平台及手抓原位的脉冲关系，其基本关系如图 9-21 所示。图 9-21 中的 D100～D105 是预先测定的脉冲数。

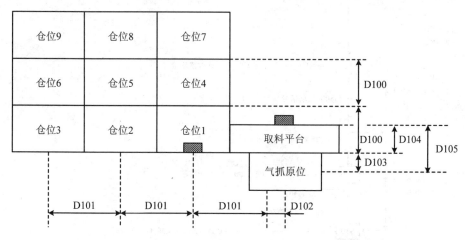

图 9-21　各料仓与取料平台及手抓原位的脉冲增量关系

根据仓位设定的赋值梯形图如图 9-22 所示。

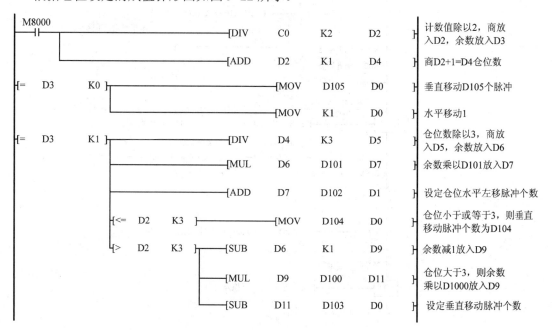

图 9-22　根据仓位设定的赋值梯形图

采用赋值方法后可编写状态转移图，如图 9-23 所示。根据状态转移图，读者可自行画出梯形图及指令表。

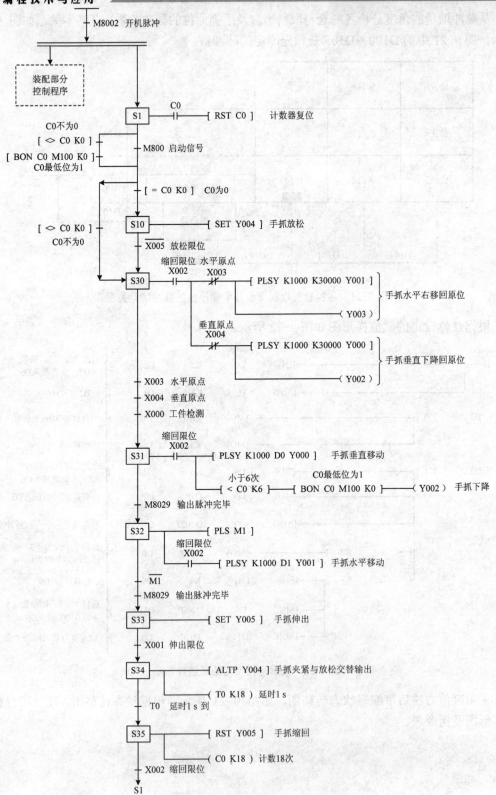

图 9-23　仓储单元部分的状态转移图

## 9.3　PLC 控制供料、输送、加工、装配与分拣流水线——*N*:*N* 网络控制应用

### 9.3.1　PLC 控制供料、输送、加工、装配与分拣流水线组成单元及功能

PLC 控制供料、输送、加工、装配与分拣流水线如图 9-24 所示，由供料单元、加工单元、装配单元、输送单元和分拣单元五部分组成。

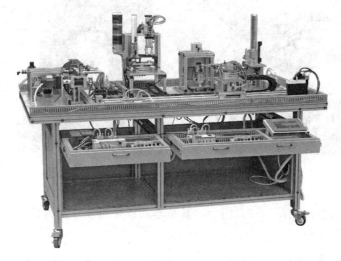

图 9-24　PLC 控制供料、输送、加工、装配与分拣流水线

供料单元实物如图 9-25 所示，在整个系统中起着向系统中的其他单元提供原料的作用。具体的功能是：按照需要将放置在料仓中待加工工件（原料）自动地推出到物料台上，以便输送单元的机械手将其抓取，然后输送到其他单元上。

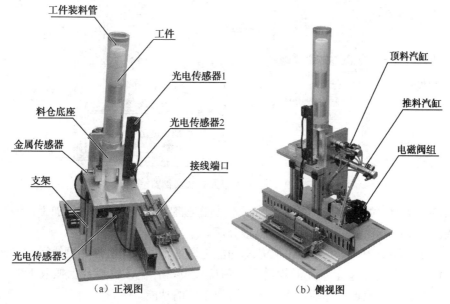

（a）正视图　　　　　　　　　（b）侧视图

图 9-25　供料单元实物

加工单元实物如图 9-26 所示，其基本功能是把该单元物料台上的工件（工件由输送单元的抓取机械手装置送来）送到冲压机构下面，完成一次冲压加工动作，然后再送回到物料台上，待输送单元的抓取机械手装置取出。

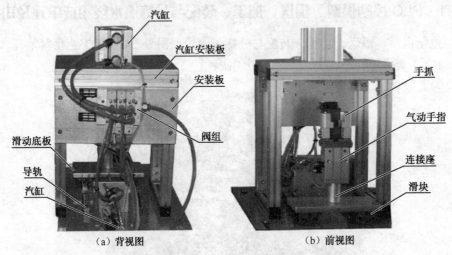

（a）背视图　　　　　　　　（b）前视图

图 9-26　加工单元实物

装配单元总装实物图如图 9-27 所示，其基本功能是将该单元料仓内的黑色或白色小圆柱工件嵌入已加工的工件中。

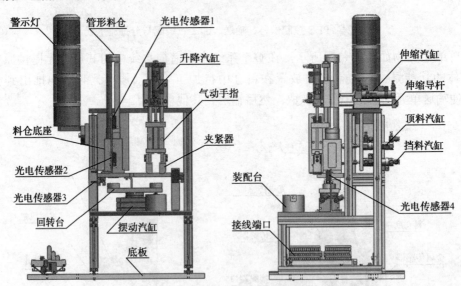

图 9-27　装配单元总装实物图

分拣单元实物图如图 9-28 所示，其基本功能是将上一单元送来的已加工、装配的工件进行分拣，使不同颜色的工件从不同的料槽分流。

输送单元实物如图 9-29 所示，其基本功能是通过步进电动机控制直线运动，传动机构驱动抓取机械手装置到指定单元的物料台上精确定位，并在该物料台上抓取工件，把抓取到的工件输送到指定地点，然后放下，实现传送工件的功能。

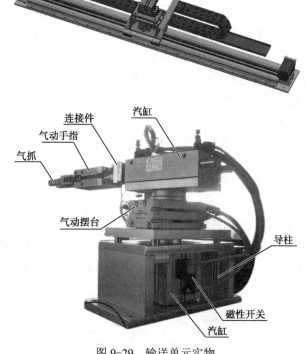

图 9-28　分拣单元实物图

图 9-29　输送单元实物

　　五个工作站各使用一台 PLC 进行控制，整体采用 *N:N* 网络进行通信协调。其控制要求是将供料单元料仓内的工件送往加工单元的物料台，加工完成后，把加工好的工件送往装配单元的装配台，然后把装配单元料仓内的白色和黑色两种不同颜色的小圆柱零件嵌入装配台上的工件中，完成装配后的成品送往分拣单元分拣输出。

　　可根据以上的控制要求，先分配各工作站 PLC 的输入/输出（I/O）分配表，并确定其网络信号，然后分别编程调试。

## 9.3.2 三菱 PLC 的 N:N 网络

三菱 FX 系列 PLC 支持 N:N 网络，建立在 RS485 传输标准上，网络中必须有一台 PLC 为主站，其他 PLC 为从站，使用这种网络，能链接小规模系统中的数据。它适合于数量不超过 8 个的 PLC（FX2N、FX2NC、FX1N、FXON）之间的互联。如图 9-30 所示，设定 N:N 网络的硬件配置。

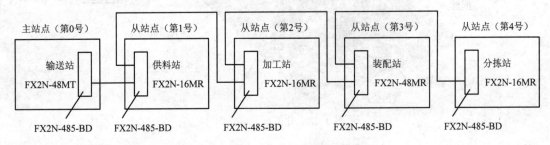

图 9-30　系统中 N:N 通信网络的配置

系统中使用的 RS485 通信接口板为 FX2N-485-BD 和 FX1N-485-BD，最大延伸距离 50m，网络的站点数为 5 个。

N:N 网络的通信协议是固定的：通信方式采用半双工通信，波特率固定为 38 400 b/s；数据长度、奇偶校验、停止位、标题字符、终结字符及和校验等也均是固定的。

N:N 网络是采用广播方式进行通信的：网络中每一站点都指定一个用特殊辅助继电器和特殊数据寄存器组成的链接存储区，各个站点链接存储区地址编号都是相同的。各站点向自己站点链接存储区中规定的数据发送区写入数据。网络上任何一台 PLC 中的发送区的状态会反映到网络中的其他 PLC，因此，数据可供通过 PLC 链接起来的所有 PLC 共享，且所有单元的数据都能同时完成更新。

FX 系列 PLC N:N 通信网络的组建主要是通过对各站点 PLC 用编程方式设置网络参数来实现的。

FX 系列 PLC 规定了与 N:N 网络相关的标志位（特殊辅助继电器）和存储网络参数及网络状态的特殊数据寄存器。当 PLC 为 FX1N 或 FX2N（C）时，N:N 网络的相关标志（特殊辅助继电器）如表 9-11 所示，相关特殊数据寄存器如表 9-12 所示。

表 9-11　特殊辅助继电器

| 特性 | 辅助继电器 | 名　称 | 描　述 | 响应类型 |
|---|---|---|---|---|
| R | M8038 | N:N 网络参数设置 | 用来设置 N:N 网络参数 | M，L |
| R | M8183 | 主站点的通信错误 | 当主站点产生通信错误时为 ON | L |
| R | M8184～M8190 | 从站点的通信错误 | 当从站点产生通信错误时为 ON | M，L |
| R | M8191 | 数据通信 | 当与其他站点通信时为 ON | M，L |

注：R—只读；W—只写；M—主站点；L—从站点。

在 CPU 错误，程序错误或停止状态下，对每一站点处产生的通信错误数目不能计数。

M8184～M8190 是从站点的通信错误标志，第 1 从站用 M8184，…，第 7 从站用 M8190。

表 9-12　特殊数据寄存器

| 特性 | 数据寄存器 | 名　称 | 描　述 | 响应类型 |
|---|---|---|---|---|
| R | D8173 | 站点号 | 存储自己的站点号 | M, L |
| R | D8174 | 从站点总数 | 存储从站点的总数 | M, L |
| R | D8175 | 刷新范围 | 存储刷新范围 | M, L |
| W | D8176 | 站点号设置 | 设置它自己的站点号 | M, L |
| W | D8177 | 从站点总数设置 | 设置从站点总数 | M |
| W | D8178 | 刷新范围设置 | 设置刷新范围模式号 | M |
| W/R | D8179 | 重试次数设置 | 设置重试次数 | M |
| W/R | D8180 | 通信超时设置 | 设置通信超时 | M |
| R | D8201 | 当前网络扫描时间 | 存储当前网络扫描时间 | M, L |
| R | D8202 | 最大网络扫描时间 | 存储最大网络扫描时间 | M, L |
| R | D8203 | 主站点通信错误数目 | 存储主站点通信错误数目 | L |
| R | D8204～D8210 | 从站点通信错误数目 | 存储从站点通信错误数目 | M, L |
| R | D8211 | 主站点通信错误代码 | 存储主站点通信错误代码 | L |
| R | D8201～D8218 | 从站点通信错误代码 | 存储从站点通信错误代码 | M, L |

注：R—只读；W—只写；M—主站点；L—从站点。

在 CPU 错误，程序错误或停止状态下，对其自身站点处产生的通信错误数目不能计数。

D8204～D8210 是从站点的通信错误数目，第 1 从站用 D8204，…，第 7 从站用 D8210。

在表 9-11 中，特殊辅助继电器 M8038（*N:N* 网络参数设置继电器，只读）用来设置 *N:N* 网络参数。

对于主站点，用编程方法设置网络参数，就是在程序开始的第 0 步（LD M8038），向特殊数据寄存器 D8176～D8180 写入相应的参数，仅此而已。对于从站点，则更为简单，只要在第 0 步（LD M8038）向 D8176 写入站点号即可。

例如，图 9-31 给出了设置输送站（主站）网络参数的程序。

图 9-31　主站点网络参数设置程序

图 9-31 所示的程序说明如下。

编程时注意，必须确保把以上程序作为 *N:N* 网络参数设定程序，从第 0 步开始写入，在不属于上述程序的任何指令或设备执行时结束。这程序段无须执行，只要把其编入此位置时自动变为有效。

特殊数据寄存器 D8178 用作设置刷新范围，刷新范围是指各站点的链接存储区。对于从站点，此设定不需要。根据网络中信息交换的数据量不同，可选择如表 9-13（模式 0）、表 9-14（模式 1）和表 9-15（模式 2）三种刷新模式。在每种模式下使用的元件被 N:N 网络所有站点所占用。

表 9-13 模式 0 站号与字元件对应表

| 站点号 | 元 件 | |
| --- | --- | --- |
| | 位软元件（M） | 字软元件（D） |
| | 0 点 | 4 点 |
| 第 0 号 | — | D0～D3 |
| 第 1 号 | — | D10～D13 |
| 第 2 号 | — | D20～D23 |
| 第 3 号 | — | D30～D33 |
| 第 4 号 | — | D40～D43 |
| 第 5 号 | — | D50～D53 |
| 第 6 号 | — | D60～D63 |
| 第 7 号 | — | D70～D73 |

表 9-14 模式 1 站号与位、字元件对应表

| 站点号 | 元 件 | |
| --- | --- | --- |
| | 位软元件（M） | 字软元件（D） |
| | 32 点 | 4 点 |
| 第 0 号 | M1000～M1031 | D0～D3 |
| 第 1 号 | M1064～M1095 | D10～D13 |
| 第 2 号 | M1128～M1159 | D20～D23 |
| 第 3 号 | M1192～M1223 | D30～D33 |
| 第 4 号 | M1256～M1287 | D40～D43 |
| 第 5 号 | M1320～M1351 | D50～D53 |
| 第 6 号 | M1384～M1415 | D60～D63 |
| 第 7 号 | M1448～M1479 | D70～D73 |

在图 9-31 所示的程序里，刷新范围设定为模式 1。这时每一站点占用 32×8 个位软元件、4×8 个字软元件作为链接存储区。在运行中，对于第 0 号站（主站），希望发送到网络的开关量数据应写入位软元件 M1000～M1063 中，而希望发送到网络的数字量数据应写入字软元件 D0～D3 中，……，对其他各站点如此类推。

特殊数据寄存器 D8179 设定重试次数，设定范围为 0～10（默认=3），对于从站点，此设定不需要。如果一个主站点试图以此重试次数（或更高）与从站通信，此站点将发生通信错误。

特殊数据寄存器 D8180 设定通信超时值，设定范围为 5～255（默认=5），此值乘以10 ms 就是通信超时的持续驻留时间。

对于从站点，网络参数设置只要设定站点号即可，例如，供料站（1 号站）的设置，如图 9-32 所示。

如果按上述对主站和各从站编程，完成网络链接后，再接通各 PLC 工作电源，即使在 STOP 状态下，通信也将在进行。

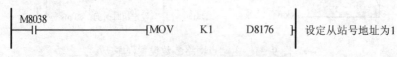

图 9-32 从站点网络参数设置程序例

### 9.3.3 控制功能与程序编制方法

整理供料站运行的控制要求如下。

若设备准备好，按下启动按钮，供料站单元启动。启动后，若出料台上没有物料，则应把物料推到出料台上。出料台上的物料被机械手输送单元取出后，若没有停止信号，则进行下一次推出物料操作。若在运行中按下停止按钮，则在完成本工作周期任务后，各工作单元停止工作。

若在运行中料仓内物料不足，则供料站单元继续工作，但指示灯 HL1 以 0.5Hz 的频率闪烁。若料仓内没有工件，则 HL1 指示灯以 1Hz 频率闪烁。工作站在完成本周期任务后停止。除非向料仓补充足够的工件，工作站不能再启动。

设定供料站为从站 1，供料站的输入/输出分配表如表 9-16 所示。PLC 控制供料单元的网络数据定义如表 9-17 所示。

表 9-15 模式 2 站号与位、字元件对应表

| 站点号 | 元件 | |
|---|---|---|
| | 位软元件（M） | 字软元件（D） |
| | 64 点 | 4 点 |
| 第 0 号 | M1000～M1063 | D0～D3 |
| 第 1 号 | M1064～M1127 | D10～D13 |
| 第 2 号 | M1128～M1191 | D20～D23 |
| 第 3 号 | M1192～M1255 | D30～D33 |
| 第 4 号 | M1256～M1319 | D40～D43 |
| 第 5 号 | M1320～M1383 | D50～D53 |
| 第 6 号 | M1384～M1447 | D60～D63 |
| 第 7 号 | M1448～M1511 | D70～D73 |

表 9-16 PLC 控制供料单元的 I/O 分配表

| 输入 | | 输出 | |
|---|---|---|---|
| 输入设备 | 输入编号 | 输出设备 | 输出编号 |
| 顶料汽缸伸出到位 | X000 | 顶料电磁阀 | Y000 |
| 顶料汽缸缩回到位 | X001 | 推料电磁阀 | Y001 |
| 推料汽缸伸出到位 | X002 | | |
| 推料汽缸缩回到位 | X003 | | |
| 出料台物料检测 | X004 | | |
| 供料不足检测 | X005 | | |
| 缺料检测 | X006 | | |
| 金属工件检测 | X007 | | |

根据控制要求，编写供料单元网络信号控制梯形图，如图 9-33 所示。

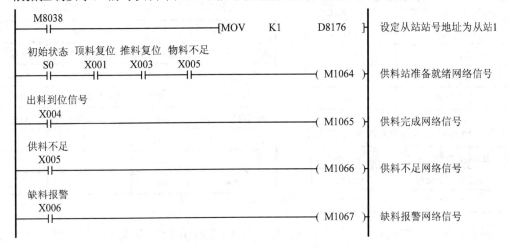

图 9-33 供料单元网络信号控制梯形图

供料站的控制过程可采用状态转移图的方式进行编程，根据控制工艺编写的状态转移图如图 9-34 所示。

整理加工站运行的控制要求如下。

若设备准备好，按下启动按钮，设备启动。当待加工工件送到加工台上并被检出后，设备执行将工件夹紧，送往加工区域冲压，完成冲压动作后，返回待料位置的工件加工工序。如果没有停止信号输入，当再有待加工工件送到加工台上时，加工单元又开始下一周期工作。在工作过程中，若按下停止按钮，加工单元在完成本周期的动作后停止工作。

设定加工站为从站 2，供料站的输入/输出分配表如表 9-18 所示。PLC 控制供料单元的网络数据定义如表 9-19 所示。

根据控制要求，编写加工单元网络信号控制梯形图，如图 9-35 所示。

加工站的控制过程也可采用状态转移图的方式进行编程，根据控制工艺编写的状态转移图，如图 9-36 所示。

整理装配站运行的控制要求如下。

若设备准备好，按下启动按钮，装配单元启动。如果回转台上的左料盘内没有小圆柱零件，就执行下料操作；如果左料盘内有零件，而右料盘内没有零件，执行回转台回转操作。如果回转台上的右料盘内有小圆柱零件且装配台上有待装配工件，执行装配机械手抓取小圆柱零件并放入待装配工件中。完成装配任务后，装配机械手应返回初始位置，等待下一次装配。若在运行过程中按下停止按钮，则供料机构应立即停止供料，在装配条件满足的情况下，装配单元在完成本次装配后停止工作。

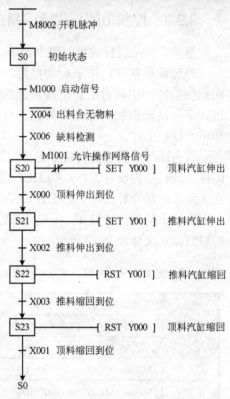

图 9-34 PLC 控制供料单元的状态转移图

表 9-17 PLC 控制供料单元的网络数据定义

| 供料站网络数据含义 | 供料站位地址 |
| --- | --- |
| 供料站准备就绪 | M1064 |
| 供料完成 | M1065 |
| 供料不足 | M1066 |
| 缺料报警 | M1067 |

表 9-19 PLC 控制供料单元的网络数据定义

| 加工站网络数据含义 | 加工站位地址 |
| --- | --- |
| 加工站准备就绪 | M1128 |
| 加工完成 | M1129 |

表 9-18 PLC 控制加工单元的 I/O 分配表

| 输　　入 | | 输　　出 | |
| --- | --- | --- | --- |
| 输入设备 | 输入编号 | 输出设备 | 输出编号 |
| 加工台物料检测 | X000 | 夹紧电磁阀 | Y000 |
| 工件夹紧检测 | X001 | 料台伸缩电磁阀 | Y001 |
| 加工台伸出到位 | X002 | 加工压头电磁阀 | Y002 |
| 加工台缩回到位 | X003 | | |
| 加工压头上限 | X004 | | |
| 加工压头下限 | X005 | | |

在运行中发生"零件不足"报警时，指示灯 HL2 以 0.5 Hz 的频率闪烁；在运行中发生"零件没有"报警时，指示灯 HL2 以 1 Hz 的频率闪烁。

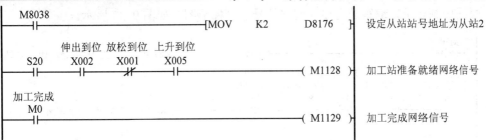

图 9-35　加工单元网络信号控制梯形图

设定装配站为从站 3，供料站的输入/输出分配表如表 9-20 所示。PLC 控制装配单元的网络数据定义如表 9-21 所示。

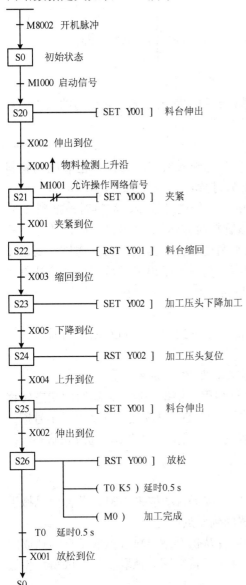

图 9-36　PLC 控制加工单元的状态转移图

表 9-20　PLC 控制装配工作站的 I/O 分配表

| 输　　入 | | 输　　出 | |
|---|---|---|---|
| 输入设备 | 输入编号 | 输出设备 | 输出编号 |
| 零件不足检测 | X000 | 挡料电磁阀 | Y000 |
| 零件有无检测 | X001 | 顶料电磁阀 | Y001 |
| 左料盘零件检测 | X002 | 回转电磁阀 | Y002 |
| 右料盘零件检测 | X003 | 手爪夹紧电磁阀 | Y003 |
| 装配台工件检测 | X004 | 手爪下降电磁阀 | Y004 |
| 顶料到位检测 | X005 | 手臂伸出电磁阀 | Y005 |
| 顶料复位检测 | X006 | | |
| 挡料状态检测 | X007 | | |
| 落料状态检测 | X010 | | |
| 摆动汽缸左限检测 | X011 | | |
| 摆动汽缸右限检测 | X012 | | |
| 手爪夹紧检测 | X013 | | |
| 手爪下降到位检测 | X014 | | |
| 手爪上升到位检测 | X015 | | |
| 手臂缩回到位检测 | X016 | | |
| 手臂伸出到位检测 | X017 | | |

表 9-21　PLC 控制装配单元的网络数据定义

| 装配站网络数据含义 | 装配站位地址 |
|---|---|
| 装配站准备就绪 | M1192 |
| 装配完成 | M1193 |
| 零件不足 | M1194 |
| 缺零件报警 | M1195 |

根据控制要求，编写装配单元网络信号控制梯形图，如图 9-37 所示。

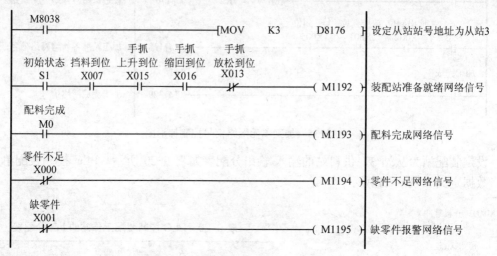

图 9-37　装配单元网络信号控制梯形图

装配站的控制过程可采用状态转移图的方式进行编程，根据控制工艺编写的状态转移图如图 9-38 所示。

分拣站运行的控制要求如下。

若设备准备好，按下启动按钮，系统启动。当传送带入料口人工放下已装配的物料时，变频器即启动，驱动传动电动机（频率为 30 Hz），把物料带往分拣区。

如果为金属物料，则该物料对到达 1 号滑槽中间，传送带停止，物料对被推到 1 号槽中；如果塑料物料上的小圆柱零件为白色，则该物料对到达 2 号滑槽中间，传送带停止，物料对被推到 2 号槽中；如果塑料物料上的小圆柱零件为黑色，则该物料对到达 3 号滑槽中间，传送带停止，物料对被推到 3 号槽中。物料被推出滑槽后，该分拣站单元的一个工作周期结束。如果在运行期间按下停止按钮，该分拣单元在本工作周期结束后停止运行。

设定分拣站为从站 4，供料站的输入/输出分配表如表 9-22 所示。PLC 控制分拣单元的网络数据定义如表 9-23 所示。

根据控制要求，编写分拣单元网络信号控制梯形图，如图 9-39 所示。

分拣站的控制过程可采用状态转移图的方式进行编程，根据控制工艺编写的状态转移图如图 9-40 所示。其中，状态 S22、S32、S42 上方的 D1、D2、D3 数值分别表示 1 号槽、2 号槽、3 号槽的脉冲数，需要用户根据实际测试得到。测试得到的数据可通过在状态转移图上方增加 MOV 指令设定。

输送站运行的控制要求如下。

当其他各工作单元已经就位，输送单元在通电后，按下启动按钮 SB1，若抓取机械手装置不在原位，则执行复位操作，使抓取机械手装置回到原点位置。

当抓取机械手装置回到原点位置，抓取机械手装置从供料站出料台抓取工件，抓取的顺序是：手臂伸出—手爪夹紧抓取工件—提升台上升—手臂缩回。抓取动作完成后，步进电动机驱动机械手装置向加工站移动。

　　机械手装置移动到加工站物料台的正前方后，即把工件放到加工站物料台上。抓取机械手装置在加工站放下工件的顺序是：手臂伸出—提升台下降—手爪松开放下工件—手臂缩回。当加工站完成加工后，抓取机械手装置执行抓取加工站工件的操作。抓取的顺序与供料站抓取工件的顺序相同。

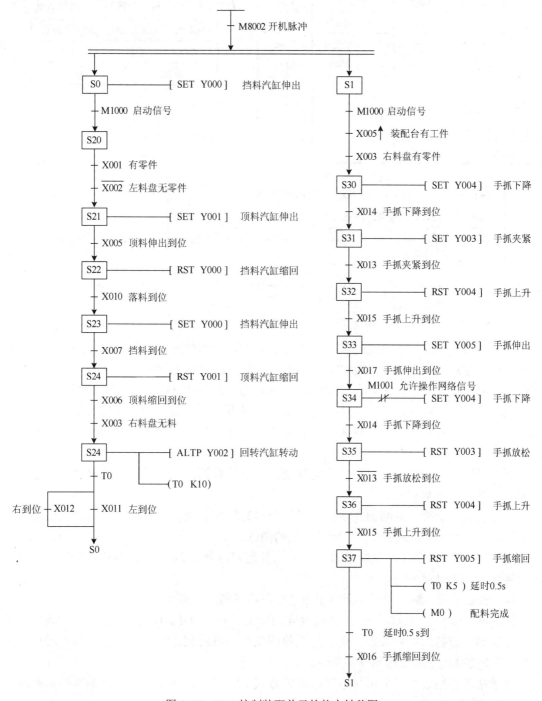

图 9-38　PLC 控制装配单元的状态转移图

表 9-22    PLC 控制分拣工作站的 I/O 分配表

| 输入 | | 输出 | |
|---|---|---|---|
| 输入设备 | 输入编号 | 输出设备 | 输出编号 |
| 旋转编码器 A 相 | X000 | 变频器 | Y000 |
| 进料口工件检测 | X001 | 推杆 1 电磁阀 | Y001 |
| 电感式传感器 | X002 | 推杆 2 电磁阀 | Y002 |
| 光纤传感器 A | X003 | 推杆 3 电磁阀 | Y003 |
| 光纤传感器 B | X004 | | |
| 推杆 1 推出到位 | X005 | | |
| 推杆 2 推出到位 | X006 | | |
| 推杆 3 推出到位 | X007 | | |

表 9-23    PLC 控制分拣单元的网络数据定义

| 分拣站网络数据含义 | 分拣站位地址 |
|---|---|
| 分拣站准备就绪 | M1256 |
| 分拣完成 | M1257 |

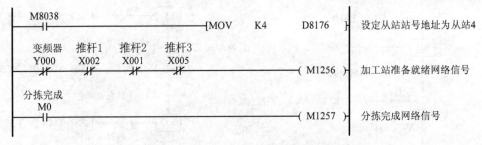

图 9-39    分拣单元网络信号控制梯形图

抓取动作完成后，步进电动机驱动机械手装置移动到装配站物料台的正前方。然后把工件放到装配站物料台上。其动作顺序与加工站放下工件的顺序相同。装配动作完成后，抓取机械手装置执行抓取装配站工件的操作。抓取的顺序与供料站抓取工件的顺序相同。

机械手手臂缩回后，摆台逆时针旋转 90°，步进电动机驱动机械手装置从装配站向分拣站运送工件，到达分拣站传送带上方入料口后把工件放下，动作顺序与加工站放下工件的顺序相同。

放下工件动作完成后，机械手手臂缩回，然后执行返回原点的操作同时摆台顺时针旋转 90°，返回原点后停止。

当抓取机械手装置返回原点后，完成一个运行周期。当供料单元的出料台上放置了工件时，再按一次启动按钮 SB2，开始新一轮的测试。

设定供料站为主站 0，供料站的输入/输出分配表如表 9-24 所示。PLC 控制输送站单元的网络数据定义如表 9-25 所示。

根据控制要求，编写输送单元网络信号控制梯形图，如图 9-41 所示。

输送单元脉冲信号赋值梯形图如图 9-42 所示。其中，D1、D2、D3 数值分别表示加工站、装配站、分拣站的脉冲数，需要用户根据实际测试得到。测试得到的数据可通过在梯形图上方增加 MOV 指令设定具体数值。

输送站的控制过程可采用状态转移图的方式进行编程，根据控制工艺编写的状态转移图如图 9-43 所示。

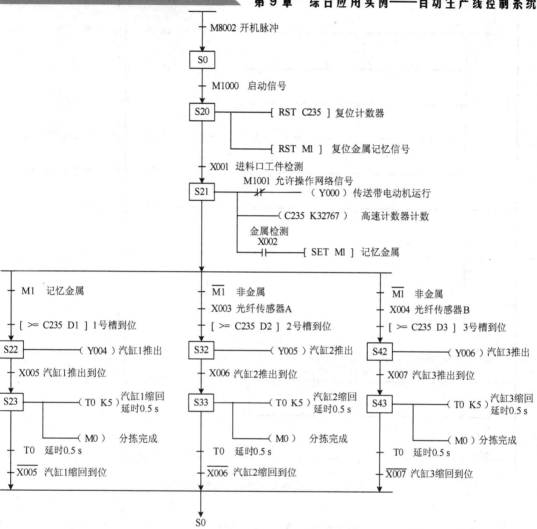

图 9-40 PLC控制分拣单元的状态转移图

表 9-24 PLC控制输送站系统的 I/O 分配表

| 输 入 | | 输 出 | |
|---|---|---|---|
| 输入设备 | 输入编号 | 输出设备 | 输出编号 |
| 原点传感器检测 | X000 | 脉冲 | Y000 |
| 右限位保护 | X001 | — | Y001 |
| 左限位保护 | X002 | 方向 | Y002 |
| 机械手抬升下限检测 | X003 | 抬升台上升电磁阀 | Y003 |
| 机械手抬升上限检测 | X004 | 回转汽缸左旋电磁阀 | Y004 |
| 机械手旋转左限检测 | X005 | 回转汽缸右旋电磁阀 | Y005 |
| 机械手旋转右限检测 | X006 | 手爪伸出电磁阀 | Y006 |
| 机械手伸出检测 | X007 | 手爪夹紧电磁阀 | Y007 |
| 机械手缩回检测 | X010 | 手爪放松电磁阀 | Y010 |
| 机械手夹紧检测 | X011 | 指示灯 HL1 | Y014 |
| 启动按钮 SB1 | X012 | 指示灯 HL2 | Y015 |
| 停止按钮 SB2 | X013 | 运行指示灯 | Y016 |

表 9-25 PLC控制输送站单元的
网络数据定义

| 输送站网络数据含义 | 输送站位地址 |
|---|---|
| 记忆网络启动信号 | M1000 |
| 允许从站操作信号 | M1001 |

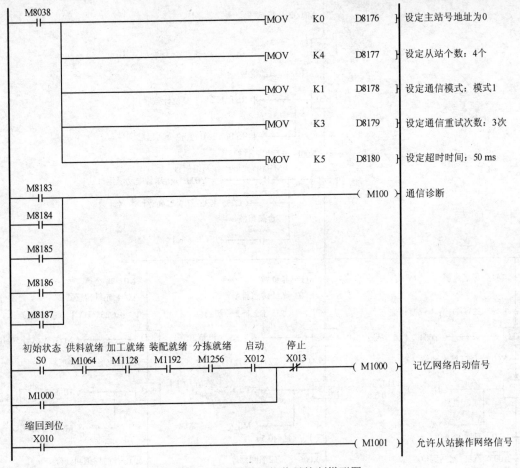

图 9-41 输送单元网络信号控制梯形图

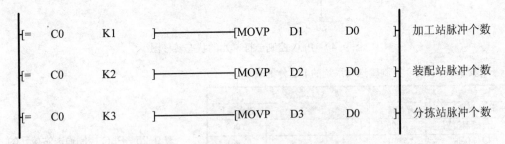

图 9-42 输送单元脉冲信号赋值梯形图

输送站的指示灯 HL1、HL2 及运行指示灯可通过如图 9-44 所示的梯形图来实现。

## 知识梳理与总结

本章介绍了 3 个 PLC 自动生产线控制系统的综合实例，其中"PLC 传送、搬运与分拣控制系统"是由一台 PLC 控制，可以实现包括物品传送检测、物品颜色性质检测、物品传输搬运与分拣等多种功能。

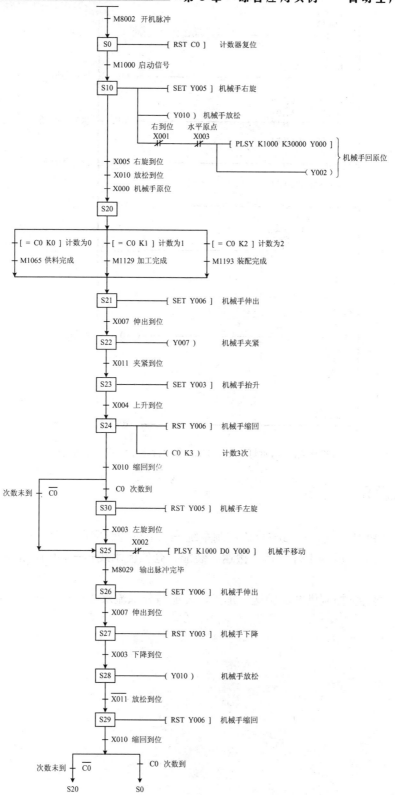

图 9-43 PLC 控制输送单元的状态转移图

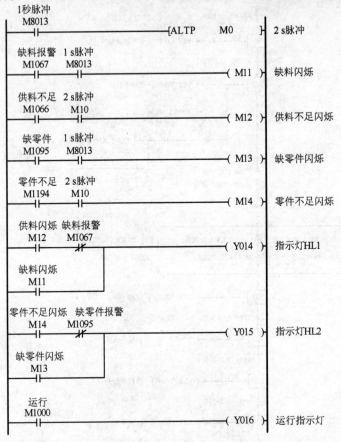

图 9-44　指示灯 HL1、HL2 及运行指示灯控制梯形图

# 思考与练习 9

1．完成"PLC 传送、搬运与分拣控制系统——单机控制应用"课题实践报告。

2．完成"PLC 控制工件分拣、搬运、装配、仓储流水线——1:1 网络控制应用"课题的实践报告。

3．完成"PLC 控制供料、输送、加工、装配与分拣流水线——N:N 网络控制应用"课题的实践报告。

# 附录A　FX2N系列PLC特殊辅助继电器

表 A-1　FX2N 系列 PLC 特殊辅助继电器

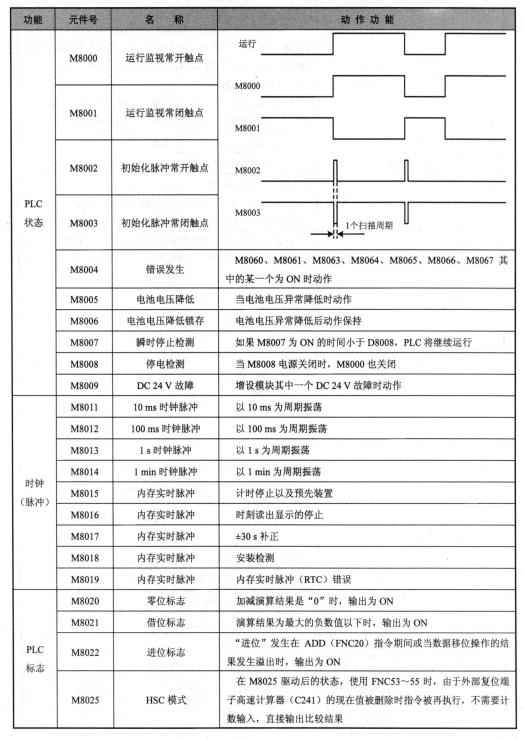

| 功能 | 元件号 | 名　称 | 动　作　功　能 |
|---|---|---|---|
| PLC<br>状态 | M8000 | 运行监视常开触点 | |
| | M8001 | 运行监视常闭触点 | |
| | M8002 | 初始化脉冲常开触点 | |
| | M8003 | 初始化脉冲常闭触点 | |
| | M8004 | 错误发生 | M8060、M8061、M8063、M8064、M8065、M8066、M8067 其中的某一个为 ON 时动作 |
| | M8005 | 电池电压降低 | 当电池电压异常降低时动作 |
| | M8006 | 电池电压降低锁存 | 电池电压异常降低后动作保持 |
| | M8007 | 瞬时停止检测 | 如果 M8007 为 ON 的时间小于 D8008，PLC 将继续运行 |
| | M8008 | 停电检测 | 当 M8008 电源关闭时，M8000 也关闭 |
| | M8009 | DC 24 V 故障 | 增设模块其中一个 DC 24 V 故障时动作 |
| 时钟<br>（脉冲） | M8011 | 10 ms 时钟脉冲 | 以 10 ms 为周期振荡 |
| | M8012 | 100 ms 时钟脉冲 | 以 100 ms 为周期振荡 |
| | M8013 | 1 s 时钟脉冲 | 以 1 s 为周期振荡 |
| | M8014 | 1 min 时钟脉冲 | 以 1 min 为周期振荡 |
| | M8015 | 内存实时脉冲 | 计时停止以及预先装置 |
| | M8016 | 内存实时脉冲 | 时刻读出显示的停止 |
| | M8017 | 内存实时脉冲 | ±30 s 补正 |
| | M8018 | 内存实时脉冲 | 安装检测 |
| | M8019 | 内存实时脉冲 | 内存实时脉冲（RTC）错误 |
| PLC<br>标志 | M8020 | 零位标志 | 加减演算结果是 "0" 时，输出为 ON |
| | M8021 | 借位标志 | 演算结果为最大的负数值以下时，输出为 ON |
| | M8022 | 进位标志 | "进位"发生在 ADD（FNC20）指令期间或当数据移位操作的结果发生溢出时，输出为 ON |
| | M8025 | HSC 模式 | 在 M8025 驱动后的状态，使用 FNC53～55 时，由于外部复位端子高速计算器（C241）的现在值被删除时指令被再执行，不需要计数输入，直接输出比较结果 |

| 功能 | 元件号 | 名　称 | 动 作 功 能 |
|---|---|---|---|
| PLC<br>标志 | M8026 | RAMP 模式 | RAMP 指令的输出的模式切换 |
| | M8027 | PR 模式 | OFF：8 位串行口输出<br>ON：1～16 位串行口输出 |
| PLC<br>标志 | M8028 | FROM/TO 指令<br>执行中断许可 | （1）M8028=OFF，则 FROM/TO 指令执行中成为自动的中断禁止状态，输入中断或时间中断不能被执行。这期间发生的中断在 FROM/TO 指令的执行完了后被立刻执行。还有 FROM/TO 指令可以在中断程序中使用<br>（2）M8028=ON，则 FROM/TO 指令执行中发生中断时，执行中断后，中断程序被执行。但是中断程序中不能使用 FROM/TO 指令 |
| | M8029 | 指令执行结束 | DSW、PLSY、PLSR 等的动作结束时动作 |
| PLC<br>模式 | M8030 | 电池 LED 消灯指令 | 当驱动 M8030 时就算电池电压降低，PLC 面板的 LED 也不会点灯 |
| | M8031 | 非锁存内存<br>全部清除 | 当这个 M8031 被驱动时，非保持型继电器 Y、M、S、T、C 的 ON/OFF 的值或 T、C、D 的现在值被删除为零。特殊寄存器 D、程序存储器内的文件寄存器 D、存储盒内的 ER 不被删除 |
| | M8032 | 锁存内存全部清除 | 当 M8032 被驱动时，保持型继电器 Y、M、S、T、C 的 ON/OFF 的值或 T、C、D 的现在值被删除为零。特殊寄存器 D、程序存储器内的文件寄存器 D、存储盒内的 ER 不被删除 |
| | M8033 | 内存保持停止 | 当 PLC 从 RUN 状态变换至 STOP 状态时，图像存储或是数据存储的内容保持原来状态 |
| | M8034 | 所有输出禁止 | 用于激活输出的所有物理开关设备被禁止 |
| | M8035 | 强制 RUN 模式 | 在 RUN/STOP 各按钮开关里想进行 PLC 的 RUN/STOP 时，这个继电器为 ON，程序如下 |
| | M8036 | 强制 RUN 指令 | |
| | M8037 | 强制 STOP 指令 | |
| | M8038 | 参数设置 | 通信参数设置标志（简易 PLC 间的链接设置用） |
| | M8039 | 恒定扫描模式 | M8039 为 ON 时，PLC 等到在 D8039 里被指定的扫描时间为止，进行循环操作 |
| 步进<br>梯形图 | M8040 | STL 传送禁止 | M8040 驱动时状态间的传送被禁止 |
| | M8041 | 传送开始 | 在自动操作中，可以从初始状态开始传送 |
| | M8042 | 开始脉冲 | 关于开始输入的脉冲输出 |
| | M8043 | 零点回归完成 | 用零点回归模式的结束状态允许动作 |
| | M8044 | 原点条件 | 检测机械原点时动作 |
| | M8045 | 所有输出复位禁止 | 模式切换时不让进行所有输出的复位 |
| | M8046 | STL 状态动作 | M8047 动作中时，S0～S899 的其中一个为 ON 时动作 |
| | M8047 | STL 监视有效 | 驱动 M8047 时，D8040～D8047 的动作有效 |

在 M8035/M8036/M8037 行对应的动作功能栏中的梯形图：

```
  M8000
───┤├─────────────────────( M8035 ) 强制RUN模式
    │
    └────────────────────( M8036 ) 强制RUN
  X001
───┤├─────────────────────( M8037 ) 强制STOP
```

| 功能 | 元件号 | 名　称 | 动 作 功 能 |
|---|---|---|---|
| 步进梯形图 | M8048 | 报警器 ON | M8049 动作中时，S900～S999 的其中一个为 ON 时动作 |
| | M8049 | 允许报警器监视 | 驱动 M8049 时，D8049 的动作有效 |
| 中断禁止 | M8050 | I00□ 禁止 | （1）输入中断禁止<br>（2）EI 指令执行后，就算中断被允许，个别中断动作也被禁止<br>例如，M8050 为 ON 且中断 I00x 驱动了被禁止的继电器时，D8049 的动作有效 |
| | M8051 | I10□ 禁止 | |
| | M8052 | I20□ 禁止 | |
| | M8053 | I30□ 禁止 | |
| | M8054 | I40□ 禁止 | |
| | M8055 | I50□ 禁止 | |
| | M8056 | I60□ 禁止 | |
| | M8057 | I70□ 禁止 | |
| | M8058 | I80□ 禁止 | |
| | M8059 | 计数中断禁止 | I010～I060 中断被禁止 |
| 错误检测 | M8060 | I/O 配置错误 | 如果 M8060～M8067 其中之一为 ON，最低位的数字被存入 D8004 且 M8004 被设置为 ON |
| | M8061 | PLC 硬件错误 | |
| | M8062 | PLC/PP 通信错误 | |
| | M8063 | 串行口通信错误 | （1）如果 M8060～M8067 其中之一为 ON，最低位的数字被存入 D8004 且 M8004 被设置为 ON<br>（2）PLC 的 STOP→RUN 时，M8063 被删除，但 M8068、D8068 不被删除 |
| | M8064 | 参数错误 | 如果 M8060～M8067 其中之一为 ON，最低位的数字被存入 D8004 且 M8004 被设置为 ON |
| | M8065 | 语法错误 | |
| | M8066 | 回路错误 | |
| | M8067 | 操作错误 | （1）如果 M8060～M8067 其中之一为 ON，最低位的数字被存入 D8004 且 M8004 被设置为 ON<br>（2）PLC 的 STOP→RUN 时，M8067 被删除，但 M8068、D8068 不被删除 |
| | M8068 | 操作错误锁存 | 接通后，操作错误锁存 |
| | M8069 | I/O 总线检查 | 驱动这个继电器时，执行 I/O 总线检查。如果发生错误，错误代码 6103 被写入且 M8061 被设置为 ON |
| 并行链接功能 | M8070 | 并行链接主站 | 驱动 M8070，成为并行链接的主站 |
| | M8071 | 并行链接从站 | 驱动 M8071，成为并行链接的从站 |
| | M8072 | 并行链接运行中 ON | 当 PLC 处在并行链接操作中时为 ON |
| | M8073 | 并行链接设置错误 | 当 M8070/M8071 在并行链接操作中被错误设置时为 ON |
| 采样跟踪 | M8075 | 准备开始指令 | M8075 为 ON 时，在 D8080～D8089 里指令设备的 ON/OFF 状态或数据内容按顺序取样检测后，把它储存到序列器内的特殊存储领域里<br>取样输入假如超过了 512 次的话，变为旧数据后，新数据按顺序被储存 |

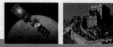

续表

| 功能 | 元件号 | 名　称 | 动作功能 |
|---|---|---|---|
| 采样跟踪 | M8076 | 准备结束，<br>执行开始指令 | M8076 为 ON 时，按 D8075 指定的取样回数进行取样，之后结束执行。取样周期通过 D8076 的内容决定 |
| | M8077 | 执行中监视 | 取样跟踪执行中为 ON |
| | M8078 | 执行完成监视 | 取样跟踪的执行完成后为 ON |
| | M8079 | 跟踪次数为 512 以上 | 跟踪次数为 512 以上时为 ON |
| 高速循环计数器 | M8099 | 高速循环计数器 | M8099 动作、END 指令执行以后，高速循环计数器 D8099 动作 |
| 存储信息 | M8104 | 安装机能扩展存储器时为 ON | ON：安装机能扩展存储器 |
| 输出刷新 | M8109 | 输出刷新错误 | ON：输出刷新错误 |
| 计算机链接 | M8121 | RS 送信待机标志 | RS232C 送信待机中为 ON |
| | M8122 | RS 送信标志 | RS232C 送信中为 ON |
| | M8123 | RS 接收结束标志 | RS232C 接收结束时为 ON |
| | M8124 | RS 信号检测到标志 | RS232C 信号被检测到时为 ON |
| | M8126 | 计算机链接[Ch1]全局信号时为 ON | ON：全局信号 |
| | M8127 | 计算机链接[Ch1]根据需求送信中 | 根据需求交换用的控制信号 |
| | M8128 | 计算机链接[Ch1]根据需求错误标志 | 根据需求错误标志 |
| | M8129 | 计算机链接[Ch1]<br>根据需求字节/位切换 | （1）在计算机链接时使用的场合<br>OFF：根据需求位<br>ON：根据需求字节<br>（2）在 RS 指令时 ON：超时<br>作为超时判断标志使用，因超时接收结束后为 ON |
| 高速计数器 | M8130 | HSZ 指令对照表模式 | ON：HSZ 指令对照表模式 |
| | M8131 | HSZ 指令对照表模式结束标志 | ON：HSZ 指令对照表模式结束 |
| | M8132 | HSZ、PLSY 指令速度模式频率 | ON：HSZ、PLSY 指令速度模式频率 |
| | M8133 | HSZ、PLSY 指令速度模式频率执行结束标志 | ON：HSZ、PLSY 指令速度模式频率执行结束 |
| 交换通信功能 | M8154 | IVBWR 指令错误[Ch1] EXTR 每个指令都定义 | OFF：无错误<br>ON：错误 |
| | M8155 | 用 EXTR 指令通信通道使用中 | ON：通信通道使用中 |
| | M8156 | 交换通信中[Ch2] EXTR 指令通信错误/参数错误 | 用 FNC180（EXTR）指令通信错误/参数错误发生时使用<br>OFF：无错误　　　ON：通信错误或参数错误 |
| | M8157 | 交换通信错误[Ch2] EXTR 指令通信错误锁存 | 用 FNC180（EXTR）指令发生的通信错误锁存<br>OFF：无错误　　　ON：通信错误锁存 |
| 扩展功能 | M8160 | XCH 的 SWAP 功能 | OFF：功能无效<br>ON：功能有效 |

续表

| 功能 | 元件号 | 名　称 | 动 作 功 能 |
|---|---|---|---|
| 扩展功能 | M8161 | 8 位处理模式 | ON：8 位处理模式<br>FNC76（ASC）、FNC80（RS）、FNC82（ASCI）、FNC83（HEX）、FNC84（CCD）里适用 |
| | M8162 | 高速并行链接模式 | ON：高速并行链接模式 |
| | M8164 | FNC78（FROM）、FNC79（TO）指令转送点数可变模式 | M8060～M8067 的其中一个为 ON 时，最小的号码被 D8004 储存后，M8004 在动作 |
| | M8167 | FNC71（HKY）指令 HEX 数据处理功能 | ON：HKY 指令 HEX 数据处理功能有效 |
| | M8168 | FNC13（SMOV）指令 HEX 数据处理功能 | ON：SMOV 指令 HEX 数据处理功能有效 |
| 脉冲插入 | M8170 | 输入 X000 脉冲插入 | ON 时允许输入 X 端脉冲插入，必须使用 EI 指令 |
| | M8171 | 输入 X001 脉冲插入 | |
| | M8172 | 输入 X002 脉冲插入 | |
| | M8173 | 输入 X003 脉冲插入 | |
| | M8174 | 输入 X004 脉冲插入 | |
| | M8175 | 输入 X005 脉冲插入 | |
| 简易PLC链接 | M8183 | 数据传送顺序错误（主站） | OFF：无错误<br>ON：顺序错误 |
| | M8184 | 数据传送顺序错误（1 号站） | |
| | M8185 | 数据传送顺序错误（2 号站） | |
| | M8186 | 数据传送顺序错误（3 号站） | |
| | M8187 | 数据传送顺序错误（4 号站） | |
| | M8188 | 数据传送顺序错误（5 号站） | |
| | M8189 | 数据传送顺序错误（6 号站） | |
| | M8190 | 数据传送顺序错误（7 号站） | |
| | M8191 | 数据传送顺序执行中 | 在数据传送顺序执行中为 ON |
| 加减计数器方向 | M8200～M8255 | C200～C255 加/减计数器方向 | 当 M8□□□ 起作用时，相关的 C□□□ 作为减计数器使用<br>当 M8□□□ 不起作用时，相关的 C□□□ 作为加计数器使用 |

# 附录 B FX2N 系列 PLC 特殊寄存器

### 表 B-1 FX2N 系列 PLC 特殊辅助寄存器

| 功能 | 元件号 | 名 称 | 动 作 功 能 |
|---|---|---|---|
| PLC 状态 | D8000 | 监控定时器 | 初始值是右记（1 ms 单位），当 PLC 的电源接通时，使用系统 ROM 转送。程序改写是 END、WDT 指令执行后有效<br>最大定时时间为 200ms |
| | D8001 | PLC 型号<br>和系统版本 | 用 BCD 变换值表示的 PLC 型号和系统版本被储存<br><br>2 4 1 0 0  BCD变换值<br><br>FX2N（C）、FX3U 24  版本 V1.00<br>FX1S 22<br>FX1N（C） 26 |
| | D8002 | 内存容量 | 内存容量<br>0002：2K（程序 2000 步）<br>0004：4K（程序 4000 步）<br>0008：8K（程序 8000 步）<br>16K（程序 16000 步）以上的场合，D8002 成为[0008]、[16]、[32]、[64]并被储存到 D8102 |
| | D8003 | 内存类型 | RAM/EEPROM/EPROM 内装/盒式的区别和内存保护开关的 ON/OFF 状态被储存<br>00H = FX-RAM-8    01H = FX-EPROM-8<br>02H = FX-EEPROM-4，8，16，在 FX2NC-EEPROM-16 无保护<br>0AH = FX-EEPROM-4，8，16，在 FX2NC-EEPROM-16 有保护<br>10H = 序列器内装 PAM |
| | D8004 | 错误 M 号码 | PLC 错误时，特殊寄存器的号码以 BCD 变换值储存<br><br>0 8 0 6 0  BCD变换值<br><br>M8060~M8068（M8004 ON时） |
| | D8005 | 电池电压 | 当前的电池电压以 BCD 变换值储存<br><br>0 0 0 3 6  BCD变换值（0.1V单位）<br><br>例如：3.6V（0.1V 单位） |
| | D8006 | 电池电压降低的检测标准 | 电池电压降低的检测标准值被储存，初始值为 3.0V（0.1V 单位）<br>当 PLC 的电源接通时，使用系统 ROM 转送 |

续表

| 功　能 | 元件号 | 名　　称 | 动　作　功　能 |
|---|---|---|---|
| PLC 状态 | D8007 | 瞬时停止检测 | 瞬时停止检测（M8007）的动作次数被储存。当电源关断时删除 |
| | D8008 | 停电检测时间 | 停电检测时间被储存。AC 电源型号：初始值为 10 ms |
| | D8009 | DC 24 V 故障模块号码 | 在基本模块或增设模块中，受到 DC 24 V 关断影响的最小输入设备号被储存 |
| 时钟（脉冲） | D8010 | 当前扫描值 | 0 步开始的累计指令执行时间（0.1 ms 单位）被储存。表现值里，包括着 M8039 驱动时的恒定扫描运转的等待时间 |
| | D8011 | 最小扫描时间 | 扫描时间的最小值（0.1 ms 单位）被储存 |
| | D8012 | 最大扫描时间 | 扫描时间的最大值（0.1 ms 单位）被储存 |
| | D8013 | 秒设置 | 设置实时时钟用，秒数据（0～59 s） |
| | D8014 | 分设置 | 设置实时时钟用，分数据（0～59 min） |
| | D8015 | 小时设置 | 设置实时时钟用，小时数据（0～23 h） |
| | D8016 | 日设置 | 设置实时时钟用，日数据（0～31 日） |
| | D8017 | 月设置 | 设置实时时钟用，月数据（0～12 月） |
| | D8018 | 年设置 | 设置实时时钟用，年数据。西历 2 数位（0～99 年） |
| | D8019 | 星期设置 | 设置实时时钟用，星期数据。日（0）～六（6） |
| 输入文件 | D8020 | 输入滤波设定值 | 设置 X000～X007 的输入滤波值为 0～60（初始值为 10 ms） |
| | D8021 | 输入滤波设定值 | 设置 X010～X017 的输入滤波值为 0～15（10 ms） |
| 指标寄存器 | D8028 | Z（Z0）寄存器内容 | Z（Z0）寄存器的内容被设置，储存 |
| | D8029 | V（V0）寄存器内容 | V（V0）寄存器的内容被设置，储存 |
| 恒定扫描 | D8039 | 恒定扫描时间 | 初始值为 0 ms（1 ms 单位），当 PLC 的电源接通时，使用系统 ROM 转送，通过程序可以改写 |
| 步进梯形图 | D8040 | 第 1 个活动 STL 状态 | STL 状态 S0～S899 中在活动状态的最小号码被储存于 D8040。下面的活动 STL 号码被存储于 D8041 以下，以最多 8 个（D8047）递增顺序储存。在执行 END 指令时处理 |
| | D8041 | 第 2 个活动 STL 状态 | |
| | D8042 | 第 3 个活动 STL 状态 | |
| | D8043 | 第 4 个活动 STL 状态 | |
| | D8044 | 第 5 个活动 STL 状态 | |
| | D8045 | 第 6 个活动 STL 状态 | |
| | D8046 | 第 7 个活动 STL 状态 | |
| | D8047 | 第 8 个活动 STL 状态 | |
| | D8049 | 最小的活动状态 | 储存当前活动的最小报警器号，可用范围为 S900～S999。在执行 END 指令时处理 |
| 错误检测 | D8060 | I/O 配置错误 | 如果与一个被编程的 I/O 号相关的模块或块没有被实际装入，则 M8060 被设置为 ON 且错误块的第一个设备号被写入 D8060 |
| | D8061 | PLC 硬件错误 | PLC 硬件错误的错误代码被储存 |
| | D8062 | PLC/PP 通信错误 | PLC/PP 通信错误的错误代码被储存 |

续表

| 功能 | 元件号 | 名称 | 动作功能 |
|---|---|---|---|
| 错误检测 | D8063 | 串行口通信错误[Ch1] | 串行口通信错误[Ch1]的错误代码被储存 |
| | D8064 | 参数错误 | 参数错误的错误代码被储存 |
| | D8065 | 语法错误 | 语法错误的错误代码被储存 |
| | D8066 | 回路错误 | 回路错误的错误代码被储存 |
| | D8067 | 操作错误 | 操作错误的错误代码被储存 |
| | D8068 | 操作错误步号 | 操作错误的步号被储存 |
| | D8069 | 错误 M8065~M8067 的步 | 错误 M8065~M8067 的步号被储存 |
| 并行链接 | D8070 | 并行链接错误判定时间 | 并行链接错误判定时间被储存（500 ms） |
| 采样跟踪 | D8074 | 剩余取样次数 | (1) 取样跟踪的剩余取样次数被储存<br>(2) 取样跟踪是被外部设备占有的设备 |
| | D8075 | 取样次数设定 | (1) 设置取样跟踪的取样次数<br>(2) 取样跟踪是被外部设备占有的设备 |
| | D8076 | 设置取样跟踪的取样周期 | (1) 设置取样跟踪的取样周期<br><br>(2) 取样跟踪是被外部设备占有的设备 |
| | D8077 | 触发指定 | (1) 设置取样跟踪的触发指定数据<br>(2) 取样跟踪是被外部设备占有的设备 |
| | D8078 | 触发条件设置 | (1) 触发条件设备号码设置<br>指定成为触发条件的设备（X、Y、M、S、T、C）<br>(2) 取样跟踪是被外部设备占有的设备 |
| | D8079 | 取样数据指针 | (1) 取样跟踪的取样数据指针被储存<br>(2) 取样跟踪是被外部设备占有的设备 |
| | D8081 | 位设备号码 No.1 | (1) 取样跟踪结果的位设备号码 No.X 的值被储存<br>(2) 取样跟踪是被外部设备占有的设备 |
| | D8082 | 位设备号码 No.2 | |
| | D8083 | 位设备号码 No.3 | |

D8076 动作功能栏图示：

$$\boxed{0}\ \boxed{0}\ \boxed{0}\ \boxed{0}\ \boxed{2}\quad \text{BCD变换值 (0.1V单位)}$$

取样周期是20ms（10ms为1个单位）

D8077 动作功能栏图示：

$$\boxed{0}\ \boxed{b2}\ \boxed{b1}\ \boxed{b0}\quad \text{BCD变换值}$$

b0: 0=M8076为ON时，无条件执行取样。
　　1=M8076为ON时，下一个条件成立时开始执行取样
[条件]在D8078指定设备的启动(b1=1)或关闭(b2=1)

| b2 | b1 | 动作 |
|---|---|---|
| 0 | 0 | 无条件执行 |
| 0 | 1 | 启动执行 |
| 1 | 0 | 关闭执行 |
| 1 | 1 | 无条件执行 |

续表

| 功能 | 元件号 | 名称 | 动作功能 |
|---|---|---|---|
| 采样跟踪 | D8084 | 位设备号码 No.4 | （1）取样跟踪结果的位设备号码 No.X 的值被储存<br>（2）取样跟踪是被外部设备占有的设备 |
| | D8085 | 位设备号码 No.5 | |
| | D8086 | 位设备号码 No.6 | |
| | D8087 | 位设备号码 No.7 | |
| | D8088 | 位设备号码 No.8 | |
| | D8089 | 位设备号码 No.9 | |
| | D8090 | 位设备号码 No.10 | |
| | D8091 | 位设备号码 No.11 | |
| | D8092 | 位设备号码 No.12 | |
| | D8093 | 位设备号码 No.13 | |
| | D8094 | 位设备号码 No.14 | |
| | D8095 | 位设备号码 No.15 | |
| | D8096 | 字设备号码 No.0 | （1）取样跟踪结果的字设备号码 No.X 的值被储存<br>（2）取样跟踪是被外部设备占有的设备 |
| | D8097 | 字设备号码 No.1 | |
| | D8098 | 字设备号码 No.2 | |
| 高速循环计数器 | D8099 | 高速循环计数器 | （1）高速循环计数器的设置被储存<br>0～32 797（以 0.1ms 为单位）的向上动作循环计数器<br>（2）M8099 动作后，END 命令执行已将高速循环计数器 D8099 动作 |
| 内存信息 | D8102 | 内存容量 | 内存容量值被储存：<br>0002：2K（2000 步）      0004：4K（4000 步）<br>0008：8K（8000 步）      0016：16K（16000 步）<br>0032：32K（32000 步）    0064：64K（64000 步） |
| | D8104 | 功能扩展存储器固有的种类代码 | 功能扩展存储器固有的种类代码被储存 |
| | D8105 | 功能扩展存储器的版本 | 功能扩展存储器的版本被储存，如 Ver.1.00 是 100 |
| 输出刷新错误 | D8109 | 输出刷新错误 | 输出刷新错误输出号码（0、10、20）等被储存 |
| 计算机链接 | D8120 | FNC80（RS）计算机链接 [Ch1]通信格式设置 | （1）通信格式数据被储存<br>（2）保持停电 |
| | D8121 | 计算机连接[Ch1]本地站号设置 | （1）本地站号设置数据被储存<br>（2）STOP→RUN 时删除 |
| | D8122 | FNC80（RS）发送数据的残余量 | （1）RS232C 发送数据残余数量数据被储存<br>（2）STOP→RUN 时删除 |
| | D8123 | FNC80（RS）收信份数监视器 | （1）RS232C 收信数据量数据被储存<br>（2）STOP→RUN 时删除 |
| | D8124 | FNC 80（RS）标题 | （1）标题初始值被储存<br>（2）标题（8 位），初始值：STX |

续表

| 功能 | 元件号 | 名称 | 动作功能 |
|------|--------|------|----------|
| 计算机链接 | D8125 | FNC 80（RS）终端 | （1）终端初始值被储存<br>（2）终端（8 位），初始值：ETX |
| | D8127 | 计算机链接[Ch1]根据需求先头号码指定 | 根据需求的先头号码指定值被储存 |
| | D8128 | 计算机链接[Ch1]根据需求数据量指定 | 根据需求数据量指定值被储存 |
| | D8129 | FNC 80（RS）计算机链接[Ch1]超时设置 | （1）超时判定时间被储存<br>（2）保持停电 |
| 高速计数器比较 | D8130 | HSZ 命令高速对照表计数器 | HSZ 命令高速对照表计数器 |
| | D8131 | HSZ、PLSY 命令速度模式表计数器 | HSZ、PLSY 命令速度模式表计数器 |
| | D8132 | HSZ、PLSY 命令速度模式频率（下位） | HSZ、PLSY 命令速度模式频率（下位）被储存 |
| | D8133 | HSZ、PLSY 命令速度模式频率（上位） | HSZ、PLSY 命令速度模式频率（上位）被储存 |
| | D8134 | HSZ、PLSY 命令速度模式目标脉冲数（下位） | HSZ、PLSY 命令速度模式目标脉冲数（下位）被储存 |
| | D8135 | HSZ、PLSY 命令速度模式目标脉冲数（上位） | HSZ、PLSY 命令速度模式目标脉冲数（上位）被储存 |
| | D8136 | PLSY、PLSR 命令输出脉冲数的累计（下位） | PLSY、PLSR 命令至 Y000 和 Y001 的输出脉冲合计数（下位）被储存 |
| | D8137 | PLSY、PLSR 命令输出脉冲数的累计（上位） | PLSY、PLSR 命令至 Y000 和 Y001 的输出脉冲合计数（上位）被储存 |
| | D8140 | PLSY、PLSR 命令至 Y000 的输出脉冲数的累计（下位） | PLSY、PLSR 命令至 Y000 的输出脉冲数的累计（下位），或是按位置命令使用时的当前值地址（下位）被储存 |
| | D8141 | PLSY、PLSR 命令至 Y000 的输出脉冲数的累计（上位） | PLSY、PLSR 命令至 Y000 的输出脉冲数的累计（上位），或是按位置命令使用时的当前值地址（上位）被储存 |
| | D8142 | PLSY、PLSR 命令至 Y001 的输出脉冲数的累计（下位） | PLSY、PLSR 命令至 Y001 的输出脉冲数的累计（下位），或是按位置命令使用时的当前值地址（下位）被储存 |
| | D8143 | PLSY、PLSR 命令至 Y001 的输出脉冲数的累计（上位） | PLSY、PLSR 命令至 Y000 的输出脉冲数的累计（上位），或是按位置命令使用时的当前值地址（上位）被储存 |
| | D8145 | ZRN、DRVI、DRVA 执行时的偏压速度 | ZRN、DRVI、DRVA 执行中的偏压速度被储存<br>初始值：0 |
| | D8146 | ZRN、DRVI、DRVA 执行时的最高速度（下位） | ZRN、DRVI、DRVA 执行时的最高速度（下位）被储存 |
| | D8147 | ZRN、DRVI、DRVA 执行时的最高速度（上位） | ZRN、DRVI、DRVA 执行时的最高速度（上位）被储存 |
| | D8148 | ZRN、DRVI、DRVA 执行时的加减速时间 | ZRN、DRVI、DRVA 执行时的加减速时间被储存 |

续表

| 功能 | 元件号 | 名称 | 动作功能 |
|------|--------|------|----------|
| 交换通信功能 | D8154 | 在 IVBWR 指令发生了错误的参数号码[Ch1] EXTR 指令的应答等待时间 | EXTR 指令的应答等待时间被储存 |
| | D8155 | 交换通信的应答等待时间[Ch2]/EXTR 指令在通信中的步号码 | EXTR 指令在通信中的步号码被储存 |
| | D8156 | 交换通信的通信中的步号码[Ch2]/EXTR 指令的错误代码 | EXTR 指令的错误代码被储存 |
| | D8157 | 交换通信的错误代码[Ch2]/EXTR 指令的错误发生步号码锁存 | EXTR 指令的错误发生步号码被储存，初始值：−1 |
| 扩展功能 | D8164 | FNC78（FROM），FNC79（TO）命令传送号指定 | FROM、TO 命令传送号指定值被储存 |
| 简易 PLC 间链接 | D8173 | 站号设置状态 | 站号设置状态被储存 |
| | D8174 | 从站设置状态 | 从站设置状态被储存 |
| | D8175 | 刷新范围设置状态 | 刷新范围设置状态被储存 |
| | D8176 | 站号设置状态 | 站号设置状态被储存，初始值：K0 |
| | D8177 | 从站数设置 | 从站数设置值被储存，初始值：K7 |
| | D8178 | 刷新范围设置 | 刷新范围设置被储存，初始值：K0 |
| | D8179 | 重试次数 | 重试次数被储存，初始值：K3 |
| | D8180 | 监视时间 | 监视时间被储存，初始值：K5 |
| 指标寄存器 | D8182 | Z1 寄存器的内容 | Z1 寄存器的内容被储存 |
| | D8183 | V1 寄存器的内容 | V1 寄存器的内容被储存 |
| | D8184 | Z2 寄存器的内容 | Z2 寄存器的内容被储存 |
| | D8185 | V2 寄存器的内容 | V2 寄存器的内容被储存 |
| | D8186 | Z3 寄存器的内容 | Z3 寄存器的内容被储存 |
| | D8187 | V3 寄存器的内容 | V3 寄存器的内容被储存 |
| | D8188 | Z4 寄存器的内容 | Z4 寄存器的内容被储存 |
| | D8189 | V4 寄存器的内容 | V4 寄存器的内容被储存 |
| | D8190 | Z5 寄存器的内容 | Z5 寄存器的内容被储存 |
| | D8191 | V5 寄存器的内容 | V5 寄存器的内容被储存 |
| | D8192 | Z6 寄存器的内容 | Z6 寄存器的内容被储存 |
| | D8193 | V6 寄存器的内容 | V6 寄存器的内容被储存 |
| | D8194 | Z7 寄存器的内容 | Z7 寄存器的内容被储存 |
| | D8195 | V7 寄存器的内容 | V7 寄存器的内容被储存 |
| 简易 LC 之间链接（监视器） | D8201 | 当前链接扫描时间 | 当前链接扫描时间被储存 |
| | D8202 | 最大链接扫描时间 | 最大链接扫描时间被储存 |
| | D8203 | 数据传送顺序错误计数（主站） | 数据传送顺序错误计数（主站）被储存 |
| | D8204 | 数据传送顺序错误计数（站号 1） | 数据传送顺序错误计数（站号 1）被储存 |

续表

| 功能 | 元件号 | 名称 | 动作功能 |
|---|---|---|---|
| 简易<br>PLC 之<br>间链接<br>（监<br>视器） | D8205 | 数据传送顺序错误计数（站号 2） | 数据传送顺序错误计数（站号 2）被储存 |
| | D8206 | 数据传送顺序错误计数（站号 3） | 数据传送顺序错误计数（站号 3）被储存 |
| | D8207 | 数据传送顺序错误计数（站号 4） | 数据传送顺序错误计数（站号 4）被储存 |
| | D8208 | 数据传送顺序错误计数（站号 5） | 数据传送顺序错误计数（站号 5）被储存 |
| | D8209 | 数据传送顺序错误计数（站号 6） | 数据传送顺序错误计数（站号 6）被储存 |
| | D8210 | 数据传送顺序错误计数（站号 7） | 数据传送顺序错误计数（站号 7）被储存 |
| | D8211 | 数据传送错误代号（主站） | 数据传送错误代号（主站）被储存 |
| | D8212 | 数据传送错误代号（站号 1） | 数据传送错误代号（站号 1）被储存 |
| | D8213 | 数据传送错误代号（站号 2） | 数据传送错误代号（站号 2）被储存 |
| | D8214 | 数据传送错误代号（站号 3） | 数据传送错误代号（站号 3）被储存 |
| | D8215 | 数据传送错误代号（站号 4） | 数据传送错误代号（站号 4）被储存 |
| | D8216 | 数据传送错误代号（站号 5） | 数据传送错误代号（站号 5）被储存 |
| | D8217 | 数据传送错误代号（站号 6） | 数据传送错误代号（站号 6）被储存 |
| | D8218 | 数据传送错误代号（站号 7） | 数据传送错误代号（站号 7）被储存 |